物理講義のききどころ 3

量子力学のききどころ

JN147718

物理講義のききどころ 3

量子力学のききどころ

和田純夫──著

岩波書店

はじめに

他の巻でも書いたことだが，このシリーズは2つの目標の実現を目指して書き始めた．第一は，受験参考書に負けない「学習者に親切」な教科書を書こうということ，そして第二は，大学の物理らしい「物理学の本質」が理解できる解説をしようということである．

第一の目標をどのように目指したかは，この本を手に取っていただければすぐにわかっていただけるだろう．新しい知識の体系を理解するには，階段を一歩ずつ登っていかなければならない．そのためには，どこに階段があるのか，土台は何なのかを見きわめる必要がある．そこでまず，階段の一段一段を示すために，すべての内容を見開き2ページの項目に分割した．次に，その一段を登るためにはどこに力を入れなければならないのかを示すため，項目ごとに［ぽいんと］と［キーワード］を付けた．また，階段がどのようにつながっているのかを示すため，章ごとに［ききどころ］を示し，項目間の関係を表わす［チャート］を目次の前に付けた．もちろん説明の仕方も，できるだけ丁寧にしたつもりである．

読者の皆さんに物理をわかっていただき，試験でいい成績を取っていただきたいというのが筆者の願いであるが，単に問題解法のテクニックばかりでなく，物理学というものがどのように構成されているのか，その全体像も理解した気になっていただきたいとも願っている．これがこの本の第二の目標である．そのために，物理の本質にかかわることは多少面倒なことでも，正面から解説を試みた．学問をする以上はその本質を理解したいと思うのは当然のことである．そればかりでなく，一度本質を理解すれば，具体的な問題の解法もはるかに容易になるという，現実的な利点も忘れてはならない．

この巻の対象は，現代物理学の象徴とでも言うべき量子力学である．量子力学とは，粒子を波動関数で表わすという，19世紀までの古典力学的粒子像を根本的に変えてしまった理論である．その粒子像の特徴を一言で表わせば，「複数の状態が共存し，それらが同時進行する」ということになる．この本では，そのことの説明にかなり力を入れた．それが第1章から第3章，そして付録である．量子力学は，その形式が完成してからもう70年ほどたつが，実はマクロな物体がからんだときの理論の物理的解釈については，まだ専門家の意見は一致していない．筆者はそれについて，かなり確信のある意見をもっているが，「教科書」という，この本の性質を考え，解釈問題については付録に回してある．

大部分の人にとっては，量子力学は原子分子の問題を理解するという実用上の目的のために必要な学問だろう．それについても，第 4 章以下，かなり詳しく説明したつもりである．実用を優先したいと考える人は，第 3 章を適当にはしょって第 4 章に進めるようになっている．

その一方で，量子力学の建設過程における歴史的な諸問題は，かなり意識的に軽視した．今さらという気があるのと，その当時の議論に気を取られると，かえって量子力学の本質を理解するうえで妨げとなると思うからである．世の中にはすでに多数の量子力学の教科書が出版されているが，書き方，構成両面で，多少でもモダンな本だと感じていただければと願っている．

1995 年 2 月 27 日

和田純夫

この本の使い方

この本で特に注目していただきたいのは，各章の［ききどころ］，各節の［ぽいんと］と［キーワード］である．まずそこを読んで，そこで何を学ばなければならないのかを理解し，そして目的意識をもって本文を読んでいただきたい．［ぽいんと］や［キーワード］に書いてあることが具体的にはどういうことなのか，それが理解できれば，式の細かいことでわからないことがあっても，あまり悩まずに先に進むことを勧める(もちろん，後で再度考えてみることは重要だが)．

また次のページに，各章の節見出しを使って，各項目間の関係を示した(チャート図)．ただし，表現は多少簡略にしてある．授業の進め方が教師により異なるから，授業の復習のときにどこを読んだらいいか，この図から考えていただきたい．また特定のことだけを早く知りたいと思うときにも，どれだけのことを学んでおかなければならないかがわかる．チャート図で二重線は，主要な流れを意味する．また点線は，無理にそこを通る必要はないが，通ったほうが理解は深まるということを意味する．また矢印で結ばれていない節を参照することもままあるが，その部分は無視しても全体の理解にはさしつかえないはずである．

章末問題の難易度には，かなりばらつきがある．難しい問題には詳しい説明を付けたので，解けなくても例題だと思って解答を読んでいただければ，本文の理解はさらに深まるだろう．本文には書けなかった詳しい計算を問題にしたものも多い．

「はじめに」でも書いたが，この本の目標は，量子力学の描像を理解することと，それが使えるようになることである．前者に関心のある人は，第3章までじっくりと，また後者に重点のある人は，第3章は後回しにするのも賢明かもしれない．

●記法について

節は，たとえば，1.2節などと表わす．これは第1章の2番目の節という意味である．

各節の式には，(1)，(2)という数字が付いている．同じ節の式はこの形で引用したが，他の節の式はたとえば(1.2.3)というように引用した．1.2節の(3)式という意味である．

章末問題は，たとえば1.2などと表わす．これは第1章の2問目という意味である．

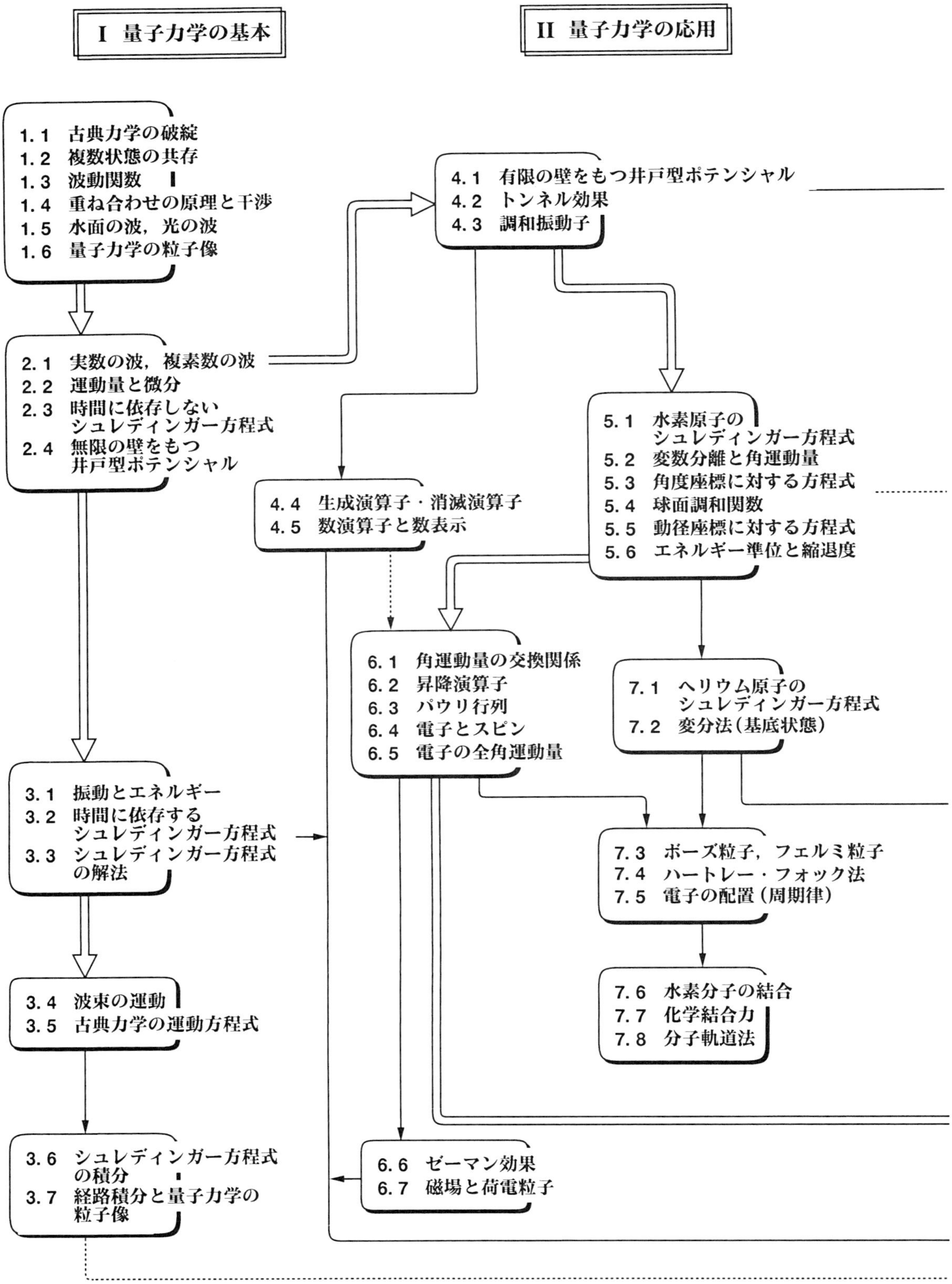
I 量子力学の基本
II 量子力学の応用
1. 1 古典力学の破綻
1. 2 複数状態の共存
1. 3 波動関数
1. 4 重ね合わせの原理と干渉
1. 5 水面の波，光の波
1. 6 量子力学の粒子像
2. 1 実数の波，複素数の波
2. 2 運動量と微分
2. 3 時間に依存しない シュレディンガー方程式
2. 4 無限の壁をもつ 井戸型ポテンシャル
3. 1 振動とエネルギー
3. 2 時間に依存する シュレディンガー方程式
3. 3 シュレディンガー方程式 の解法
3. 4 波束の運動
3. 5 古典力学の運動方程式
3. 6 シュレディンガー方程式 の積分
3. 7 経路積分と量子力学の 粒子像
4. 1 有限の壁をもつ井戸型ポテンシャル
4. 2 トンネル効果
4. 3 調和振動子
4. 4 生成演算子・消滅演算子
4. 5 数演算子と数表示
5. 1 水素原子の シュレディンガー方程式
5. 2 変数分離と角運動量
5. 3 角度座標に対する方程式
5. 4 球面調和関数
5. 5 動径座標に対する方程式
5. 6 エネルギー準位と縮退度
6. 1 角運動量の交換関係
6. 2 昇降演算子
6. 3 パウリ行列
6. 4 電子とスピン
6. 5 電子の全角運動量
6. 6 ゼーマン効果
6. 7 磁場と荷電粒子
7. 1 ヘリウム原子の シュレディンガー方程式
7. 2 変分法(基底状態)
7. 3 ボーズ粒子，フェルミ粒子
7. 4 ハートレー・フォック法
7. 5 電子の配置(周期律)
7. 6 水素分子の結合
7. 7 化学結合力
7. 8 分子軌道法

III　量子力学の発展

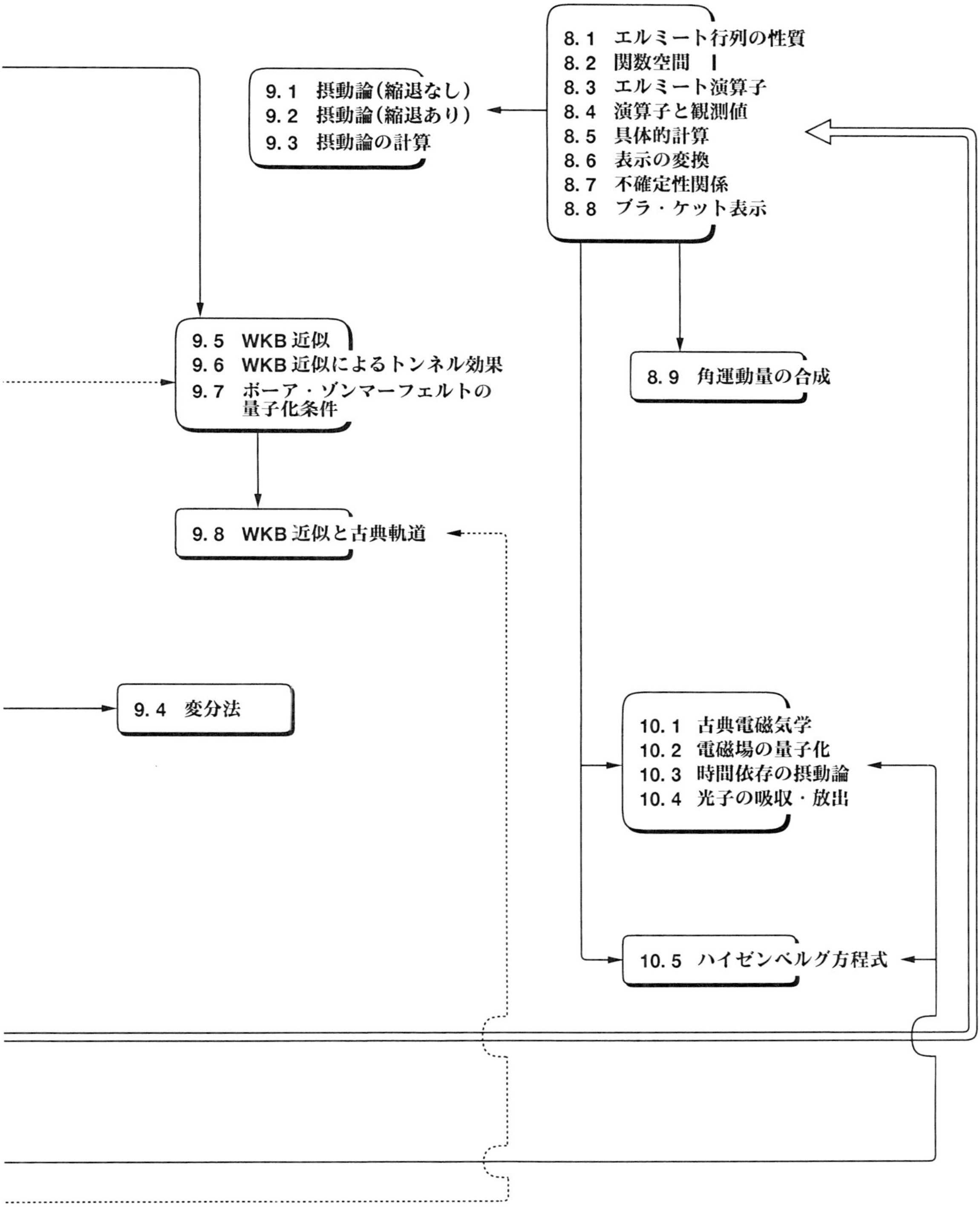
8.1　エルミート行列の性質
8.2　関数空間
8.3　エルミート演算子
8.4　演算子と観測値
8.5　具体的計算
8.6　表示の変換
8.7　不確定性関係
8.8　ブラ・ケット表示
9.1　摂動論(縮退なし)
9.2　摂動論(縮退あり)
9.3　摂動論の計算
9.5　WKB近似
9.6　WKB近似によるトンネル効果
9.7　ボーア・ゾンマーフェルトの量子化条件
8.9　角運動量の合成
9.8　WKB近似と古典軌道
9.4　変分法
10.1　古典電磁気学
10.2　電磁場の量子化
10.3　時間依存の摂動論
10.4　光子の吸収・放出
10.5　ハイゼンベルグ方程式

目　次

1

量子力学の粒子像

ききどころ

19 世紀末から 20 世紀初めにかけて，物質の構成要素である原子の構造や振舞いが明らかになってきた．それは，それまでの物理学では説明のできない，不思議な世界だった．やがて，この不思議な世界を説明するための新しい学問，量子力学が誕生する．

量子力学では，粒子というもののとらえ方が，従来の物理学とはまったく異なる．粒子は，「ある時刻ではある 1 つの場所に存在する」という当たり前に思えることが，量子力学では成立しない．粒子の状態の表わし方から考え直さなくてはならない．量子力学の粒子観を一言で言うと，「複数の状態が共存している」と表現できる．しかも，この複数の状態が互いに影響を及ぼし合っている．この章ではまず，このまったく新しい物質観がいかなるものか，概念的に説明してみよう．

1.1 古典力学の破綻

ぽいんと

19 世紀末から 20 世紀初めにかけて，新しい実験の蓄積により，従来の物理学では説明できない世界があることがわかってきた．光や電磁波という波動の世界，そして電子や原子という粒子の世界という 2 方面に問題があり，双方における考察が刺激し合って新しい学問，量子力学が誕生した．しかし電子や原子の量子力学と，光や電磁波の量子力学には多少の違いもある．ここでは電子や原子の世界の話を中心に，いったい何が問題であったのか，新しい物理学の建設が始まったその経緯を概説する．

キーワード：エネルギーの跳び，原子の安定性，基底状態

■原子の構造

物質は原子というものから構成されているということは，19 世紀末にはほぼわかっていた．そして原子はその中心に，プラスの電荷をもつ原子核があり，周囲にマイナスの電荷をもつ電子が存在しているということも，20 世紀初頭にわかった．この原子の構造を，それまで知られていた古典力学を使って計算し説明することができるかということが当然問題になる．

▶このような原子像は，原子に他の粒子を衝突させ，その反射してくる方向を観測するという，1909 年のラザフォードたちの実験により示された．

▶古典力学とは，ニュートンの運動方程式，あるいはそれと同等なラグランジュ方程式やハミルトン方程式のことである．

原子核の回りに電子が電気の力により引きつけられているという現象は，まったくスケールは違うが，太陽の回りを重力に引きつけられて惑星が回っているという現象に似ているように見える．電気の力(クーロン則)も重力も，距離の 2 乗に反比例する力だから，ニュートンの運動方程式に代入して計算すれば，単に出てくる係数が異なるだけで，まったく同じ形をした答が求まる．しかし，このようにして求めた答は，現実の電子の振舞いとは本質的な点で一致していないということがわかった．

■エネルギーの跳び

仮に電子が惑星のように運動しているとしよう．電子のエネルギーは，その速度で決まる運動エネルギーと，原子核からの電気の力(クーロン力)によるポテンシャルエネルギーの和である．

▶電子のエネルギー

$$E = \frac{1}{2}mv^2 + U$$

ただし，

$$U = -\frac{1}{4\pi\varepsilon_0}\frac{q^2}{r} < 0$$

前者はプラスで，後者はマイナスである．電子が原子核の周囲だけで運動している状態では，運動エネルギーよりもポテンシャルエネルギーの影響のほうが大きく，全エネルギーはマイナスになる．電子の軌道を原子核に少しずつ近づければ，ポテンシャルの影響がさらに大きくなり，全エネルギーも少しずつ「連続的に」低下することになる．

ところが現実の電子のエネルギーを測定してみると，決して連続的に分布していなかった．たとえば，もっとも単純な原子である水素原子では原子核は陽子 1 つだけからなり，その回りに電子が 1 つだけ回っている．電子の状態にはいろいろな可能性があり，電子は，1 つの状態から別の状態へと移り変わることができる．それぞれの状態のエネルギーは異なるので，移り変わるときは異なる分だけのエネルギーに相当する光を吸収，あるいは放出することによりエネルギーの出し入れをする．そのような光は実際に検出されたが，特定の跳び跳びのエネルギー値をもった光しか，吸収，あるいは放出されないことがわかった．

▶全エネルギーは保存しなければならない．

▶太陽系の各惑星の軌道には跳びがあるが，これは惑星の形成過程に原因があり，力学そのものが原因なのではない．実際，人工衛星を飛ばしてうまくその軌道と速度を調整すれば，任意のエネルギーをもった運動が実現する．

これは，電子が取りうる状態のエネルギーに跳びがあるということを意味している．エネルギーに跳びがあれば，状態が変化するとき出てくる光のエネルギーに跳びがあるのも当然である．しかしこれは，エネルギーが連続的に変化しうる古典力学では，決して理解できない現象であった．

■原子の安定性

原子の性質には，もう１つ，古典力学とは矛盾する重要な性質がある．この当時は，電気と磁気の理論はすでにマクスウェルにより統合され，電磁気学というものが確立されていた．特に重要なのは，電磁波(電波)というものの存在がわかったことである．電荷をもつ粒子の運動が，加速されたり曲げられたりすると，その粒子から電磁波が発生するということが知られていた．

このことを電子の運動と結びつけると，さらに重要な問題があることがわかる．惑星の運動のように，電子が原子核の回りを，ある軌道に沿って回転しているとしよう．回転というのは，絶えず方向を変える運動である．そして，電荷をもつ粒子が曲がれば，電磁波を放出する．電磁波を放出すればエネルギーは減少する．エネルギーが減れば，電子は原子核に引きつけられて，より近くを運動するようになる．

このプロセスが続くと最後には電子は原子核に落ち込んでしまう．つまり原子はつぶれてしまうということである．しかし，原子が安定であるからこそ，世の中すべての物質が存在できるのだから，こんなことが現実に起きているはずはない．

この事実は，以下のようなことを示唆する．つまり，電子の状態には複数の可能性はあるが，その可能性の中に，それ以上はエネルギーを下げることができないという，エネルギー最小の状態(**基底状態**と呼ぶ)が存在する．最小なのだから，それ以上はエネルギーを失うことはできない．つまり原子は決してつぶれることはない．しかしこれも，古典力学では決して理解できない現象である．古典力学では，電子はいくらでも中心近くを動き回ることができるから，「これ以上エネルギーを下げられない状態」などというものはありえない．

このように，物質の基本である原子の振舞いを理解するには，古典力学は役立たないことがわかった．そして，この困難を解決するために考えられたのが，これから説明する量子力学というものである．

1.2 複数の状態の共存

ぽいんと

従来の古典力学を捨て新しい体系を作ろうというのだから，古典力学で当たり前のように使ってきた基本的な概念のうちのいくつかは捨てなければならない．その中でも最も重要なものは，「粒子はある1つの道筋を通って動く」という考えを捨てることである．それではそれに代わってどのような粒子像を考えることになるのか，少しずつ説明していこう．

キーワード：状態の共存

■同時刻における複数の状態の共存

古典力学では，そして我々の日常的な感覚でも，粒子あるいは物体は各時刻では1カ所にあり，そして時間が経過するとともに，ある1つの道筋に沿って動いていくということは常識である．1つの粒子が同時に2カ所にあるとか，同時に2つの道筋に沿って動くなどということはありえない．

ところが，これから説明していく量子力学では，粒子の位置は，時刻を決めても1カ所に特定することができないと考える．粒子がある点Aに存在する状態，あるいは別の点Bに存在している状態等々，いろいろな状態が「同時」に存在していると考える．同時に複数の状態があるのだから，1つの道筋に沿って動くという古典力学的な描像も成り立たない．この，「複数の状態が同時に存在している(共存する)」ということが，量子力学の世界を理解する上での第一の基本である．

複数の状態が共存すると言ったが，特殊な場合は1つだけということもありうるし，2つあるいは3つということもある．しかし一般には，粒子の位置の可能性としては少しずつ連続的にずれた点がいくらでも考えられるから，共存している状態の数は無限個となる．

▶複数の状態が共存することは，エネルギー保存則と矛盾しない．特定のエネルギーをもつ状態は，時間が経過してもそのエネルギーをもつ．

注意　量子力学では，粒子の状態を表わすのに，その位置ではなく，たとえば運動量やエネルギーを使うこともできる．前節で，「原子中の電子の状態」といったときには，エネルギーによる表現を念頭に置いていた．エネルギーで表わしたときも，特定のエネルギーをもつ状態ばかりでなく，さまざまなエネルギーをもつ状態の共存を考えることもできる．

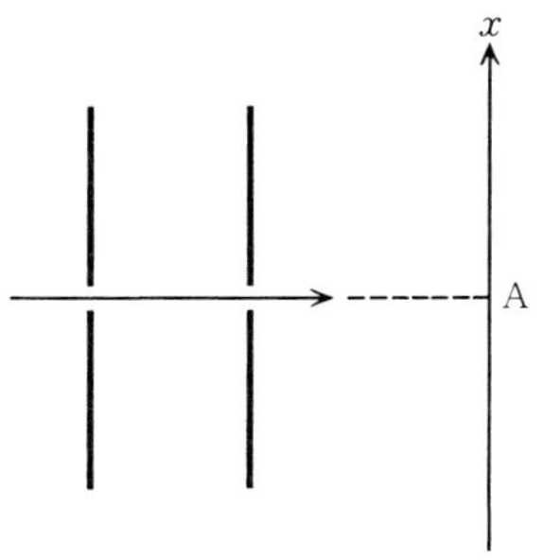

図1　2つの小さな穴を通った電子の到達点は？

■実　験

複数の状態が共存していることを具体的に示す実験を考えてみよう．

3つの板を図1のように平行に並べる．そのうちの左2つには，ちょうど向かい合った部分に小さな穴を開けておく．そして左方から，粒子(たとえば電子)が1つ飛んでくるとする．飛んできた粒子が左の2つの穴を通り抜けて一番右の板に到達したとする．到達点は右の板のどの位置だろうか．

この問題を古典力学で考えてみよう．問題を簡単にするために，粒子には重力も電気力も，力は一切働いていないとする．古典力学では，力が働かなければ粒子は直進する(等速直線運動)．したがって，2つの穴を通り抜けた粒子は，その2点を結んだ直線上の点Aに必ず到達するはずである．

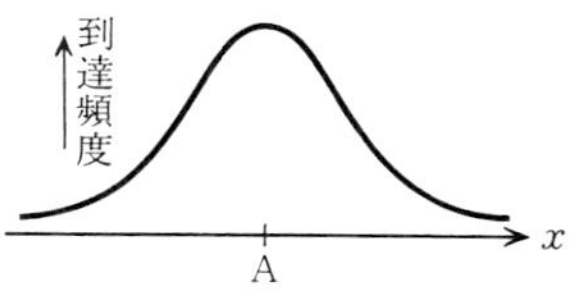

図2　各位置に到達する電子の頻度分布

ところが現実にはそうはならない．点Aから大きく離れた場所にいくことはまずないが，必ずしも点Aにいくとは限らない．同じ実験を何度も繰り返し，右の板にまで到達した粒子数を位置の関数としてグラフにしてみると，図2のようになる．到達の頻度は点Aで一番大きくなるが，その周辺にも散らばる．

■実験の解釈

この現象が，量子力学的な粒子像でどのように解釈できるかを考えてみよう．点A以外の場所にも粒子が到達するということは，力を受けなくても粒子は直線運動をするとは限らないということを意味する．実際，量子力学では，粒子はかなり勝手な運動をすることが示される．しかしそれについては，量子力学の基本方程式を説明してから述べることとしよう．

むしろ，ここで重要なポイントは，粒子の到達する場所が一定していないということである．このことが，複数の状態が共存しているということと関係している．つまり，点Aに到達するという状態，それより上の位置に到達する状態，それより下の位置に到達する状態等々，そのずれに応じて無限個の状態が共存しているのである．

状態が多数あるといっても，「一度に飛んでくる粒子は1つ」なのだから，板に到達する粒子はたかだか1つである．つまり，ある点で粒子が観測されたとすれば，同時に他の点で粒子が観測されることはありえない．状態が多数あるのだからといって，1つの粒子が同時にいくつかの場所で見つかるなどと考えてはいけない．そうではなく，状態が多数あるので，見つかる場所が実験を繰り返すごとにばらついてしまうのである．

▶1回の実験では，粒子は1カ所にしか観測されないとしたら，共存はしているが観測されなかった状態はどこにいってしまうのだろうか．それについてはまた1.6節で議論する．

何度も同じ状況のもとで実験を繰り返すと，それぞれの状態に対応する位置に，粒子がばらついて観測されるので，本当に多数の状態が存在していることがわかる．

そうはいっても，すべての状態が同程度に共存しているわけではない．上の実験でも，古典力学で予言される点Aで最も頻度が大きく，そこから離れるにつれ，頻度が減少している．これはそれぞれの状態の，共存の程度の大小に関係している．この大小を調べることが，量子力学の問題となる．つまり，「どの状態が実現されるのか」ではなく，「各状態がどのように共存しているのか」ということが，量子力学のテーマなのである．

1.3 波動関数

ぽいんと

古典力学で粒子の状態を表わすのは，各時刻 t での粒子の座標である．直線上の運動だったら1つの座標により，粒子の位置を $x(t)$ と表わせる．空間内の運動だったら3つの座標により $(x(t), y(t), z(t))$，あるいはベクトル表示で $\boldsymbol{r}(t)$ と書ける．

一方，量子力学では，多数の状態が共存している．粒子の位置は特定できない．したがって，多数の状態が共存している様子を表わす量が必要となる．それが波動関数と呼ばれるものである．波動関数の意味とその使い方を説明する．

キーワード：共存度，波動関数，確率密度，規格化

■共存度と波動関数

前節の最後に述べたが，多数の状態が共存するといっても，まったく同程度に存在しているわけではない．共存の程度の大きいものから小さいものまでさまざまである．そこで，各状態の共存の程度を表わす数字として，**共存度**という量を導入する．ただし，共存度が厳密に何を表わしているかは，差し当たっては問わないことにしよう．ただ，ある状態の共存度がゼロに近ければ，その状態はほとんど共存していない．また逆に，ある状態の共存度の「絶対値」が大きければ，共存の程度が大きいという，感覚的な理解をしておけばよい．（次章で説明するが，共存度という量はプラスとは限らず，マイナスになったり，さらには複素数になったりする．それで「絶対値」という表現を使った.）

▶実際の観測結果を示すのは「共存度」の絶対値の2乗なので，共存度自体はマイナスでも複素数でも構わない．

前節では，板の上のどこに粒子がやってくるかを考えた．しかし，ある時刻には，まだ粒子が板に到達していない状態も共存しているかもしれない．板など置いていないという状況を考えることもできる．より一般的な議論をするには，板の上に限定することはせず，各時刻 t で，空間全体のうちのどこに粒子があるか，すべての可能性を考えなければならない．

一般に，粒子がある点に存在する状態，別の点に存在する状態など，さまざまな状態が共存している．粒子の位置は特定できない．そこで，ある時刻 t における各状態の共存度を表わす関数を導入する．これを**波動関数**と呼び，通常ギリシャ文字 ψ を使って，$\psi(\boldsymbol{r}, t)$ と表わす．時刻 t における，粒子が $\boldsymbol{r}$ という位置にある状態の共存度が，$\psi(\boldsymbol{r}, t)$ であるという意味である．

▶ψ：プサイ

■観測される頻度と波動関数

複数の状態が共存しているといっても，同時にあちこちに粒子が観測されるというわけではない．粒子が1つなら，1回の観測に対して，粒子はどこか１ヵ所にしか観測されない．しかし，同じ状況を作り出して(つまり同じ波動関数で表わされる状況を作り出して)何度も粒子の位置を観測すると，粒子の観測される位置はあちこちに散らばる．どこに観測されるかは予言できないが，まったくでたらめに散らばるわけではない．ある位置に粒子が見つかる頻度と，その粒子がその位置にあるという状態の共存度，つまりその位置での波動関数の値との間には，何か関係があるはずである．

▶複素関数 f の絶対値の２乗とは，
$$|f|^2 = f^*f$$
のように，関数 f とその複素共役の積で表わされる．

詳しいことは後で述べるが，波動関数の絶対値の２乗が頻度に比例していると考えればつじつまが合い，しかも実験結果とうまく符合することがわかった．つまり

$$\rho(\boldsymbol{r}, t) = \psi^*(\boldsymbol{r}, t)\psi(\boldsymbol{r}, t) \tag{1}$$

という量を考えるのである．ψ^* とは，ψ の複素共役である．

この ρ を用いて，粒子の様子と実験結果を結びつけることができる．同じ状況で何回も観測を繰り返したとしよう．すると，たとえば，位置 $\boldsymbol{r}_1$ で粒子が観測される回数と，位置 $\boldsymbol{r}_2$ で観測される回数の比が，ρ の比

▶前節の実験の例でいえば，右の板の上での ρ の振舞いが，板上での観測の頻度に比例することになる．

$$\rho(\boldsymbol{r}_1)/\rho(\boldsymbol{r}_2) \tag{2}$$

で与えられるのである．

■確率密度

いちいち比で考えるのは面倒なので，$\rho(\boldsymbol{r})$ の全体的な大きさを調節した，確率密度という量を定義しよう(議論の中で時間 t が問題とならないときは，t を省略して $\rho(\boldsymbol{r})$ と書く．$\psi(\boldsymbol{r})$ についても同様)．$\boldsymbol{r}$ に依存しない定数を $\rho(\boldsymbol{r})$ に掛けても，(2)の比の値は変わらない．そこで，$\rho(\boldsymbol{r})$ に適当な数を掛けて，全空間での $\rho(\boldsymbol{r})$ を加えた数が１となるように調節しよう．ただし加えるといっても，$\boldsymbol{r}$ というのは連続した量だから，積分することになる．つまり

$$\int_{\text{全空間}} \rho(\boldsymbol{r}) dV = 1 \tag{3}$$

という式が成り立つようにする．すると $\rho(\boldsymbol{r})$ は，粒子が $\boldsymbol{r}$ に発見される確率に等しい．発見される頻度が $\rho(\boldsymbol{r})$ に比例し，その和が１だというのだから，これは確率の定義に他ならない．したがって，このように定義された $\rho(\boldsymbol{r})$ は，粒子が $\boldsymbol{r}$ に発見される**確率密度**と呼ぶことができる．

▶より正確に表現すると，無数に実験を繰り返したとし，そのうちの任意の１回を取り出したとき，位置が $\boldsymbol{r}$ であった確率が $\rho(\boldsymbol{r})$ である．

(3)の要請は，ρ ではなく波動関数 ψ の段階で済ましておくこともできる．つまり ψ に適当な定数を掛けて，

$$\int \psi^*\psi dV = 1 \tag{4}$$

としておくのである．そうすれば，(1)で定義される ρ は自動的に確率密度となる．(4)のようにすることを，波動関数を**規格化**するという．

1.4 重ね合わせの原理と干渉

ぽいんと

前節では，まず波動関数 ψ を導入し，それから，発見される頻度を表わす確率密度 ρ という量を定義した．直接観測とかかわる量が ρ なのだとしたら，なぜいきなり ρ を考えずに ψ から話を始めるのだろうか．

粒子の状態を表わす量は，その粒子を観測するか否かとは無関係に決まっていなければならない．そして，一般的な粒子の状態を表わすには，プラスの値しかもたない ρ では不十分なのである．そのことを端的に表わすのが，この節で説明する「重ね合わせの原理」というものであり，それが現実に現われる典型的な現象が，「干渉」という効果である．

キーワード：重ね合わせの原理，干渉

■実　験

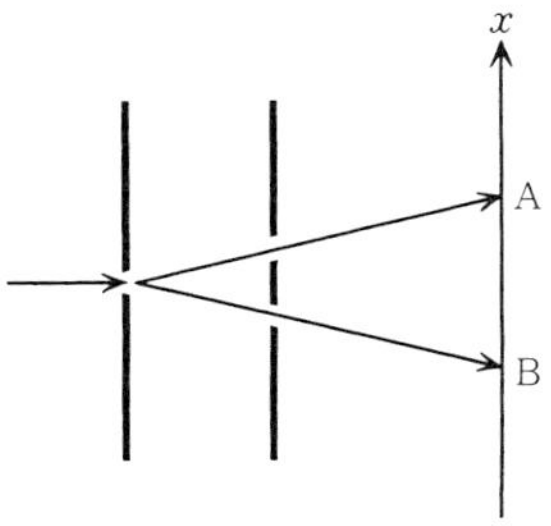

図1　2つのスリットを通り抜ける電子の実験．実際の実験結果を章末に掲載した．

この節の内容をわかりやすくするための実験をまず紹介する．1.2節の実験と似たような装置であるが，こんどは穴の代わりに細長いすき間(スリット)が開いているとする．(穴でも構わないのだが，スリットの方が話が簡単なのでそうする．) さらに，中央の板には，1つでなく2つのスリットが平行に開いているとする．そして，やはり左方から1つの粒子が飛んできて，うまく2つのスリットを通り抜ければ右側の板に到達し，その到達点がわかるようになっているとする(図1)．

まず，左方から1つの粒子が飛んできて，左の板のスリットを通り抜けたとする．通り抜けた粒子は1つでも，複数の状態が共存するという量子力学の特性を考えに入れなければならない．今の場合で言えば，真ん中の板の上のスリットを通り抜ける状態も，下のスリットを通り抜ける状態も，スリット間の距離が小さければ必ず共存している．このことを頭に入れた上で，同じ状況で実験を何度も繰り返し，右側の板の各部分に，粒子がどのような頻度で到達するかを考えてみよう．

まず，上のスリットしか開いていない場合を考える．これは1.2節の実験と同じことだから，右の板上での到達頻度の分布は，点Aを中心とした山型になるだろう．これは前節で述べたように，右の板の位置での ρ の大きさに比例している．この ρ を，上のスリットだけがある場合という意味で，$\rho_{上}$ と書く．

次に中央の板の下のスリットしか開いていない場合を考えよう．こんどは，右の板上での到達頻度の分布は，点Bを中心とした山型になるだろう．これを表わす ρ を，$\rho_{下}$ と書くこととする．

では，スリットが2つとも開いていたらどうなるだろうか．古典力学的なイメージが成り立つとすれば，2つの分布を単純に足して，$\rho_{上}+\rho_{下}$ が答となるだろう．しかし現実はそうはならない．模式的に結果を書くと，

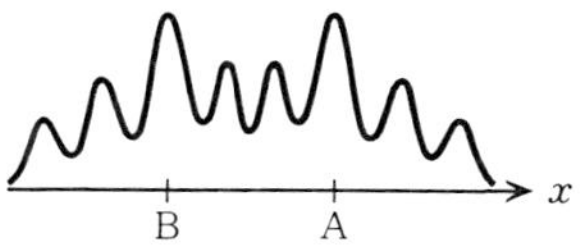

図 2　2 つのスリットを抜けた電子が到達する各位置の頻度分布

図 2 のようになる．全体としては，$\rho_{上}+\rho_{下}$ に似ているが，実際は細かく振動している．

■波動関数での足し合わせ

この結果を説明するために，実験を量子力学的な見方で考えてみよう．1 回ごとの実験で左から飛んでくる粒子は 1 つである．しかし，すでに述べたように，上のスリットを通り抜ける状態も，下のスリットを通り抜ける状態も共存している．

そこでまず，上のスリットだけが開いているとする．そのときでも，スリットを通り抜けた後の進路は多数のものが共存し，その結果，右の板上での粒子の状態(つまり粒子の位置)についても多数の可能性が共存している．その状態の分布を表わす波動関数を $\psi_{上}$ としよう．同様に，下のスリットだけが開いている場合を考え，そのときの板上での状態(位置)の分布を表わす波動関数を $\psi_{下}$ とする．

では，スリットが 2 つとも開いていたらどうなるだろうか．すると，$\psi_{上}$ で表わされる上のスリットを通過した状態すべてのみならず，$\psi_{下}$ で表わされる下のスリットを通過した状態すべても共存していることになる．では，このすべての共存を表わす波動関数 $\psi_{上+下}$ はどのように書けるだろうか．この質問に対する解答が，**重ね合わせの原理**というものである．この原理によれば

$$\psi_{上+下} = \psi_{上}+\psi_{下}$$

となる．つまり ρ を足すのではなく ψ を足す．そして，現実に右の板のところで粒子が観測される頻度数は，その絶対値の 2 乗で表わされるから

$$\begin{aligned}\rho_{上+下} &= (\psi_{上}{}^*+\psi_{下}{}^*)(\psi_{上}+\psi_{下}) \\ &= \psi_{上}{}^*\psi_{上}+\psi_{下}{}^*\psi_{下}+\psi_{上}{}^*\psi_{下}+\psi_{下}{}^*\psi_{上} \qquad (1)\end{aligned}$$

となる．これと，左ページの単純な考えと比較してみると

$$\rho_{上}+\rho_{下} = \psi_{上}{}^*\psi_{上}+\psi_{下}{}^*\psi_{下} \qquad (2)$$

であるから，(1)では(2)の右辺以外に $\psi_{上}{}^*\psi_{下}+\psi_{下}{}^*\psi_{上}$ が付け加わっていることがわかる．たとえば $\psi_{上}$ が(実数で)プラス，$\psi_{下}$ がマイナスだったとしよう．すると(1)の第 1，2 項はプラスにしかなりえないが，第 3，4 項はマイナスになる．つまり上と下の効果を加えると，$\rho_{上+下}$ が減少してしまうこともある．逆にどちらもプラスだったら，(1)は(2)よりも大きくなる．ψ が複素数のときはさらに複雑である．これらの現象を**干渉**と呼ぶ．その結果が図 2 であり，ρ ではなく，常に ψ のレベルで物事を考えなければならないことがわかる．(干渉とは，光や水の波ではよく知られていることだが，それとの関係については次節参照.)

▶ もし $\psi_{上}=-\psi_{下}$ だったら $\rho_{上+下}=0$．また $\psi_{上}=+\psi_{下}$ だったら $\rho_{上+下}=4\rho_{上}$.

1.5 水面の波と波動関数，光の波

ぽいんと

複数の状態が共存している様子を表わす関数を波動関数と呼ぶと説明した．「波動」という言葉がついているのは，水面の波とか空気の波(音波)などと似た形を取ることがあるからである．どの程度似ているかは状況によるが，前節で述べた干渉実験の話は水面の波との類推で考えるとわかりやすい．

しかし，これらの間には本質的な違いがあることにも注意しなければならない．水面波とか音波は現実に存在している多数の粒子の運動であるのに対し，量子力学における波動関数の波動とは，たった1つの粒子の様子を表わすものである．

キーワード：実在波，確率波，光子

■水面の波の干渉

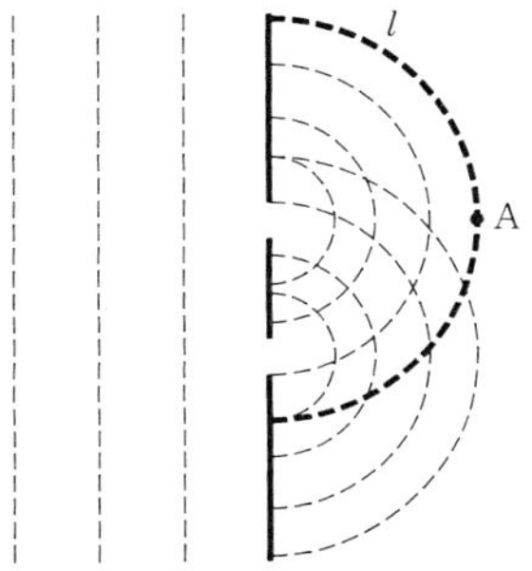

図1　水面の波の干渉

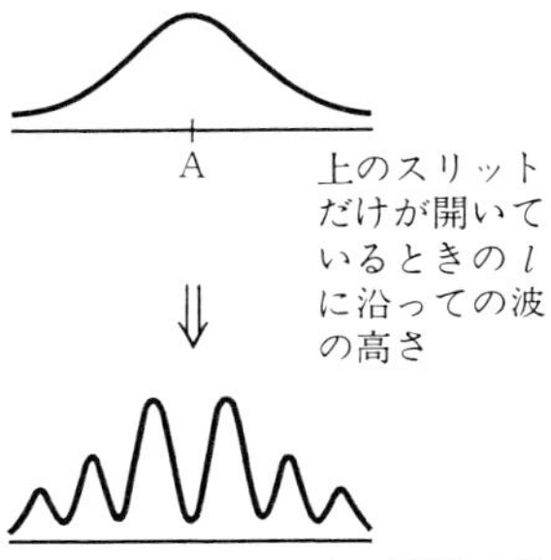

図2

前節の干渉実験に似た現象は，水面の波でも考えることができる(図1)．水面に，水が通り抜けられるスリットが2カ所開いた板をたてる．そして左方から波がやってきたとする．スリットを通り抜けた波は，そこから輪のような形で広がるだろう．しかしスリットは2カ所にあるので，それぞれからの波を重ね合わせなければならない．

波がそれほど高くなければ，その重ね合わせは単純に足せばよい．波の山と山が重なった部分はより高くなり，山と谷が重なれば消し合ってしまう．そこで，図1の曲線lに沿った部分の波の高さを考えてみよう．上のスリットから出てくる波の，山の部分に沿った曲線である．もしスリットが上だけだったら，そこでの波の高さは滑らかである．つまり，スリットの真正面の点Aで最も高くなり，後は「少しずつ」低くなっていく．

これに下のスリットから出てくる波を重ね合わせてみよう．この波は，曲線l上では山になったり谷になったり次々と変化する．したがって，この2つを重ね合わせた結果，波の高さは図2のように細かく変動する．これが，前節の干渉に類似した現象である．

■実在波と確率波

水面の波と粒子の波動関数が似ているといっても，それは形式上の話であることには注意しなければならない．似ているのは，第一に，双方を求める式が類似しているからであり，第二に，重ね合わせの方法が双方とも単純な足し算であることによる．

しかし，その物理的な内容は本質的に異なっている．水面の波にしろ音波にしろ，何かの粒子(水の分子とか空気の分子)がたくさん存在していて，それらが全体として波のように動いている．このようなものを，現実に存在する波という意味で**実在波**と呼ぼう．

一方，量子力学の波動関数は，何か多数のものが動いているのではない．それは「1つ」の粒子の，状態の共存の様子を表わす抽象的なものである．(粒子が多数あるときは，1つ1つの波動関数を考え，それらすべてを掛け合わせなければならない．このことについては7.1節でまた説明する.)

▶ただし，粒子間に力が働き影響を及ぼし合うときには，各波動関数を単純に掛け合わせただけでは正しい答にはならない．

波動関数の絶対値の2乗が，(同じ状況で何度も実験を繰り返したときの)各位置で粒子が観測される確率を表わすので，実在波と対比する意味で**確率波**と呼ばれることもある．しかし，この言葉は，かなり誤解を招きやすい言葉ではある．まず，確率に等しいのは ψ ではなく ρ であるし，ψ は粒子を観測しようがしまいが無関係に，共存する複数の状態の共存度の分布を表わす量である．これらの複数の状態は，確率的にそのうちのどれかが存在しているというのではなく，本当に共存している．そうでなければ，干渉のような現象を決して説明することができない．複数の状態は本当に「実在」しているのである．

■光 の 波

1つの粒子の波動関数 $\psi(\boldsymbol{r})$ というものは，文字通り1つの粒子に対して考えられるものである．したがって，上で「各位置での粒子が観測される確率」といっても，「1つ」の粒子をまず用意し，その位置を測定するということを，何度も繰り返したときの確率を意味している．

しかし，同じ波動関数をもつ粒子を「多数，一度に」用意し，それらの位置を同時に測定したとしよう．1つ1つの粒子の各位置での発見確率は ρ であるから，きわめて多数の粒子があれば，それらは ρ に比例して分布しているように観測されるだろう．つまり，本来は確率的な意味しかもたない ρ が，現実の粒子の分布を表わしているように見える．確率波が実在波的な意味をもってくるのである．

理由は後で説明することになるが，電子とか原子核を構成する陽子などの粒子は，同時に多数の粒子が，同じ波動関数をもつことはできない(**パウリの原理**と呼ばれる)．しかし，光の場合はそうではない．話が先走るが，20世紀初頭，電子に関する量子力学が建設されたころ，光に対する量子力学も理解されてきた．それによれば光とはミクロな立場で見ると，**光子**(光量子)と呼ばれる粒子の集まりである．そして光子は，いくらでも多くのものが同じ波動関数をもつことができる．したがって，同じ波動関数をもつ光子が多数集まれば，現実の波のようなものができ上がるだろう．これが光，あるいは電磁波(電波)と呼ばれているものである．つまり光とは，光子の波動関数である確率波が，実在波的な性質をもったものということができる．

▶光の量子論は第10章参照．またアインシュタインの光量子説は3.1節を見よ．

1.6 量子力学の粒子像

ぽいんと

今まで述べてきた，量子力学での粒子像をまとめる．干渉という現象の一般性，および粒子を観測したときに起こる注意すべき現象を強調したい．

キーワード：座標表示の波動関数，波束の収縮

［Ⅰ］ 複数の状態の共存

量子力学では，粒子が1つであっても，複数の状態が共存している．時間の経過も考えれば，複数の状態が同時進行しているともいえる．各時刻での粒子の状態をその位置で表わすとすれば，状態が複数個(実際は無限個)共存しているということは，粒子の位置が特定できないということである．特殊な場合には，粒子が特定の位置にある，つまり存在している状態が1つだけということもありうる．しかし，それも一瞬のことだけで，時間が経過すれば状態の数はすぐに無限個になる．

▶量子力学では粒子の状態を，その位置以外の量で表わす(表示する)こともできる．それに関しては，第8章参照．

［Ⅱ］ 波動関数と粒子発見の頻度分布

粒子の状態をその位置で表わしたとき，その共存の様子を表わすのが波動関数 $\psi(\boldsymbol{r})$ である．空間の座標 $\boldsymbol{r}$ の関数で，粒子が $\boldsymbol{r}$ にあるという状態の共存度を表わしている(正確には**座標表示の波動関数**という)．

同じ状況を何度も用意し，粒子の存在位置の測定を繰り返したとする．複数の状態が共存しているので，粒子がどこに見つかるかは特定できない．共存している状態の1つ1つに対応するどの位置にも，粒子が発見される可能性がある．同じ測定を繰り返し，粒子が観測された位置の頻度分布を求めると，それは波動関数の絶対値の2乗 $\rho=\psi^*\psi$ に比例する．

［Ⅲ］ 重ね合わせの原理

ある複数の状態の共存の様子を表わす波動関数を ψ_1 とし，別の共存を ψ_2 とする．この2つの共存全体をさらに共存させたとき，その全体を表わす波動関数 ψ_{1+2} は

$$\psi_{1+2} = \psi_1+\psi_2$$

である．これを重ね合わせの原理という．そのときの粒子発見の頻度分布は

$$\rho_{1+2} = |\psi_1|^2+|\psi_2|^2+(\psi_1{}^*\psi_2+\psi_2{}^*\psi_1)$$

となり，単純に $\rho_1+\rho_2$ とはならない．右辺第3項が量子力学に特徴的な効果であり，干渉という現象を引き起こす．

[Ⅳ]　干　渉

1.4節で，干渉がはっきり見える典型的な実験を説明した．しかし，よく考えると，干渉という現象は，空間内のいたる所で起きている一般的な現象であることがわかる．

まず波動関数 ψ で表わされる，共存している状態の集合があったとする．そのときの時刻を t とする．次に空間をいくつかの領域に分割し，各領域に番号をつける．そして，ψ の中で位置が i 番目の領域に含まれている状態をすべて集め，それらの共存を表わす波動関数を ψ_i と書く．ψ_i は，i 番目の領域では ψ に等しく，それ以外の領域ではゼロとなる関数である．

次に，時刻が t から $\tilde{t}$ へ経過したのちの波動関数を考えよう．ψ_j(一般に $j \neq i$)に含まれていた状態に起源をもつ，時刻 $\tilde{t}$ での状態の集合を $\tilde{\psi}_j$ と書く．粒子は動くので，最初に j 番目の領域にあったとしても，$\tilde{t}$ では j 番目以外の領域に移動しているかもしれない．粒子の移動の結果，一般に $j \neq i$ であっても，$\tilde{\psi}_j$ は i 番目の領域でもゼロではなくなっている．したがって，時刻 $\tilde{t}$ での i 番目の領域の波動関数 $\tilde{\psi}$ は，重ね合わせの原理によりすべてを足し合わせなければならない．つまり

▶この過程を具体的に式で表わしたものが，3.6，3.7節で説明する経路積分である．

$$\tilde{\psi} = \tilde{\psi}_1 + \tilde{\psi}_2 + \tilde{\psi}_3 + \cdots \tag{1}$$

である．$\tilde{\psi}_1$ などの波動関数はプラスとは限らない．マイナスになったり，一般には複素数である．したがって，(1)は足し算であるが，打ち消し合うこともあり，ψ の絶対値は大きくなったり小さくなったりする．つまり干渉を起こすのである．

要約すれば，「空間内に広がって共存している状態の集合は，時間が経過するとともにお互いに干渉し合いながら変化している」というのが，量子力学的な粒子像である．

▶日常の物体の運動では，干渉という現象が起きているようには見えない．しかしそれはここで述べたことと矛盾しているわけではない．単に干渉はマクロのスケールでは起きにくいということの結果である(付録参照)．

[Ⅴ]　複数の状態の行方？

共存する複数の状態は絶えず干渉し合っている．したがって，複数の状態をすべて計算に入れておかないと正しい答は求まらない．しかし何らかの方法で粒子の位置を測定すれば，粒子の数が1つであるかぎり，観測される位置も1カ所である．つまり，共存している複数の状態のうち，どれか1つだけが観測にかかる．そして，一度どこかで粒子が観測されればその後は，その時刻に粒子はそこに存在したということを前提にして計算しなければならない．つまり，測定されなかった残りのすべての状態は，その時点で忘れることになる．

▶ここではとにかく，「1つの状態が観測されたときは，その他の状態は忘れる」というルールだけを頭に入れておけばよい．あたかも，今まで広がっていた波動関数が，観測された位置だけに値をもつように変化するというイメージなので，「波の収縮(あるいは**波束の収縮**)」と呼ばれる．

では，これら残りの状態はどこに行ってしまうのだろうか．量子力学における物質観を理解するうえできわめて重要な問題ではあるが，具体的な計算にはあまり関係がなく，また専門家の意見が一致している問題でもないので，詳しい話は付録ですることにする．

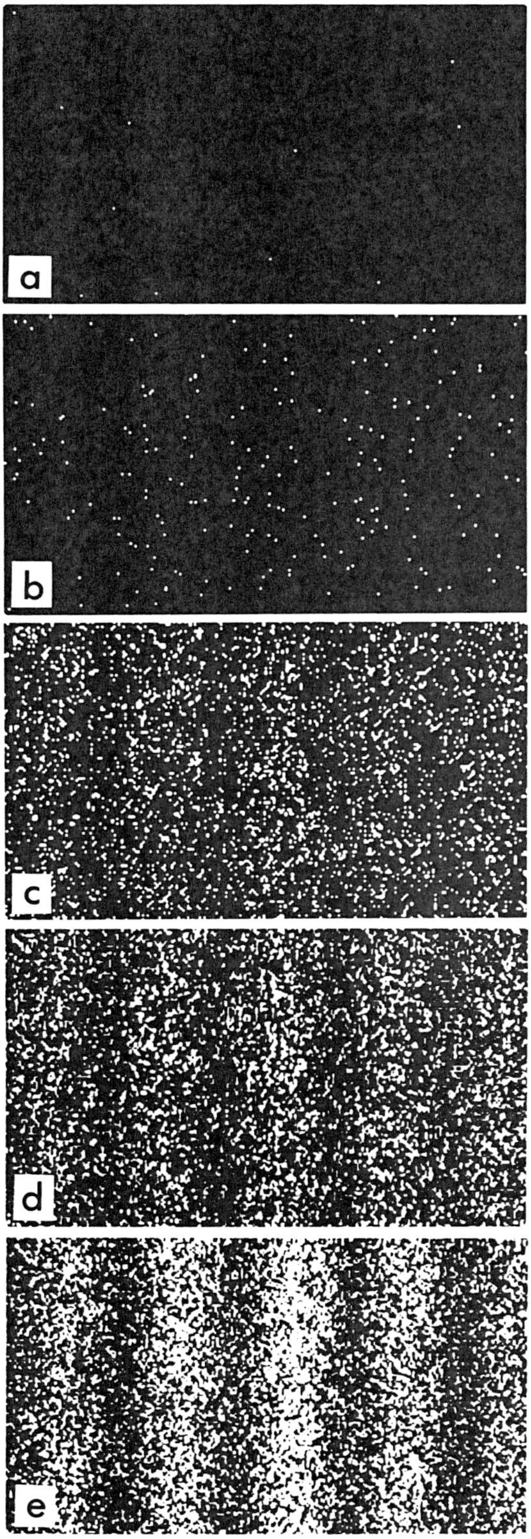

［参考］電子による干渉縞
——複数の状態が共存する証拠

1.4 節で説明した 2 スリットによる電子の干渉縞実験は，きわめてミクロなスケールの話なので，長い間，実行不可能だと思われていた．しかし 1987 年，「バイ・プリズム」という技術を使うことによって外村彰らにより実現された．

実験では電子は 1 つずつ入射され，スクリーン上の到達した位置が観測される．左の写真は，実験を繰り返していったときの，電子の分布を示している．最初の a は，入射が 10 回行なわれた段階での結果．以下，100 回，3,000 回，20,000 回，そして 70,000 回と積み重ねていったときの結果である．数が増えるほど，干渉による縞模様をはっきりと見ることができる．

実験ではあくまでも，電子が 1 つずつ入射される．つまりこのような縞模様ができるのは，複数の電子が影響を及ぼし合う結果ではなく，1 つの電子に対して，片方のスリットを通った状態と，もう一方のスリットを通った状態が共存しており，それが影響を及ぼし合うからである．（日立製作所基礎研究所外村彰博士提供）

2

時間に依存しない シュレディンガー方程式

ききどころ

具体的な数式による量子力学の説明を始めよう．前章で述べたように，量子力学で基本となる量は波動関数である．その形は状況により千差万別であり，それを決定するのが量子力学の基本問題となる．

波動関数の形を決めるには，そのための方程式(シュレディンガー方程式と呼ばれる)をたてなければならないが，その形を決めるための指導原理が2つある．第一のものが，粒子のもつ運動量と波動関数の関係であり，「粒子の運動量は波動関数の微分で表わされる」というものである．特に粒子が力を受けずに運動している場合には，波動関数が簡単な波の形(ただし複素数の波)になるので，この関係を理解しやすい．

この関係がわかると，(時間に依存しない)シュレディンガー方程式という，重要な方程式が導かれる．これを使って，与えられた状況(たとえば原子中の電子)のもとでの，粒子のとりうるエネルギーや，そのエネルギーをもつ状態の波動関数を計算することができる．(量子力学のより基本的な方程式である「時間に依存する」シュレディンガー方程式は，次章で第二の指導原理を説明してから解説する．)

2.1 実数の波と複素数の波

ぽいんと

ここではまず準備として，波を数式で表わすときの基本事項を復習する．三角関数で表わされる実数の波の他に，指数関数で表わされる複素数の波もあることを説明する．

キーワード：波長，振幅，オイラーの公式，位相

■波の波長

まず，波の波長という言葉を復習しておこう．水面の波でも，ヒモの振動によりできる波でも構わないが，ある時刻で，波の形が三角関数により表わされているとする．たとえば図1のような場合は，sin 関数で書ける．$y=A\sin x$ という関数は，x が 2π 変わるごとに同じ変動を繰り返す．つまり波長は 2π である．これを，**波長**が λ の波にするには

$$\psi = A\sin\frac{2\pi}{\lambda}x \tag{1}$$

とすればよい．また，A は振動の幅，つまり**振幅**を表わす．

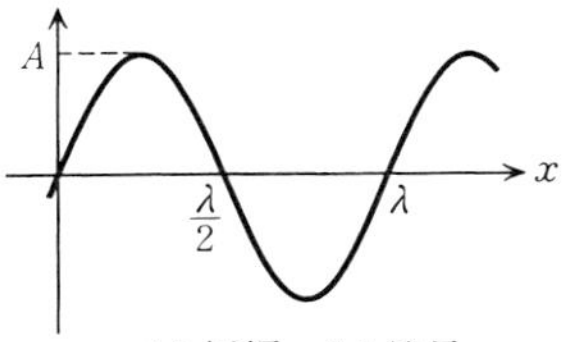

A：振幅，λ：波長

図1　$A\sin\frac{2\pi}{\lambda}x$ の波

図1の場合は，$x=0$ のとき振れ(ψ)がゼロなので sin になったが，$x=0$ で振れが最大になるときは，cos を使って

$$\psi = A\cos\frac{2\pi}{\lambda}x \tag{2}$$

となる．より一般的には

$$\psi = A\sin\left(\frac{2\pi}{\lambda}x+\theta_0\right) \tag{3}$$

と書ける．θ_0 は定数で，$\theta_0=0$ の場合は(1)と一致し，$\theta_0=\pi/2$ のときは三角関数の関係式より(2)に一致する．

■複素数の波

sin も cos も実数であるが，量子力学の波動関数は一般には複素数である．そこで複素数の波を考えなければならない．複素数の波とは，実数部分と虚数部分それぞれが(3)の形をした(ただし θ_0 の値は一般には異なる)関数のことである．

その組合せによりさまざまなものが考えられるが，特に興味深いのは

$$\psi = \cos\frac{2\pi}{\lambda}x+i\sin\frac{2\pi}{\lambda}x \tag{4}$$

という形をしたものである．この関数を微分してみよう．三角関数の微分公式により

$$\frac{d\psi}{dx} = -\frac{2\pi}{\lambda}\sin\frac{2\pi}{\lambda}x + i\frac{2\pi}{\lambda}\cos\frac{2\pi}{\lambda}x$$
$$= i\frac{2\pi}{\lambda}\left(\cos\frac{2\pi}{\lambda}x + i\sin\frac{2\pi}{\lambda}x\right) = i\frac{2\pi}{\lambda}\psi \qquad (5)$$

となる．つまり，(4)の微分がそれ自身に比例している．次節でわかるように，量子力学を構成する上で，この性質が重要な働きをする．

■オイラーの公式

▶ $e=2.71828\cdots$

指数関数というものがある．$y=a^x$ という形に書ける関数(a は定数)だが，その中でも重要なのは a が e(自然対数の底)に等しい場合である．$a=e$ とすると，微分が自分自身に等しくなり，一般に x に係数(k とする)がついている場合の微分は

$$\frac{d}{dx}e^{kx} = ke^{kx} \qquad (6)$$

となる．

指数関数として普通知られているのは，k が実数の場合であるが，k が虚数の指数関数も考えられる．$k=im$ (m は実数)と表わし

$$\psi = e^{imx} \qquad (7)$$

という関数を考えよう．これは，$x=0$ で $\psi=1$ となり，また(6)より

$$\frac{d\psi}{dx} = im\psi$$

ところが(5)をみると，$m=\dfrac{2\pi}{\lambda}$ とすれば，(4)という関数もまったく同じ性質をもっていることがわかる．実際，$mx\left(=\dfrac{2\pi}{\lambda}x\right)$をまとめて θ と書くと

$$e^{i\theta} = \cos\theta + i\sin\theta \qquad (8)$$

という公式が成り立つ．これを**オイラーの公式**という．(4)つまり(7)の形をした波は，以後，量子力学で重要な役割を果たす．また，

$$e^{-i\theta} = \cos(-\theta) + i\sin(-\theta)$$
$$= \cos\theta - i\sin\theta$$

であるから，以下の関係式が成り立つこともわかるだろう．

$$\cos\theta = \frac{e^{i\theta}+e^{-i\theta}}{2}$$

$$\sin\theta = \frac{e^{i\theta}-e^{-i\theta}}{2i}$$

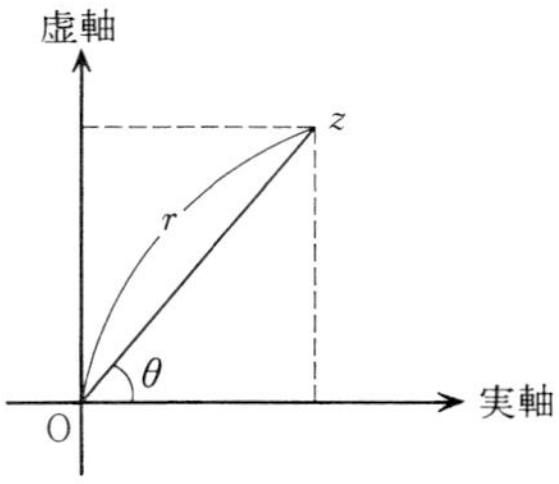

図 2　複素数 z の表示

また(8)を使った，一般の複素数 z の便利な表示法がある．図2より

$$z = r\cos\theta + ir\sin\theta$$
$$= re^{i\theta}$$

r は z の絶対値であり，θ を z の**位相**と呼ぶ．

2.2 運動量と微分

ぽいんと

前節で説明した複素数の波を使い，粒子の運動量と波動関数の関係についての1つの仮説を述べる．そしてその関係を一般化したものが，量子力学を構成する上での第一の指導原理となる．

もちろん，この指導原理は，まったく勝手に提案されたのではなく，いくつかの実験事実により示唆された．しかし，古典力学とは異なる新しい物理学を作り出そうというのだから，純粋に理論的に導かれるものではない．論理の飛躍をともなった推論が必要なのは当然である．そしてその推論の正しさは，すべてのことが論理的に矛盾なく定式化できるか，そしてそれから導かれる結果が実験事実と一致するかということにより，後から検証されるのである．

キーワード：粒子の波長と運動量，プランク定数，ド・ブロイ波長

■粒子と波

前章では，波動関数の具体的な形には一切触れなかったが，波動関数という名が示すように，量子力学建設当時から，それは波の形をしているらしいことが，いくつかの実験事実からわかっていた．そしてその波の波長は，粒子の運動量（＝質量×速度）と関係があるらしいことも想像されていた．しかし量子力学が完成した今となっては，歴史的経過を詳しく追っても量子力学の理解にはあまり役立たないので，何が議論されたのか，項目だけをあげておこう．

▶原子中の電子の波動関数は，第5,7章で計算するが，量子力学完成以前の計算（前期量子論）については9.7節参照．

[1]　原子中における電子の振舞い

原子中の電子のエネルギー値に跳びがあり，また基底状態があるという実験事実については，1.1節で触れた．これは波動関数が波の形をしていると仮定するとうまく説明できた（2.4節の最後も参照）．

▶3.1節および章末問題3.1のコンプトン散乱も参照．

[2]　光子（光量子）説

光が光子という粒子の集合であるという説が提唱されていた（3.1節参照）．その場合，その粒子の運動量は光の波長で決まることがわかっていた．

▶電子線の散乱は，Davisson-Germer (1925)，Thomson (1926)，菊地正士(1926)らが確かめた．

[3]　結晶による電子線の散乱

光を結晶にあてて反射させると，規則的に並んでいる結晶中の各原子からの反射光が干渉して，特定方向への反射光が強くなる．その方向は，光の波長で決まる．これと同じ現象が，電子のビームによっても観測された．

実際に電子を使った実験が実現できたのは比較的最近のことだが（外村1987），波長と運動量との関係は1.4節の干渉実験を考えるとよりわかりやすい．まず，1.5節の水面の波の干渉実験を思い出してもらいたい．片方のすき間を通ってくる波だけだったら水面の高さがほとんど平らなはずの部分に，もう1つのすき間からくる波が重なり合い干渉し，凹凸ができ

▶水面の波は実数なので，干渉を見なくとも波長はわかる．しかし波動関数は実は複素数なので，その絶対値を見ているだけでは波の形をしているかどうかさえわからない．干渉させることにより初めて位相の効果が現われ，そのことがわかるのである．

る．この凹凸の間隔は波の波長で決まっている．同様のことが，1.4節で説明した粒子の干渉実験でもいえる．左方から飛んでくる粒子の運動量を常に等しくして実験を繰り返すと，右の板の上で，規則正しい干渉縞が観測されるが，これは波動関数が波の形をしていて，その「波長」と「粒子の運動量」とが関係していることを示唆する．

■運動量と波長の関係

具体的な計算には触れず，以上の事実から示唆される結果だけを述べよう．力を受けておらず，古典力学で考えれば等速で(つまり一定の運動量で)運動することになる粒子の波動関数は，一定の波長をもった波の形をしている．運動量 p とその波の波長 λ は反比例していて，その係数を h と書けば

▶(1)で決まる粒子の波長のことを，**ド・ブロイ波長**と呼ぶ．

$$p = h/\lambda \tag{1}$$

となる．h はプランク定数と呼ばれている量で

$$\textbf{プランク定数}\quad h = 6.626\times10^{-34}\ \mathrm{J\cdot s}$$

▶$\hbar = 1.055\times10^{-34}\ \mathrm{J\cdot s}$

である．(ただしこれを 2π で割った，$\hbar=h/2\pi$ という量のほうが，実際にはよく使われる．)

■運動量と波動関数

波長が λ の波といっても，複素数でも構わないことになると，前節で述べたようにさまざまな式が考えられる．そこで理由はともかく，前節の(7)を取り上げてみよう．これと(1)を結びつければ

$$\psi = e^{i\frac{2\pi}{\lambda}x} = e^{ipx/\hbar} \tag{2}$$

となる．この式は

$$(-i\hbar)\frac{d}{dx}\psi = (-i\hbar)\left(\frac{ip}{\hbar}\right)\psi = p\psi$$

という関係式を満たす．つまり，この波動関数に対しては，$-i\hbar d/dx$ という微分操作をすることが，運動量 p を掛けることと同じになっている．

▶波動関数を，運動量一定の状態の波動関数に分割しておき，それぞれに運動量を掛けることは可能である．これはフーリエ変換という操作によって行なうことができ，波動関数を微分することと結果は同じであることが示される(8.6節参照)．簡単な例でいえば
$$-i\hbar\frac{d}{dx}(Ae^{ip_1x/\hbar}+Be^{ip_2x/\hbar}) = p_1Ae^{ip_1x/\hbar}+p_2Be^{ip_2x/\hbar}$$
で，それぞれに p_1 と p_2 を掛けたことになる．

運動量一定の状態の波動関数が，波長一定の複素数の波だとしても，量子力学的な見方からすれば，これはかなり特殊なケースである．古典力学では各時刻で運動量は決まるが，量子力学では複数の状態が共存しうるのだから，さまざまな運動量の状態が同時に存在することもできる．そのようなときには，波動関数に「運動量を掛ける」という操作を言葉通りに実行することはできない．しかし微分をするという操作は可能である．そこで一般的に，「波動関数に運動量を掛ける」という操作のことを，上で示された「微分をする」ということだと定義しよう．つまり

$$\text{運動量を}\ \psi\ \text{に掛ける}\quad\Longleftrightarrow\quad \psi\ \text{を}\ x\ \text{で微分し，}-i\hbar\ \text{を掛ける}$$

かなり大胆に見えるだろうが，この対応関係が量子力学における第一の基本原理なのである(第8章では，この原理のより抽象的な定式化を行なう)．

2.3 エネルギー一定の状態を求めるシュレディンガー方程式

ぽいんと

前節で説明した指導原理を使い,「時間に依存しないシュレディンガー方程式」というものを求める. これはエネルギーがある特定の値をもつ状態の波動関数を求める方程式である. またその一番簡単な具体例として, 力が働いていないときの波動関数を求め, 解の形と重ね合わせの原理との関係を説明する.

キーワード:ハミルトニアン, シュレディンガー方程式, 固有関数, 固有値, 線形結合

■ハミルトニアン

まず, 古典力学でのエネルギーの定義から復習する. 質量 m の粒子が, 速度 v, つまり運動量 $p\,(=mv)$ で運動しているときの運動エネルギー T は

$$T = \frac{1}{2}mv^2 = \frac{1}{2m}p^2$$

という式より計算される. また力(保存力)が働いている場合には, 粒子はポテンシャルエネルギー $U(x)$ をもつ. U は位置 x により変化し, U の微分が力の大きさを表わす. そして, p の関数である T と, x の関数である U の和を H と書き, **ハミルトニアン**と呼ぶ. これは x と p の関数で

$$H(x,p) \equiv T+U = \frac{1}{2m}p^2+U(x) \tag{1}$$

▶H は x と p の関数であり, E は具体的な数値である.

である. そして, この式の p に粒子のもつ運動量の値, x に粒子の座標の値を代入して求まる数が, その粒子の全エネルギー E である.

$$H = E$$

■時間に依存しないシュレディンガー方程式

この式に対応する量子力学の関係式を求めてみよう. 形式的には, この式の両辺に右から波動関数 $\psi(x)$ を掛ければよい.

$$H\psi(x) = \left\{\frac{1}{2m}p^2+U(x)\right\}\psi(x) = E\psi(x) \tag{2}$$

この式で, U は x の関数だから, そのまま ψ に掛けることができる. しかし運動エネルギーの p は一定の値をとるとは限らないから, ψ に p を掛けるということの意味が不明である. ここで前節の指導原理が登場する. つまり p を掛けるということを, x で微分し, $-i\hbar$ を掛けることに置き換える. すると

$$p^2\psi \quad \rightarrow \quad \left(-i\hbar\frac{d}{dx}\right)^2\psi = -\hbar^2\frac{d^2\psi}{dx^2}$$

となる. これを(2)に代入すれば,

▶ψ の形に条件がなければ，E の値が何であっても，この式には解がある．しかし次節の例でもわかるように，ψ の形に制限がつくことがあり，そのときは E の値にも制限がつく．一般に $H\psi \propto \psi$ となる関数 ψ を H の**固有関数**と呼び，その比例係数 E を，**固有値**と呼ぶ．同様に

$$-i\hbar\frac{d}{dx}e^{ipx/\hbar}=pe^{ipx/\hbar}$$

は，$e^{ipx/\hbar}$ が $-i\hbar\dfrac{d}{dx}$ の固有関数であり，p が固有値であることを意味する．

$$\left\{-\frac{\hbar^2}{2m}\frac{d^2}{dx^2}+U(x)\right\}\psi(x) = E\psi(x) \tag{3}$$

となる．これが，エネルギーが E である状態の波動関数を求めるための方程式(**時間に依存しないシュレディンガー方程式**と呼ばれる)である．

■力が働いていない粒子の波動関数

力が働いていなければ「$U=$一定」であるが，エネルギーの基準点を適当に選んで特に「$U=0$」とする．そして，粒子が一定のエネルギー E をもっているとしよう．すると古典力学では，$E=p^2/2m$ より，粒子は $p=\pm\sqrt{2mE}$ の等速運動をする．これに対応する量子力学の答を求めてみよう．

運動量一定の運動という古典力学の答に対応させて，量子力学での運動量一定の波動関数というものを考えてみよう．これは前節で述べたように

$$\psi = e^{ipx/\hbar}$$

である．これを(3)の左辺(ただし $U=0$)に代入すると

$$-\frac{\hbar^2}{2m}\frac{d^2}{dx^2}e^{ipx/\hbar} = -\frac{\hbar^2}{2m}\left(\frac{ip}{\hbar}\right)^2 e^{ipx/\hbar}$$
$$= \frac{p^2}{2m}e^{ipx/\hbar}$$

となる．これを(3)の右辺と比較すれば，

$$\frac{p^2}{2m} = E \quad \Rightarrow \quad p = \pm\sqrt{2mE} \tag{4}$$

であればよいことがわかる．これはまさに，古典力学での関係に他ならない．(しかし ψ の形は，等速運動している物体というイメージとはまったく異なっている．古典力学的な等速運動のイメージは，運動量がわずかに異なった複数の状態の共存(重ね合わせ)として実現される．3.4節参照.)

■線形結合と重ね合わせの原理

(4)からわかるように，運動量には ± の2通りの可能性がある．どちらでも(3)の答になっているが，さらにそれらに任意の定数を掛けて足し合わせ

$$\psi = Ae^{ipx/\hbar}+Be^{-ipx/\hbar} \tag{5}$$

としても，(3)の答になっている(代入すれば確かめられる)．

このように，いくつかの関数に定数を掛けて足し合わせることを，**線形結合**を作るという．いくつかの解が見つかったとき，それらの線形結合を作ると，それも(3)の解になる．この性質は，数学的には(3)の両辺が ψ に比例していることによる．量子力学的に見れば，これがまさに重ね合わせの原理である．$+p$ の状態と $-p$ の状態が(3)の解だとすれば，それらを任意の割合で共存させた状態(5)も(3)の解となっている．

2.4 無限の壁をもつ井戸型ポテンシャル内の波動関数

ぽいんと

次に簡単な例として，(1次元的な)有限な領域に閉じこめられている粒子の波動関数を求めよう．この領域内では力は働いていない($U=0$)とする．

この$U=0$の領域での波動関数は，前節で求めた波動関数と同じ形ををしているはずである．しかし「閉じ込められている」という条件より，運動量pやエネルギーEが勝手な値を取ることができないことがわかる．無限個の可能性はあるが，ある跳び跳びの値しか取れない．これは，(たとえば原子内の電子のように)有限の領域に粒子が閉じこめられているときに一般的に起こる，量子力学特有の現象である．エネルギーの量子化(あるいはエネルギー準位の離散化)と呼ばれている．

キーワード：境界条件，井戸型ポテンシャル，エネルギーの量子化(エネルギー準位の離散化)，量子数

［例］ 無限の壁をもつ井戸型ポテンシャル

例題 質量mの粒子が，領域$[0, a]$内では力を受けないが，この領域からは出ていけないとする．この粒子の，エネルギー一定の状態の波動関数を計算し，許されるエネルギーの値を求めよ．

▶井戸型という名の由来は後で説明する．

［解法の方針(波動関数のつながり)］ 領域$[0, a]$内では$U=0$であるから，シュレディンガー方程式の解は，前節(5)より

$$\psi = Ae^{ipx/\hbar} + Be^{-ipx/\hbar} \qquad (p=\sqrt{2mE}) \tag{1}$$

という形でなければならない．一方，この領域外には粒子は存在しない(正確に言えば，「この領域外に粒子が存在するという状態は共存していない」)という条件より

$$\psi(x) = 0 \qquad (x<0 \text{ および } x>a \text{ のとき})$$

でなければならない．

次に注意しなければならないのは，領域$[0, a]$内の波動関数と領域外の波動関数の関係である．1つの粒子に対する波動関数である以上，まったく無関係ではありえない．量子力学では，「波動関数は連続である」ということを要求する．つまり，たとえポテンシャルUの形が突然どこかで変化していても，波動関数の値は不連続には変わらないということである．

▶波動関数の連続性についてのより詳しい議論は，4.1節参照．

この要求と(1)より，

$$\psi(0) = \psi(a) = 0 \tag{2}$$

という条件式がでてくる．この条件より，(1)の係数AとBを決める．その過程で，エネルギーEの値に制限がつく．

▶このようなタイプの条件を**境界条件**と呼ぶ．

注意 ある領域で粒子が存在しえない，つまり$\psi=0$であることは，その領域で$U=\infty$とすれば自動的に導かれる．実際

$$-\frac{\hbar^2}{2m}\frac{d^2\psi}{dx^2} + U\psi = E\psi$$

としたとき，エネルギーが有限で，右辺が有限ならば，左辺の積 $U\psi$ も有限でなければならない．したがって $U=\infty$ ならば，$\psi=0$ でなければならないことになる．つまり，この問題のポテンシャルは，$0<x<a$ で 0，その両側で無限大ということになる．これがこの問題を，**井戸型ポテンシャル**と呼んだ理由である．(古典力学的に考えても，$U=\infty$ の領域には，エネルギー有限の粒子は決して入り込めない．)

［解法］ 解くべき問題は，(1)が(2)を満たすように係数を決めることである．まず第一の条件 $\psi(x=0)=0$ を代入すると

$$\psi(x=0) = A+B = 0$$

▶ $e^0 = 1$

となる．これより(1)は

$$\psi = A(e^{ipx/\hbar}-e^{-ipx/\hbar}) = 2iA\sin(px/\hbar) \tag{3}$$

と書ける．次に(2)の第二の条件を使うと

$$\psi(x=a) = 2iA\sin(pa/\hbar) = 0$$

sin 関数がゼロであるということは，sin の中が $\pi, 2\pi, 3\pi$ などと，π の整数倍だということである．つまり

$$\frac{pa}{\hbar} = \frac{\sqrt{2mE}a}{\hbar} = n\pi \qquad (n=1,2,\cdots)$$

となる．これを整理すれば，

$$E = \frac{\pi^2\hbar^2}{2ma^2}n^2 \qquad (n=1,2,\cdots) \tag{4}$$

となる．これが求めるべき，エネルギーに対する条件式である．

■エネルギーの量子化

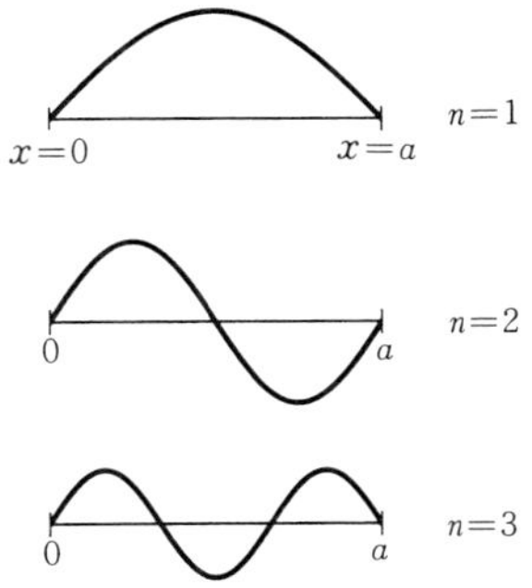

図 1 各エネルギー準位の波動関数

(4)で表わされる各エネルギーの大きさを**エネルギー準位**と呼ぶ．エネルギー準位には最小のもの($n=1$)があり，これを**基底状態**と呼ぶ．$n=1$ の準位を第一励起状態，$n=2$ のものを第二励起状態などと呼ぶ．そして，このようにエネルギー準位が跳び跳びになる現象を，**エネルギーの量子化**という．また，各状態を指定する数(今の場合は n)を**量子数**と呼ぶ．

各準位に対応する波動関数の形を縦に並べて比較してみよう(図 1)．基底状態では波動関数は境界を除いてゼロにならない．そして準位が上がるごとに波の波長が短くなり，ゼロになる点の数が 1 つずつ増していく．

以上と同様の現象は，原子中の電子でも見られる．基底状態というものの存在，そしてエネルギーの量子化が原子でも起こっているということは，1.1 節で説明した．詳しくは第 5 章で計算するが，電子の波動関数が波の形をしており，しかもそれが原子の中に閉じ込められるという要請から，このような現象が起きる．そしてこれは原子に限らず，粒子が有限の領域に閉じ込められるときに一般的に起きる現象でもある．

章末問題

[2.1節]

2.1 指数関数の性質を使って，三角関数に対する以下の公式を求めよ．

(1) $\cos\left(\theta+\dfrac{\pi}{2}\right) = -\sin\theta, \qquad \sin\left(\theta+\dfrac{\pi}{2}\right) = \cos\theta$

(2) $\dfrac{d}{d\theta}\cos\theta = -\sin\theta, \qquad \dfrac{d}{d\theta}\sin\theta = \cos\theta$

(3) $\cos(\theta+\theta') = \cos\theta\cos\theta'-\sin\theta\sin\theta'$

[2.2節]

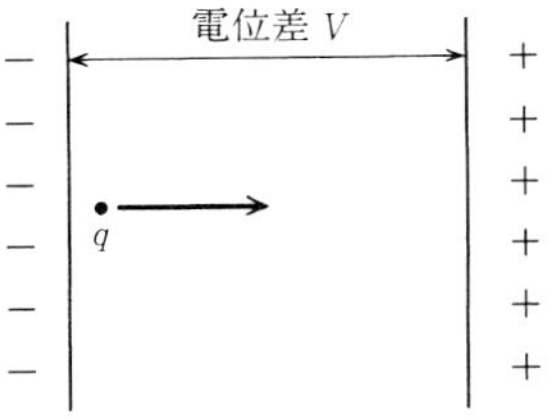

図1

2.2 静止した電子を V ボルトの電圧で加速した(図1)．そのときの V と波長の関係を求めよ．波長が 1 Å (オングストローム) $=10^{-10}$ m，つまり物体中の原子の間隔の程度にするには，V をどの程度の大きさにすればよいか．(電子の電荷を q として，まず式を書け．また数値計算をするときは，m (電子の質量) $=9.11\times10^{-31}$ kg，1 eV (電子ボルト) $=1.602\times10^{-19}$ J，そして 2.2 節で与えた h の値を用いよ．ただし 1 eV とは，電子を 1 ボルトの電圧で加速したときの，電子のもつエネルギーである．)

[2.4節]

2.3 2.4 節の例と同じ問題(無限の壁をもつ井戸型ポテンシャル)を，$U=0$ の領域を $[-a/2, a/2]$ として解き，(2.4.4)を導け．

▶(1)は**周期的境界条件**と呼ばれ，現実の問題とも関係がある．x が極座標または球座標の角度変数 ϕ であるとすると $0\leqq\phi\leqq2\pi$ であり，しかも $\phi=0$ と $\phi=2\pi$ は同一の点だから波動関数は等しくなければならない．つまり周期的境界条件が成り立つ．詳しくは 5.3 節参照．

2.4 $[0, a]$ の領域で $U=0$ であり，波動関数とその微分が両側で等しい

$$\psi(x=0) = \psi(x=a)$$
$$\frac{d}{dx}\psi(x=0) = \frac{d}{dx}\psi(x=a) \qquad (1)$$

という境界条件で，運動量とエネルギー準位を求めよ．

2.5 2.4 節の例を見ると，エネルギーが定まった状態は波の形をしており，粒子が特定の位置にある状態ではない．つまり，さまざまな位置にある状態が共存している．位置を限定しようとすれば，エネルギーが定まった状態を多数共存させなければならない．たとえば，基底状態と励起状態を適当な係数を掛けて加えた

$$\psi^{(1)} = \sin\frac{\pi}{a}x \qquad \text{(基底状態のみ)}$$

$$\psi^{(2)} = \sin\frac{\pi}{a}x-\sin\frac{3\pi}{a}x \qquad \text{(基底状態＋第二励起状態)}$$

$$\psi^{(3)} = \sin\frac{\pi}{a}x-\sin\frac{3\pi}{a}x+\sin\frac{5\pi}{a}x \qquad \text{(基底状態＋第二, 四励起状態)}$$

という各状態の波動関数をスケッチせよ．(各項のグラフを大雑把に加えても，あるいは x の値を代入して計算してもよい．$x=a/2$ に集中していくことを確かめる．この足し算を無限に進めれば，$x=a/2$ では無限大で，他の位置では 0 になる波動関数が求まる．

3

時間に依存するシュレディンガー方程式と経路積分

ききどころ

前章では，粒子のとりうるエネルギーと，そのエネルギーをもつ状態の波動関数を計算するための，「時間に依存しない」シュレディンガー方程式を導いた．しかしこれだけでは，力学の基本方程式とはなれない．古典力学の基本方程式であるニュートン方程式(あるいはラグランジュ方程式)に，ある時刻における物体の位置と速度から，その後の運動を計算する式であった．同様に量子力学でも，ある時刻における波動関数の形が決まったとき，それがその後どのように変化するのかを計算する方程式が必要である．これが「時間に依存する」シュレディンガー方程式であり，この章の最初に説明する，量子力学の第二の指導原理を使って導くことができる．

この式を使い，まったく異なって見える古典力学と量子力学との間に，どのような関係があるのか，波のようには到底感じられない目で見える物体の運動が，なぜ量子力学と矛盾していないのかなどという問題を考える．またこの式を変形した「経路積分」という公式を導き，量子力学における粒子像の本質を説明する．

3.1 振動とエネルギー

ぽいんと

前章で「時間に依存しない」シュレディンガー方程式を導いたときに使ったのは，運動量を空間座標による微分で置き換えるという原理であった．この章で，「時間に依存する」シュレディンガー方程式を導くときには，エネルギーを時間による微分で置き換えるという，量子力学の第二の指導原理を使う．この指導原理は，「光の粒子のエネルギーは光の振動数に比例する」という，アインシュタインの光量子説から示唆されたものである．このことを説明するために，この節ではまず波の振動ということを復習する．

キーワード：振動数，光量子説，コンプトン散乱

■波と振動数

運動量に関する第一の原理では，波の波長ということが重要であった．一方，第二の原理の背景には，波のもう1つの性質である振動数という量が関係している．

まず，時刻がゼロ（$t=0$）で図1のような形をした波があったとする．各位置での波の高さを ϕ，波長を λ とすれば，

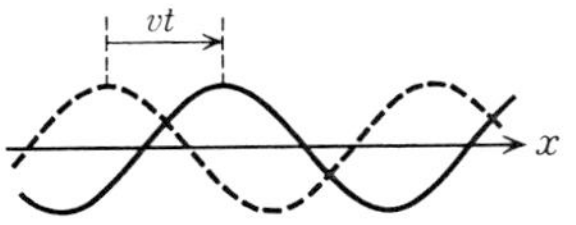

図1　波の移動

$$\phi(x, t=0) = \sin\frac{2\pi}{\lambda}x$$

となる．時間が t だけ経過したときに，この波が右に vt だけ移動したとする（v は波の移動速度）．そのときの波の形は

$$\phi(x, t) = \sin\frac{2\pi}{\lambda}(x-vt) = \sin\left(\frac{2\pi}{\lambda}x-2\pi\nu t\right) \qquad (1)$$

と書ける．ただし $\nu=v/\lambda$ であり，**振動数**と呼ばれる．

ν の意味は，各位置での ϕ の時間的変化を考えればすぐわかる．x を一定とし，単位時間（$t=1$）経過したとすると，sin の中は $2\pi\nu$ 変化する．2π で ϕ の振動1回分だから，これは単位時間に ϕ が上下に ν 回振動することを意味する．つまり ν は，（単位時間当たりの）振動の回数に等しい．

■複素数の波の振動

2.1節で複素数の波というものを考えた．実数部分も虚数部分も，それぞれが同じ波長の波の形をしたものである．そして特に

$$e^{i\frac{2\pi}{\lambda}x} = \cos\frac{2\pi}{\lambda}x + i\sin\frac{2\pi}{\lambda}x \qquad (2)$$

と，複素数の指数関数の形にまとまるものがあるということを指摘した．

これに対応したものが，動いている波（1）に対しても考えられる．つまり

$$\psi = \cos\left(\frac{2\pi}{\lambda}x - 2\pi\nu t\right) + i\sin\left(\frac{2\pi}{\lambda}x - 2\pi\nu t\right)$$

$$= e^{i\left(\frac{2\pi}{\lambda}x - 2\pi\nu t\right)} = e^{i\frac{2\pi}{\lambda}x}e^{-i2\pi\nu t} \tag{3}$$

▶ $e^{a+b} = e^a \cdot e^b$

である．(2)を x で微分しても(係数を除いて)形が変わらない．すなわち

$$\frac{d}{dx}e^{i\frac{2\pi}{\lambda}x} = i\frac{2\pi}{\lambda}e^{i\frac{2\pi}{\lambda}x}$$

これと同様，(3)を t で微分しても形が変わらない．

$$\frac{d}{dt}e^{-i2\pi\nu t} = -i2\pi\nu e^{-i2\pi\nu t}$$

このことが，量子力学の第二の基本原理を考える上で重要な役割を果たす．

■ $E = h\nu$

量子力学の第一の基本原理の導入においては，運動量 p と波長 λ の関係

$$p = h/\lambda$$

が背景にあった．これに対応する，エネルギーと振動数との間の関係を考えてみよう．

この関係は，実は電子などの普通の粒子ではなく，光に関する発見で見つかったものである．1.5 節で，光は光子と名づけられた粒子の集まりであるという話をした．光は光子多数からできた波であるから，振動数 ν というものが決められる．そして，光子 1 つ 1 つのもつエネルギー E は，光の強さ(明るさ)で決まるのではなく，その色，つまり振動数によってのみ決まり

$$E = h\nu \tag{4}$$

であるということがアインシュタインにより発見された(光量子説)．

▶これは光電効果(下の「注意」参照)という現象から推測されたものである．光子の場合 $E = cp$ (相対論より)なので，(4)より $p = h/\lambda$ も求まる．
また，光が電子にぶつかって，波長や振動数が変わる現象も見つかった(**コンプトン散乱**)．この場合も，光子のエネルギーと運動量がそれぞれ $E = h\nu$，$p = h/\lambda$ であり，エネルギー保存則と運動量保存則が成り立つと仮定して計算すると，うまく実験を説明できた(章末問題 3.1)．

ここで h とは，波長と運動量の関係でも現われたプランク定数と呼ばれる数である．そして，まったく同じ数が，電子でも光でも現われるということ，さらに光自体も粒子からできているということは，どちらも何か共通の原理に支配されていると想像させる．(4)の関係が，光のみならず他の粒子に対しても成り立っていると想像するのも無理のないところであろう．

もちろん，これだけでは根拠薄弱な議論であるが，現実にもこのような考え，さらにこの章の後半で説明する古典力学との関係の考察に基づいて，次節で述べる量子力学の第二の原理が提案されることになる．

注意 光電効果：物質に光をあてると電子が飛び出してくる現象．ただし，振動数がある値以下(具体的な数値は物質による)の光は，いくら強くしても電子は出てこず，振動数が大きいと，光は弱くても電子は出てくる．電子は，(4)で決まるエネルギーをもつ光子 1 つを吸収して物質中から飛び出してくると考えれば，この現象は説明できる．

3.2 時間に依存するシュレディンガー方程式

ぽいんと

前節で説明したエネルギーと振動数の関係をヒントとして，量子力学の第二の基本原理を導入する．そして，この原理を用い，時間の経過とともに波動関数がどう変化するかを表わす方程式を導く．これが，古典力学での運動方程式に代わる，量子力学の基本方程式である．

キーワード：時間に依存するシュレディンガー方程式

■偏微分

この節からは，時間が経過するときの波動関数 ψ の変化を考える．すると当然，ψ は座標 x のみならず，時間 t の関数にもなる．

$$\psi = \psi(x, t)$$

したがって，x による微分と t による微分をわけて考えなければならない．これらを次のような記号で表わす．

$\dfrac{\partial\psi}{\partial x}$　t を単なる定数と考え，x についてだけ微分する

$\dfrac{\partial\psi}{\partial t}$　x を単なる定数と考え，t についてだけ微分する

これらを偏微分，従来の d/dx を常微分と呼び分けているが，計算規則や微分公式などは今までと変わらない．

この記号を使えば，量子力学での運動量の表式は

▶ $\hbar = h/2\pi$

$$\text{運動量} \iff -i\hbar\frac{\partial}{\partial x} \tag{1}$$

となる．

■第二の基本原理

(1)は，複素数の波，および波長と運動量の関係より導かれた．こんどは，振動する複素数の波，および振動数とエネルギーの関係を使って同じ議論を進めてみよう．

まずエネルギー E の状態の波動関数 ψ が，(時間に依存しない)シュレディンガー方程式

$$H\psi = E\psi \tag{2}$$

を解いて $\psi=f(x)$ と求まったとしよう．その答にある数(C とする)を掛けて

$$\psi = Cf(x)$$

としても，C が座標 x に依らない限り，(2)の答であることには変わりはない．C は x には依らないが，時刻 t には依るかもしれない．そこで，C

が時刻とともにどのように変化するかということが問題となる(以下の議論では，f のほうは時刻に依らないとする)．

ここで，振動数とエネルギーとの関係 $E=h\nu$，および前節(3)を用いる．つまり，エネルギー E の状態の波動関数は，振動数 ν ($=E/h$) で振動していると仮定し，

$$\psi = e^{-i2\pi\nu t}f = e^{-iEt/\hbar}f \qquad (3)$$

と書けるとする．すると

$$\frac{\partial\psi}{\partial t} = -i\frac{E}{\hbar}\psi \quad \Rightarrow \quad i\hbar\frac{\partial\psi}{\partial t} = E\psi$$

という式が成り立つ．つまり

$$\text{エネルギー} \quad E \quad \Longleftrightarrow \quad i\hbar\frac{\partial}{\partial t} \qquad (4)$$

という対応関係が成立している．この関係が，(2)の解ではない一般の波動関数に対しても成り立っているという仮定を，量子力学の第二の基本原理と呼ぶことにする．

■時間に依存するシュレディンガー方程式

この対応関係を，時間に依存しないシュレディンガー方程式(2)に代入すれば，

$$i\hbar\frac{\partial\psi}{\partial t} = H\psi \quad \left(=\left\{-\frac{\hbar^2}{2m}\frac{\partial^2}{\partial x^2}+U(x)\right\}\psi\right) \qquad (5)$$

という式が導かれる．この式は，波動関数 ψ の時間的変化が，右辺で表わされる量を計算すれば求まるということを意味しており，量子力学の基本方程式の役割をする．この式を，**時間に依存するシュレディンガー方程式**，あるいは単に，シュレディンガー方程式と呼ぶ．

たとえば $t=0$ で，ψ が(2)のエネルギー E の解 f に等しかったとしよう．すると，一般の時刻 t での ψ が(3)で表わされることは，(5)に代入してみればわかる．これは，もともと(3)を仮定して対応関係(4)を導いたのだから当然であるが，実は(5)はそれ以上の内容を含んでいる．

量子力学では複数の状態が共存できる．たとえば異なったエネルギーをもつ状態が共存していても構わない．そのような状態を表わす波動関数 ψ に対しては，エネルギーのある値 E を掛けるということは意味をもたない．しかし，(5)のように書き直してしまえば，意味をもった式になる．E が1つの値に決まっていなくても，波動関数を t で微分することは可能だからである．このため，シュレディンガー方程式(5)を使えば，どんなに複雑な状態であったとしても，それが時間の経過とともにどのように変化していくかということを計算できるのである．

▶ 1.2節でも注意したが，エネルギーが保存しないと言っているのではない．エネルギーは一定だが，その値が異なる状態が共存しているのである．

3.3 シュレディンガー方程式の解法

ぽいんと

時間に依存するシュレディンガー方程式は，時間による微分も位置座標による微分も含んでいて，かなり複雑な方程式である．しかし，最初に時間に依存しないシュレディンガー方程式の方を解いておけば，問題は比較的簡単になる．その手順を説明する．

■エネルギー一定の場合

まず，時間に依存しないシュレディンガー方程式

$$H\psi = E\psi \tag{1}$$

の解が求まったとしよう．2.4 節の例でわかるように，解は無限個ある．それらに番号をつけ，$f_1, f_2, f_3, \cdots$，あるいはまとめて

$$\{f_n(x)\ ;\ n=1,2,\cdots\}$$

と書く（n は，2.4 節で定義した量子数だと思えばよい）．各 f_n は座標 x の関数である．

エネルギーの値もそれぞれ異なるから，f_n に対応するエネルギーを E_n と書く．つまり

$$Hf_n = E_n f_n$$

である．

f_n と E_n がわかれば，それに対応するシュレディンガー方程式

$$i\hbar\frac{\partial\psi_n}{\partial t} = H\psi_n \tag{2}$$

の解を作るのは簡単で，前節でも述べたように

$$\psi_n(x,t) \equiv e^{-iE_nt/\hbar}f_n(x) \tag{3}$$

とすればよい．(3)の右辺に任意の定数（t にも x にも依らない数）を掛けてもやはり(2)の解であることにも注意しておこう．

■一般の場合

以上は，特定のエネルギーをもった状態の波動関数である．しかし一般には，異なったエネルギーの重ね合わせも考えなければならない．そのようなときには，シュレディンガー方程式(2)の「線形性」ということに着目する．

線形性とは 2.3 節でも出てきたが，もし(2)の解がいくつか求まったら，それらに任意の定数を掛け，そして足し合わせてもそれが解になっているということである．今の問題でいえば，(3)の形の解が無限個見つかったので，1 つ 1 つに任意の定数（C_n とする）を掛けてから足し合わせ

▶この式から，すぐわかるように $i\hbar\dfrac{\partial\psi}{\partial t}$ は，各 f_n にそのエネルギー E_n を掛けたものに等しい．

$$\psi = C_1 e^{-iE_1t/\hbar}f_1 + C_2 e^{-iE_2t/\hbar}f_2 + \cdots$$
$$= \sum_{n=1}^{\infty} C_n e^{-iE_nt/\hbar} f_n$$

としても，やはりシュレディンガー方程式の解になっている．

■量子力学での問題の型と解法

量子力学の基本的な問題としては，次の2通りの型が考えられる．まず第一は，

[1] ポテンシャル $U(x)$ の形が具体的に決まったときに，エネルギー準位とその波動関数を求めよ．

という問題である．無限の壁をもつ井戸型ポテンシャルの場合に2.4節で計算したのが，その最も単純な例である．原子核の中の電子の問題もこの型の問題である．原子核によるクーロン力のポテンシャルの影響の中で，電子の持ちうるエネルギーと波動関数を求めることが課題となる．

このような問題では，時間に依存しないシュレディンガー方程式(1)を解き，f_n と E_n を求めれば，問題は本質的に解けたことになる．f_n を(2)の解にするには，単に $e^{-iE_nt/\hbar}$ という因子を f_n に掛ければよい．この因子は x には依らないから，粒子がどの位置に測定されるかということには無関係で，f_n の部分だけが重要となる．

量子力学では，もう1つの型の問題が考えられる．

▶(4)では $t=t_0$ で両辺が一致するように係数 C を $C=e^{iEt_0/\hbar}$ とした．

[2] まずある時刻 t_0 での波動関数の形 $\psi(x, t_0)$ がわかっているとする．それが時間の経過とともにどのように変化するかを計算せよ．

という問題である．もし $\psi(x, t_0)$ がエネルギー一定(E)の状態であるのなら，答は簡単で

$$\psi(x, t) = e^{-iE(t-t_0)/\hbar}\psi(x, t_0) \qquad (4)$$

となる．しかし一般には，$\psi(x, t_0)$ はいろいろなエネルギーの状態の重ね合わせである．

そこでまず，$\psi(x, t_0)$ が

▶f_n が満たさなければならない条件(境界条件，2.4節参照)を $\psi(x, t_0)$ が満たしているならば，$\psi(x, t_0)$ は f_n によって必ず(5)の形に表わせる(第8章参照)．

$$\psi(x, t_0) = C_1f_1 + C_2f_2 + \cdots \qquad (5)$$
$$= \sum C_n f_n$$

というように重ね合わさっているとしよう．1つ1つの f_n がどう変化するかはわかっているのだから，一般の時刻 t ではそれを足し合わせて

$$\psi(x, t) = \sum C_n e^{-iE_n(t-t_0)/\hbar} f_n$$

であることがわかる．結局，展開式(5)を求めることが問題になる．それはすぐにわかるときもあるし，多少の計算が必要になるときもある．一般的な手法は第8章で説明する．

3.4 波束の運動

ぽいんと

運動量一定の状態は，量子力学では複素数の波で表わされると述べてきた．しかし，運動量一定，つまり等速運動をしている粒子が波であるというのは，直観的なイメージとはそぐわない．しかし，量子力学でも波束というものを考えることにより，直観的なイメージと矛盾しない状態が実現される．波束とは，運動量が厳密に1つの値をもつ状態ではなく，ある値を中心として，それとはわずかに異なった値をもつ状態も共存している状況を表わす波動関数である．このような波動関数の時間的変化を，前節で導いたシュレディンガー方程式を使って計算する．粒子の状態を波動関数で表わすという，一見すると常識はずれとも思える量子力学が，日常的な物体のイメージと相反するものではないことを示す重要な例である．

キーワード：波束

■波束の例

運動量一定（p_0 とする）の状態は，C を x には依存しない数だとして

$$\psi = Ce^{ip_0x/\hbar} \tag{1}$$

と書ける．これから確率密度 $\rho=|\psi|^2$ を計算すれば

$$\rho = (C^*e^{-ip_0x/\hbar})\cdot(Ce^{ip_0x/\hbar}) = |C|^2$$

である．つまり，粒子がどの位置に観測されるかという比率は空間内いたるところで等しい．これは等速運動で動いているという粒子のイメージからは程遠い．そこで，運動量が p_0，およびその周辺の値をとる状態を共存させ（重ね合わせ）て

$$\psi(x) = \int_{-\infty}^{\infty} C(p)e^{ip(x-x_0)/\hbar}dp \tag{2}$$

という形の波動関数を考える．ここで $C(p)$ は，$p=p_0$ で最大値をとり，p が p_0 から離れると急速に減少する正の関数である．また，そうする理由はすぐにわかるが，p ごとに異なる位相 $e^{-ipx_0/\hbar}$ を掛けてある（x_0 は定数）．これは x に依存しない数だから，(1)の C の一部だと考えてよい．

▶一般に，さまざまな運動量の状態が共存しているときの波動関数は

$$\psi(x) = \sum_p C_pe^{ipx/\hbar}$$

である（C_p は係数）．p は連続的に変われる量なので和を積分にし，係数 C_p の代わりに $C_pe^{-ipx_0/\hbar}$ と書けば(2)になる．

$C(p)$ の具体的な表式は何でもよいのだが，計算を実行するために

$$C(p) = e^{-(p-p_0)^2/2(\Delta p)^2} \tag{3}$$

とする．Δp は定数だが，どの程度の範囲の運動量の状態が共存しているか，その幅を示す量である（図1）．

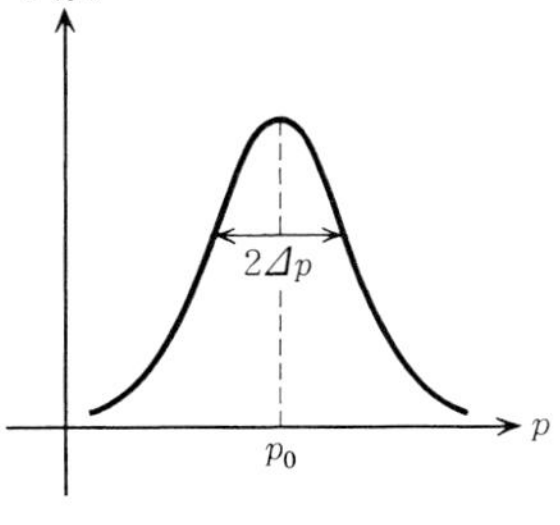

図1 $C(p)=\exp\left\{-\dfrac{(p-p_0)^2}{2(\Delta p)^2}\right\}$ のグラフ．幅 Δp は，共存する状態の幅を表わす．

(3)を(2)に代入して積分をする．

$$-\frac{(p-p_0)^2}{2(\Delta p)^2}+\frac{i}{\hbar}p(x-x_0) = -\frac{1}{2(\Delta p)^2}\left\{p'-\frac{i(\Delta p)^2}{\hbar}(x-x_0)\right\}^2 -(\Delta p)^2\frac{(x-x_0)^2}{2\hbar^2}+\frac{i}{\hbar}p_0(x-x_0) \tag{4}$$

であること（$p'\equiv p-p_0$）と，積分公式

$$\int_{-\infty}^{\infty} e^{-\frac{p'^2}{2a}} dp' = \sqrt{2a\pi}$$

を使えば

▶(5)のようになるには，(2)で $e^{-ipx_0/\hbar}$ という因子を掛けておくことが必要である．

$$\psi(x) = \sqrt{2(\Delta p)^2\pi}\, e^{-\frac{(\Delta p)^2}{2\hbar^2}(x-x_0)^2} e^{\frac{i}{\hbar}p_0(x-x_0)} \tag{5}$$

となる．これは，絶対値が $x=x_0$ にピークをもち，そこから離れると急激に減少する関数である．

$$\rho = |\psi|^2 \propto e^{-\frac{(\Delta p)^2}{\hbar^2}(x-x_0)^2} \tag{6}$$

▶$\hbar$ の大きさを考えると，この幅は現実の粒子の位置の不確定さと矛盾しない程度である（章末問題参照）．

だから，その幅は，$\hbar/\Delta p$ 程度である．多少ぼやけてはいるが，$x=x_0$ 付近に存在している粒子を表わしていると考えてもいいだろう．このように，ある位置付近に集中している波動関数を，一般に**波束**と呼ぶ．

■波束の運動

次に，$t=0$ で(2)つまり(5)の形をしている波束が，時間の経過とともにどのように変化するかを計算してみよう．ただし，粒子には力が働いていないので $U=0$ だとする．すると前節(4)より

$$\psi(x,t) = \int C(p) e^{-iE_p t/\hbar} e^{i(p-p_0)x/\hbar} dp$$

となる（$E_p = p^2/2m$）．今度は(4)の代わりに

$$-\frac{(p-p_0)^2}{2(\Delta p)^2} + \frac{i}{\hbar}p(x-x_0) - i\frac{p^2}{2m}\frac{t}{\hbar} = -A\left(p'-\frac{B}{2A}\right)^2 + \frac{B^2}{4A} + Bp_0$$
$$\text{ただし，}A \equiv \frac{1}{2(\Delta p)^2} + \frac{it/\hbar}{2m},\quad B \equiv \frac{i}{\hbar}\left(x - x_0 - \frac{p_0}{m}t\right) \tag{7}$$

を使うと，

$$\psi(x,t) = \sqrt{\frac{\pi}{A}}\, e^{-\frac{1}{\hbar^2}\frac{1}{4A}\left(x-x_0-\frac{p_0}{m}t\right)^2} e^{\frac{i}{\hbar}p_0\left(x-x_0-\frac{p_0}{m}t\right)} \tag{8}$$

と求まる．これは，絶対値が $x=x_0+(p_0/m)t$ にピークをもち，そこから離れると急激に減少する関数である．ほぼ $x=x_0+(p_0/m)t$ という軌道に沿って運動している粒子を表わすと考えられる．しかし「ほぼ」という修飾語をつけたように，軌道が完全に決まっているわけではない．位置がこの軌道からずれた状態も共存している．

時刻 t における，共存している位置の幅は，(6)と同様の計算より

▶日常的なイメージでは，物体はある軌道に沿って運動する．しかし，ミクロな精度で位置を見ているわけではない．もし物体の位置の幅が，日常的な観察の精度より小さければ，波束は十分，日常的なイメージでの物体を表現していると言える．

$$\sqrt{2|A|}\,\hbar = \frac{\hbar}{\Delta p}\left\{1 + \frac{t^2}{\hbar^2}\frac{(\Delta p)^4}{m^2}\right\}^{1/2} \tag{9}$$

これが長時間にわたって小さいためには，Δp が大きく，$(\Delta p)^2/m$ が小さければよいことがわかる．そのためには，質量が大きくなければならない．つまり，重いマクロな物体に関しては，日常的なイメージが成立し，ミクロな粒子では量子力学的な状態の共存が無視できないことになる（章末問題参照）．

3.5 古典力学の運動方程式

ぽいんと

ポテンシャルがない場合に，等速運動をする波束というものが構成できることを前節で示した．この節では，力が働いている場合でも，ある条件のもとでは量子力学（シュレディンガー方程式）が古典力学（ニュートンの運動方程式）を再現できることを示す．

キーワード：期待値，エーレンフェストの定理

■期 待 値

古典力学の基本方程式であるニュートンの運動方程式は，

$$m\frac{d^2x}{dt^2} = -\frac{dU}{dx} \tag{1}$$

である．しかし量子力学では，一般に複数の状態が共存している．粒子の位置という量も1つには決まらないので，その変化，つまり速度や加速度にしても，時刻ごとに一定の値を定めるというわけにはいかない．つまり，(1)は量子力学では意味をなさない式である．

そこで量子力学と古典力学との関係を調べるために，各量に対して期待値という値を定義する．各量を，同じ波動関数で表わされる状態に対して何度も測定したときに求まる値の平均値である．

1.3節でも説明したように，粒子が x に観測される確率は $\rho=|\psi|^2$ で表わされる（ただし波動関数は規格化されているとする．次項参照）．すると位置 x の**期待値**（$\bar{x}$ と書く）は，

$$\bar{x} = \int x\psi^*\psi dx \tag{2}$$

▶x を真ん中に入れて $\int \psi^* x\psi dx$ と書くこともよくある．

と書ける．また x の任意の関数を $f(x)$ とすれば，その期待値は

$$\overline{f(x)} = \int f(x)\psi^*\psi dx \tag{3}$$

である．そこで，(1)が期待値の意味で成り立っていることを，シュレディンガー方程式を使って確かめてみよう．

■規格化の不変性

上で，「規格化」という言葉を使ったが，波動関数に適当な定数を掛けて

$$\int \psi^*\psi dx = 1 \tag{4}$$

となるように調節しておくという意味である．(2)や(3)が成り立つためには，(4)がすべての時刻で成り立っていなければならない．しかし，この調節はある時刻だけでやっておけばよい．実際シュレディンガー方程式を

使えば

$$i\hbar\frac{d}{dt}\int\psi^*\psi dx = \frac{\hbar^2}{2m}\int\left(\frac{\partial^2\psi^*}{\partial x^2}\psi-\psi^*\frac{\partial^2\psi}{\partial x^2}\right)dx \tag{5}$$

▶ $i\hbar\frac{\partial\psi}{\partial t}=\left(-\frac{\hbar^2}{2m}\frac{\partial^2}{\partial x^2}+U\right)\psi$ と，その複素共役の式 $i\hbar\frac{\partial\psi^*}{\partial t}=\left(\frac{\hbar^2}{2m}\frac{\partial^2}{\partial x^2}-U\right)\psi^*$ を使う．

となる（U の項は打ち消し合う）．また，部分積分を2回ほどこし，$\pm\infty$ で $\psi=0$ であるとすると

$$\int\frac{\partial^2\psi^*}{\partial x^2}\psi dx = \int\psi^*\frac{\partial^2\psi}{\partial x^2}dx$$

が得られる．したがって，(5)はゼロとなる．つまり(4)の左辺は一定であり，規格化はある特定の時刻でしておけば十分であることがわかる．

■期待値の方程式

次に，位置の期待値(2)の時間微分を計算してみよう．(5)と同様にすると

$$i\hbar\frac{d}{dt}\bar{x} = \frac{\hbar^2}{2m}\int x\left(\frac{\partial^2\psi^*}{\partial x^2}\psi-\psi^*\frac{\partial^2\psi}{\partial x^2}\right)dx \tag{6}$$

再び，2回部分積分をすると，

$$\int\frac{\partial^2\psi^*}{\partial x^2}x\psi dx = \int\psi^*\frac{\partial^2}{\partial x^2}(x\psi)dx$$

であるから，結局

$$\frac{d}{dt}\bar{x} = \frac{1}{i\hbar}\frac{\hbar^2}{2m}\int 2\psi^*\frac{\partial}{\partial x}\psi dx = \frac{1}{m}\int\psi^*\left(-i\hbar\frac{\partial}{\partial x}\right)\psi dx \tag{7}$$

となる．右辺の x 微分は，量子力学の指導原理によれば運動量だから，この式は，期待値のレベルで速度と運動量との関係を示していると解釈できる．次に，加速度を計算する．(7)をさらに t で微分すると，U の項だけが残り，

$$\begin{aligned} m\frac{d^2}{dt^2}\bar{x} &= \frac{1}{i\hbar}\int\left\{(-U\psi^*)\left(-i\hbar\frac{\partial}{\partial x}\right)\psi+\psi^*\left(-i\hbar\frac{\partial}{\partial x}\right)(U\psi)\right\}dx \\ &= -\int\frac{\partial U}{\partial x}\psi^*\psi dx = -\overline{\frac{\partial U}{\partial x}} \end{aligned} \tag{8}$$

▶(8)をエーレンフェストの定理と呼ぶ．

となる．これは(1)を，期待値で表わした式に他ならない．

このように，期待値のレベルではシュレディンガー方程式から古典力学の運動方程式が求まった．しかし，量子力学が古典力学と同等であると言っているわけではない．一般に波動関数は広がっているので，粒子の位置を観測しても，期待値に一致する保証は何もない．波動関数が，前節で述べた波束の形を維持して運動しており，そして，その幅の範囲では(8)の右辺の $\partial U/\partial x$ が一定だとみなされるときにのみ，古典力学的な粒子像が量子力学から再現されるのである．

3.6 シュレディンガー方程式の積分

ぽいんと

期待値で考えれば，シュレディンガー方程式も古典力学の運動方程式になってしまう．しかし量子力学の特徴は，複数の状態が共存している点にあり，期待値だけ考えていてはその本質はわからない．そこで，共存している複数の状態1つ1つがどのように変化しているかという問題を考えてみよう．もちろんこの変化は，本章で導いたシュレディンガー方程式で表わされているのだが，この式は微分方程式であり，変化率を示しているだけなので，何が起きているのか直観的にはわかりにくい．そこで，有限の時間が経過したときに，波動関数がどう変化するのかを表わす公式を導こう．これは経路積分と呼ばれ，量子力学における状態の変化の本質を直観的に理解するのに役立つ．この節ではまず，有限だが微小な時間経過に対する公式を導く．

■1階の微分方程式の積分

まず

$$\frac{df(t)}{dt} = kf(t)$$

という微分方程式を，$t=t_0$ では $f(t)=f(t_0)$ となるという条件の下で解いてみよう．答は簡単で，

$$f(t) = e^{k(t-t_0)}f(t_0)$$

この関係は，k や f がもう1つの変数 x の関数の場合，つまり

$$\frac{\partial f(x,t)}{\partial t} = k(x)f(x,t)$$

であっても変わらない．

$$f(x,t) = e^{k(x)(t-t_0)}f(x,t_0)$$

となる．

■シュレディンガー方程式の場合

上式の特徴は，$f(x,t)$ の値を知るためには，同じ x における関数値 $f(x,t_0)$ だけが必要だということである．他の x における f は関係しない．しかし，シュレディンガー方程式の場合は事情は異なる．右辺の係数 $k(x)$ が，単なる x の関数ではなく，x による微分(変化率)も含んでいる．つまり，変化率を知るためには，$\psi(x,t_0)$ ばかりでなく，その周辺 (x',t_0) における $\psi(x',t_0)$ の値も必要になる．時間の経過が無限小のときは，x の無限小の近傍での ψ で十分だが，時間が経過すると，しだいに遠方からの影響が積み重なっていく．その効果を考えると

$$\psi(x,t) = \int G(x,t\,;\,x',t_0)\psi(x',t_0)dx' \qquad (1)$$

という x' について積分の形になることが想像される．ただし G は，時間

が t_0 から t まで経過したときに，x' での ψ が，どの程度影響するかということを表わしている．量子力学での言葉を使えば，時刻 t_0 での「粒子が x' にある状態」の共存度が，時刻 t での「粒子が x にある状態の共存度」に及ぼす影響の程度を表わしている．原理的にはすべての x' からの影響があるので，x' で積分しなければならない．

(1)の G の具体的な形を求めることは，一般には容易ではない．しかし，経過した時間 $t-t_0$ が微小のときに成り立つ，きわめて有用な式がある．

定理 波動関数がシュレディンガー方程式を満たしているとき，(1)は

$$\psi(x,t) = \left(\frac{2i\pi\hbar\varepsilon}{m}\right)^{-1/2}\int \exp\left[\frac{i}{\hbar}\left\{\frac{1}{2}m\frac{(x-x')^2}{\varepsilon}-U(x)\varepsilon\right\}\right]\psi(x',t_0)dx' \tag{2}$$

となる．ただし $\varepsilon\equiv t-t_0$ は微小であるとする．

▶(2)からシュレディンガー方程式を導き，両者が同等であることを示す．

［証明］ まず，指数関数の積分公式より

$$\int_{-\infty}^{\infty} e^{i\frac{a}{\varepsilon}y^2}dy = \left(\frac{i\pi\varepsilon}{a}\right)^{1/2},\quad \int_{-\infty}^{\infty} e^{i\frac{a}{\varepsilon}y^2}ydy = 0,\quad \int_{-\infty}^{\infty} e^{i\frac{a}{\varepsilon}y^2}y^2dy = \frac{i\varepsilon}{2a}\left(\frac{i\pi\varepsilon}{a}\right)^{1/2} \tag{3}$$

である．第2式がゼロになるのは当然だが，注意すべきなのは，第3式の結果が第1式に ε を掛けた形になっているという点である．つまり第3式の意味するところは，経過時間 ε が小さくなれば，$y^2=(x-x')^2$ の平均値も小さくなるということである．

このことを頭におき，$\psi(x',t_0)$ を x で展開する．

$$\psi(x',t_0) = \psi(x,t_0)+(x'-x)\frac{\partial\psi}{\partial x}(x,t_0)+\frac{1}{2}(x'-x)^2\frac{\partial^2\psi}{\partial x^2}(x,t_0)+\cdots \tag{4}$$

(4)を(2)に代入し，(3)を使うと，

$$(2)\text{の右辺} \simeq e^{-\frac{i}{\hbar}U(x)\varepsilon}\left\{\psi(x,t_0)+\frac{1}{2}\frac{i\varepsilon\hbar}{m}\frac{\partial^2\psi}{\partial x^2}(x,t_0)\right\}$$

さらに ε が小さいときは

▶$e^x\simeq 1+x+\cdots$（$|x|\ll 1$ のとき）

$$e^{-\frac{i}{\hbar}U(x)\varepsilon}\simeq 1-\frac{i}{\hbar}U(x)\varepsilon$$

であることに注意すれば，(2)は

$$\psi(x,t)\simeq\psi(x,t_0)-\frac{i\varepsilon}{\hbar}\left(-\frac{\hbar^2}{2m}\frac{\partial^2\psi}{\partial x^2}+U\psi\right)$$

となる．これより

$$i\hbar\frac{\partial\psi}{\partial t}\simeq i\hbar\frac{\psi(x,t)-\psi(x,t_0)}{\varepsilon}\simeq -\frac{\hbar^2}{2m}\frac{\partial^2\psi}{\partial x^2}+U\psi$$

これは，シュレディンガー方程式に他ならない．（証明終）

3.7 経路積分と量子力学の粒子像

ぽいんと

前節で求めた，微小時間での波動関数の変化の公式を積み重ねたものが，波動関数の有限時間の変化を表わす経路積分と呼ばれるものである．量子力学における状態の変化のとらえ方を直観的に理解するのに有用な公式である．またこれを使えば，古典力学の基本原理，「最小作用の原理」と量子力学との関係も，よく理解できる．

キーワード：経路積分，最小作用の原理

■有限時間での波動関数の変化

時刻 t_0 から t まで，微小でない時間 $T\ (=t-t_0)$ が経過したときの，波動関数の変化を考えよう．前節で求めた公式(2)を利用するために，まずこの時間 T を N 等分し，微小な時間 $\varepsilon\ (=T/N)$ に分割する．そして，途中の各時刻を $t_i\ (i=0\sim N)$ とする．ただし $t_N=t$ である．

まず，最初の時刻 t_0 における波動関数 $\psi(x, t_0)$ がわかっていたとしよう．これを前節の公式(2)に入れれば，次の時刻 t_1 における波動関数が求まる．これを N 回繰り返せば，最終的に t_N における波動関数になる．つまり，

▶ ε が有限である限り，(1)は近似式だが，$\varepsilon\to 0$，つまり $N\to\infty$ の極限を考えれば，この式は厳密に成り立つ式となる．

$$\psi(x,t)\simeq\left(\frac{2i\pi\hbar\varepsilon}{m}\right)^{-N/2}\int\prod_{i=0}^{N-1}\exp\left[\frac{i\varepsilon}{\hbar}\left\{\frac{1}{2}m\left(\frac{x_{i+1}-x_i}{\varepsilon}\right)^2-U(x_{i+1})\right\}\right]\times\psi(x_0,t_0)dx_0\cdots dx_{N-1}\qquad(1)$$

■量子力学の粒子像

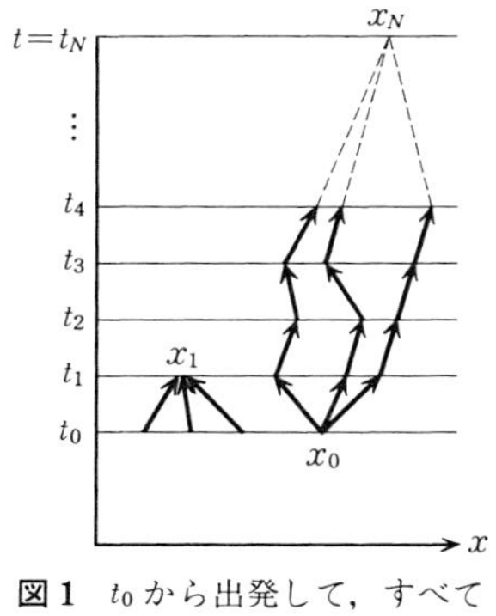

図1　t_0 から出発して，すべての経路の影響が伝達される．

(1)は，量子力学における状態変化の本質をよく表わしている．図1のように時間を有限の間隔に分割して考えてみよう．

まず $\psi(x, t_0)$，つまり t_0 における，「粒子が各位置 x に存在するという状態」の共存度がわかっていたとしよう．すると次の時刻 t_1 での，粒子がある位置 x_1 に存在するという状態の共存度は，図1に示したように，原理的には時刻 t_0 でのすべての状態からの寄与を積分して求まることになる．つまり t_0 におけるあらゆる状態の影響を受ける．これを繰り返したのが(1)である．

逆に，t_0 におけるある特定の状態が，その後の状態にどのような影響を及ぼしていくかということを考えてみよう．次の時刻では，そこでのあらゆる状態に影響を及ぼすのだから，結局，$t=t_N$ まで延ばしたあらゆる折れ線を通って，影響が伝達されることになる．つまり，t_0 における「粒子が位置 x_0 に存在する状態」の共存度が，t_N における「粒子が位置 x_N に存在する状態」の共存度へ及ぼす影響を計算するには，この2点を結ぶあ

らゆる折れ線，つまり「経路」を通った影響を加えなければならない．その意味で(1)のことを，**経路積分**と呼ぶ．

このように，複数の状態が共存し，それらすべてが互いに影響しあいながら共存度の分布(＝波動関数)が決まっていくというのが，量子力学における粒子像なのである．

古典力学の粒子像ではもちろんこんなことはない．状態は1つしかなく，また位置ばかりでなく速度(進む方向)も指定されているので，粒子の動く経路は決まっている．しかし量子力学でも，原理的には可能な無数の経路のうち，特定の経路(およびそのごく周辺の経路)の寄与が他に比べて圧倒的に大きいことがある．それがまさに，古典力学的計算で正しい結果が求まる場合に相当する．この関係を，以下で説明しよう．

(1)をまとめると

$$\psi(x,t)=\int K(x_0,x_1,x_2,\cdots;\ t_0,t_1,t_2,\cdots)\psi(x_0,t_0)dx_0\cdots dx_{N-1} \qquad (2)$$

$$\text{ただし，}K\equiv\left(\frac{2i\pi\hbar\varepsilon}{m}\right)^{-\frac{N}{2}}\exp\left[\frac{i}{\hbar}\varepsilon\sum_{i=0}^{N-1}\left\{\frac{1}{2}m\left(\frac{x_{i+1}-x_i}{\varepsilon}\right)^2-U(x_{i+1})\right\}\right]$$

▶$\lim_{\varepsilon\to 0}\frac{x_{i+1}-x_i}{\varepsilon}=\frac{dx}{dt}$

である．K の指数部分は，$\varepsilon\to 0(N\to\infty)$ の極限では

$$\frac{i}{\hbar}\varepsilon\sum_{i=0}^{N-1}\{\cdots\}\quad\to\quad\frac{i}{\hbar}\int dt\left\{\frac{1}{2}m\left(\frac{dx(t)}{dt}\right)^2-U(x(t))\right\}$$

となる．右辺の被積分関数は「運動エネルギー－ポテンシャル」だから，ラグランジアン L という量に他ならず，また，その時間積分は，古典力学で「作用」と呼んだ量である．作用は普通 S と書くので，結局(2)は

▶作用 S は次式で定義される．

$$S=\int_{t_0}^{t}L(x(t),t)dt$$

$$\psi(x,t)\propto\lim_{N\to\infty}\int e^{iS/\hbar}\psi(x_0,t_0)dx_0\cdots dx_{N-1} \qquad (3)$$

という式になる．

古典力学の基本方程式は，ニュートンの運動方程式，あるいはそれと同等のラグランジュ方程式であるが，これは**最小作用の原理**というものから導かれる．これと(3)が結びつく．

話を簡単にするために，$f(x)$ を x の任意の関数として

$$\int e^{if(x)}dx=\int\{\cos f(x)+i\sin f(x)\}dx$$

という積分を考えてみよう．cos も sin も符号が変化するので，積分しても各領域の寄与が相殺する傾向にある．しかし x が変化しても f があまり変化しない領域があったら，その部分の積分への寄与は大きくなるだろう．f があまり変化しないのは，$df/dx=0$ となる x である．同様に(3)の場合も，少し変えても S があまり変化しないという経路があれば，その経路付近の積分の寄与が大きくなる．このような経路を求める条件が，最小作用の原理における「S の1次の変分がゼロ」ということに他ならない．

▶このことを使った量子力学の近似計算法は10.8節参照．

章末問題

[3.1 節]

3.1(コンプトン散乱)　波長がλの光の光子が静止している電子に衝突し，逆方向にはねかえったとする．運動量保存則とエネルギー保存則を使って，反射した光子の波長λ'を，$\lambda'-\lambda \ll \lambda$の近似が成り立つ場合に求めよ．(電子の質量を$m$，エネルギーを$p^2/2m$とする．光子のエネルギーは$h\nu=hc/\lambda$である.)

[3.3 節]

3.2　エネルギーがある特定の値をもった状態では，粒子の発見頻度分布$|\psi|^2$が時間とともに変化しないことを示せ．また，エネルギーが異なる2つの状態が共存している場合はどうなるか.

[3.4 節]

3.3　(3.4.3)を採用したとき運動量の$p=p_0$からのずれの2乗平均$\overline{(p-p_0)^2}$は

$$\overline{(p-p_0)^2} \equiv \int (p-p_0)^2 |C|^2 dp \Big/ \int |C|^2 dp = (\Delta p)^2/2$$

であることを確かめよ．位置$x=x_0$からのずれの2乗平均は(3.4.5)より

$$\overline{(x-x_0)^2} \equiv \int (x-x_0)^2 |\psi|^2 dx \Big/ \int |\psi|^2 dx$$

で計算できる．$\overline{(x-x_0)^2}\cdot\overline{(p-p_0)^2}=\hbar^2/4$であることを確かめよ．(一般の状態では$\overline{(x-\bar{x})^2}\cdot\overline{(p-\bar{p})^2}\geqq\hbar^2/4$という不等式が成り立つ．位置と運動量が同時に特定の値をもてないという，**不確定性関係**の一例である.)

▶ $|C|^2$を使うのは$|\psi|^2$の類推で考えればよい．詳しくは第8章参照．また，ここでは公式$\int x^2 e^{-\alpha x^2}dx \Big/ \int e^{-\alpha x^2}dx=\frac{1}{2\alpha}$を使う．

▶不確定性関係の一般論は，8.7節参照.

3.4　波束の幅は一般に，時間の経過と共に広がっていく．まず$t=0$で位置の幅が10^{-10} mだとし，位置の幅が1 mmになる時間を，(3.4.7)を使って求めよ．ただし電子(質量：9.11×10^{-31} kg)と，質量1 gのマクロな物体に対して計算し比較せよ.

3.5　波束の速度(波束のピークの速度，**群速度**と呼ぶ)と，運動量一定の状態の波の速度(**位相速度**と呼ぶ)とは異なることを示せ．また，$E\propto p^2$ではなく$E\propto p$の場合(光の場合)は両者が一致することを，(3.4.7)の計算をやり直すことにより証明せよ.

▶物体の速度を表わすのは群速度である.

[3.5 節]

3.6　(3.5.7)は，$d\bar{x}/dt=\bar{p}/m$という式だと解釈できる．(3.4.8)のψをこの式に代入すると，$d\bar{x}/dt=p_0/m$となることを示せ．(ただし，(3.4.8)のψは規格化されていないことに注意.)

[3.7 節]

3.7　$U=0$の場合に

$$G(x,t\,;x_0,t_0) \equiv \int dx_{N-1}\cdots dx_1 K = \left\{\frac{m}{2i\pi\hbar(t-t_0)}\right\}^{1/2} \exp\left\{\frac{i}{\hbar}\frac{m}{2}\frac{(x-x_0)^2}{t-t_0}\right\}$$

であることを証明せよ．またこれを使って，(3.4.8)を導け.

▶このGは(3.6.1)のGである．ただし$x'=x_0$.

4
簡単な問題

ききどころ

いくつかの簡単な例で，(時間に依存しない)シュレディンガー方程式を解く．最初は，有限な高さの壁をもつポテンシャルの中の粒子の問題である．ポテンシャルにより閉じ込められた状態と，そこから離れて無限遠方へ飛び去る状態の解があることを示す．第二の例は，高さも幅も有限な壁に衝突する粒子の問題で，壁を透過する成分と反射する成分があることを示す．エネルギーが足りないので，古典力学で考えると乗り越えられない場合でも，量子力学では壁を透過する．これはトンネル効果と呼ばれる．第三は調和振動子(単振動)である．この問題には，シュレディンガー方程式という微分方程式を直接解くほかに，生成・消滅演算子というものを使って代数的に解く方法がある．代数的手法は量子力学で多用されるが，その中でもこの調和振動子の例は重要である．

4.1 有限な高さの壁をもつ井戸型ポテンシャル

ぽいんと

両側が無限の高さをもつポテンシャル中の粒子の波動関数は，2.4節で求めた．ここでは，片側の高さが有限の場合を考える．量子力学のポテンシャル問題で一般的に現われる特徴が理解できる．

キーワード：**古典的に禁止される領域，古典的に許容される領域，接続条件，離散スペクトラム，連続スペクトラム**

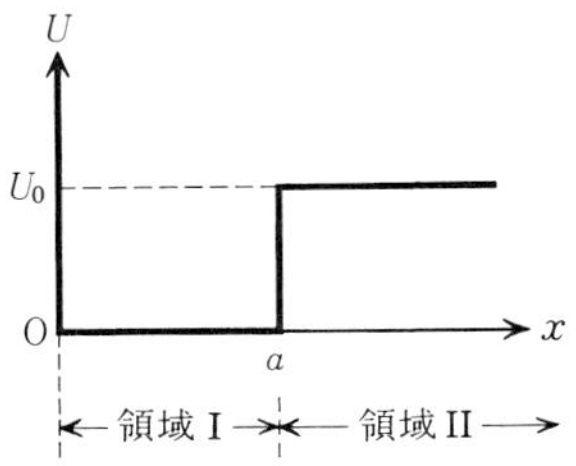

図1 $0<x<a$ に束縛される粒子

［例］ **片側が有限の井戸型ポテンシャル**

例題 ポテンシャル U が，図1のように $x<0$ では $U=\infty$，$0<x<a$ では $U=0$，$a<x$ では $U=U_0$ である場合の，質量 m の粒子に対する波動関数を求めよ．

［解法の方針］ 古典力学では，$0<E<U_0$ だったら，粒子は $0<x<a$ に閉じ込められ，$U_0<E$ だったら粒子は遠方へ飛び去る．量子力学でもやはり同様な区別があり，この2つの場合に分けて考えなければならない．

▶両側の壁の高さが有限な場合は章末問題4.3.

［ｉ］ $0<E<U_0$ の場合

$0<x<a$（領域Iとする）では $U=0$ だから，2.4節と同じ議論をすればよい．まず，$x=0$ では $\psi=0$ という条件だけを考えると，C を任意定数として

▶k のことを**波数**と呼び，p の代わりによく使われる．

$$\psi_{\mathrm{I}} = C\sin kx, \qquad E = \frac{\hbar^2 k^2}{2m} \tag{1}$$

という形になる（(2.4.3)参照．ただし $k \equiv p/\hbar$）．

次に $a<x$（領域IIとする）を考えよう．古典力学でのエネルギーの式は

$$E = \frac{p^2}{2m} + U_0$$

であるから，$E<U_0$ ならば運動量 p が虚数になってしまい，粒子がこの領域に入り込むことはできない．これを**古典的に禁止される領域**と呼ぶ．しかし，量子力学では，U_0 が有限であるかぎりシュレディンガー方程式の解は存在し，波動関数はゼロにはならない．シュレディンガー方程式は，(2.3.3)で $U=U_0$ とすればよく，この式の一般解は

▶運動量あるいは波数が虚数になり，$p=\hbar k=i\hbar\kappa$ になったと考えればよい．

$$\begin{aligned}\psi_{\mathrm{II}} &= Ae^{-\kappa x} + Be^{+\kappa x} \\ E &= -\frac{\hbar^2\kappa^2}{2m} + U_0 \ \left(=\frac{\hbar^2 k^2}{2m}\right)\end{aligned} \tag{2}$$

となる．ψ_{II} の右辺第1項は無限遠ではゼロになるが，第2項は無限大となる．つまり第2項があると，無限遠に粒子が存在する状態の共存度が圧倒的に大きいことになり，方程式の解としては可能だが，物理的には求め

ない状況に対応しない．そこで $B=0$ とする．

最後に，2つの領域における波動関数(1)と(2)を，$x=a$ でつなげなければならない．$x=a$ でポテンシャル U が不連続に変化するので，そこでのシュレディンガー方程式が書けず(U にどの値を入れていいのかわからない)，別の条件(**接続条件**)を持ち出してつなげなければならない．その条件とは，$x=a$ で ψ とその微分が連続，つまり

▶この接続条件は，まずポテンシャルの壁を少し傾けて計算し，後で垂直にするという操作を考えれば理解できる．この場合は $x=a$ でもシュレディンガー方程式が成立し，ポテンシャルが有限であるかぎり，ψ の2階微分も有限である．そのために ψ もその1階微分も連続になる．

$$C\sin ka = Ae^{-\kappa a}, \qquad kC\cos ka = -\kappa Ae^{-\kappa a} \tag{3}$$

である．この接続条件より k の値，つまりエネルギー準位が決まる．

［ii］　$U_0<E$ の場合

この場合は，古典力学でも全領域で粒子が運動できる．これを**古典的に許容される領域**と呼ぶ．エネルギーが決まれば運動量も決まるから，領域II($a<x$)での波動関数は

$$\psi_{\mathrm{II}} = Ae^{-ik'x}+Be^{ik'x}, \qquad E = \frac{\hbar^2 k'^2}{2m}+U_0 \tag{4}$$

と表わされる．後は，$x=a$ で上と同様に接続すればよい．

(4)は，運動量が右方向の状態と左方向の状態の重ね合わせになっている．これは古典力学的には，右遠方からやってきた粒子が $x=0$ の壁で跳ね返り，また右遠方に戻っていく運動に対応する．もちろん，実際に動いている粒子を量子力学で表わすには，エネルギーがわずかに異なる状態も重ね合わせて波束を構成しなければならない(3.4節)．しかし通常は，それはやればできるはずだということで，いちいち実行しない．

$0<E<U_0$ の場合は $B=0$ という条件があるので，下の解法でもわかるように，エネルギーは量子化(離散化)される．しかし $U_0<E$ のときはそのような条件がないので，k(つまり E)の値は制限がつかない．前者を**離散スペクトラム**，後者を**連続スペクトラム**と呼ぶ．有限領域に束縛されているときは離散スペクトラム，そうでないときは連続スペクトラムになるのは，量子力学における一般的現象である．

▶許されるエネルギー準位の配列を，**スペクトラム**と呼ぶ．

［解法］　第一のケースだけを計算する(詳細は章末問題)．(3)の2式の両辺の比をとり，少し変形すれば

$$\cot ka = -\frac{\kappa}{k} = -\sqrt{\frac{2mU_0}{\hbar^2 k^2}-1} \tag{5}$$

これの解 k を求めるには，左辺と右辺のグラフを書き，その交点を求めればよい(図2)．U_0 の値により，解の数(エネルギー準位数)が変化することに注意しよう．ポテンシャルの深さが深くなれば，その中に閉じこめられる粒子のエネルギー準位の数が増えるのも当然である．

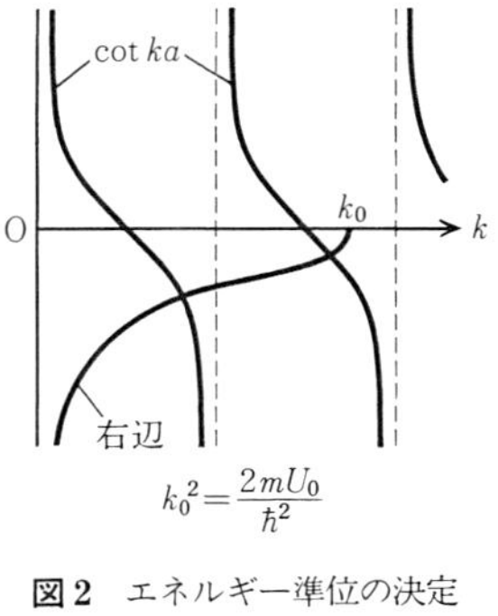

図2　エネルギー準位の決定

4.2 トンネル効果

ぽいんと

前節で，古典的に禁止されている領域にも，波動関数は入り込むことを学んだ．この例では禁止領域が無限に続いていたので，禁止領域の波動関数はしだいにゼロになるが，もし禁止領域の向こう側にまた許容領域があったら，そこではまた，自由に動ける粒子の波動関数に接続される．つまり粒子は壁を通り抜けることになる．量子力学に典型的な現象で，トンネル効果と呼ぶ．

キーワード：トンネル効果，反射，透過

［例］ **反射と透過**

例題　ポテンシャル U が，$0<x<a$ で $U=U_0$，その両側では $U=0$ とする．そのとき，左遠方から飛んでくる粒子に対応する波動関数を求めよ．

［解法の方針］　前章でも説明したが，左遠方から飛んでくる粒子の波動関数を作るには，まず運動量一定の状態を表わす波動関数を求め，それを重ね合わせて波束を作らなければならない．しかし通常は，「波束を作る」という部分は省略する．それでも全体的な振舞いは求められる．

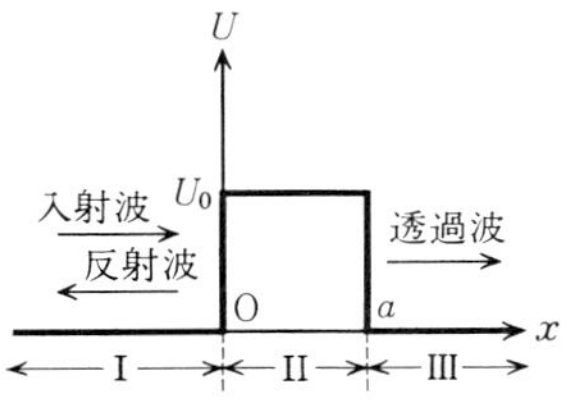

図1　障壁にぶつかる粒子

ともかく，まず $x<0$（$U=0$）の領域（領域 I と書く）で運動量が p となる状態を考えてみよう．粒子が左からやってくる場合でも，中心にある壁に衝突して反射して左に戻っていく成分もあるだろう（図1）．そこで領域 I の波動関数を

$$\psi_{\mathrm{I}} = A_1 e^{ik_1x} + B_1 e^{-ik_1x} \qquad \left(E = \frac{\hbar^2 k_1^2}{2m}\right)$$

と表わす．次に，$0<x<a$（領域 II と書く）での波動関数を

$$\psi_{\mathrm{II}} = A_2 e^{ik_2x} + B_2 e^{-ik_2x}$$

とする．

$$E = \frac{\hbar^2 k_2^2}{2m} + U_0$$

であるから，$E<U_0$ のとき（古典的に禁止されている場合）は k_2 は虚数となる．最後に，$a<x$（領域 III と書く）では

$$\psi_{\mathrm{III}} \equiv A_3 e^{ik_1x}$$

▶領域 I と領域 III はどちらも $U=0$ なので波数 k は等しい．

とする．この領域では，左からやってきた粒子が障壁を通り越して右遠方へ飛んでいく状況だけを考えるので，運動量が左向きの項は考えない．

以上3つの波動関数とその微分が，$x=0$ および $x=a$ で連続となるようにつなげれば答が求まる．

［解法］　$x=0$ での接続の条件は

$$A_1 + B_1 = A_2 + B_2, \qquad ik_1(A_1 - B_1) = ik_2(A_2 - B_2)$$

また $x=a$ での接続の条件は

$$A_2e^{ik_2a}+B_2e^{-ik_2a}=A_3e^{ik_1a}, \qquad ik_2(A_2e^{ik_2a}-B_2e^{-ik_2a})=ik_1A_3e^{ik_1a}$$

である．この 4 つの式より係数の比がすべて求まるが，関心があるのは，領域 I と領域 III の関係で以下のようになる．

$$\frac{B_1}{A_1}=\frac{(k_1{}^2-k_2{}^2)(1-e^{2ik_2a})}{(k_1+k_2)^2-(k_1-k_2)^2e^{2ik_2a}}$$

$$\frac{A_3}{A_1}=\frac{4k_1k_2e^{i(k_2-k_1)a}}{(k_1+k_2)^2-(k_1-k_2)^2e^{2ik_2a}}$$

■解の解釈

上で求めた解をどう解釈したらいいかを考えてみよう．左から入ってきた粒子は，中央の障壁を透過して進むか，そこで反射されて戻ってくるかのいずれかである．その様子は，上で求めた一定のエネルギーの波動関数を適当に重ね合わせて波束を作れば再現できるはずだが，透過率と反射率を計算するにはそこまでする必要はない．

上で求めた波動関数の係数はエネルギーに依存するが，波束を作るにはわずかに異なったエネルギーの波動関数を足し合わせるだけだから，その範囲内ではほとんど変化しないと考えてよい．すると，入射してくる波束の係数は，その波束のエネルギーの中央値における A_1 だと考えてよく，同様に透過していく波束の係数，反射していく波束の係数も，それぞれそのエネルギーにおける A_3 および B_1 だと考えてよい．そして粒子の発見確率は，波動関数の絶対値の 2 乗で決まるのだから，結局

▶ $|A_1|^2=A_1{}^*A_1$

$$\textbf{反射率}=\left|\frac{B_1}{A_1}\right|^2=\frac{(k_1{}^2-k_2{}^2)^2\sin^2k_2a}{4k_1{}^2k_2{}^2+(k_1{}^2-k_2{}^2)^2\sin^2k_2a}$$

$$\textbf{透過率}=\left|\frac{A_3}{A_1}\right|^2=\frac{4k_1{}^2k_2{}^2}{4k_1{}^2k_2{}^2+(k_1{}^2-k_2{}^2)^2\sin^2k_2a}$$

とすればいいことがわかる．透過率と反射率の和が 1 になっていることからも，この計算の正しさが確認できる．

古典的には粒子が通過できない $E<U_0$ の場合でも，透過率はゼロにはならない．ただし，このときは k_2 が虚数になるから，$k_2=i\kappa$ として，

▶ $\sin x=\dfrac{e^{ix}-e^{-ix}}{2i}$

$\sinh x=\dfrac{e^x-e^{-x}}{2}$

$$\sin^2k_2a=-\left(\frac{e^{\kappa a}-e^{-\kappa a}}{2}\right)^2\quad(=-\sinh^2\kappa a)$$

と書き直した方がわかりやすいだろう．この古典的に禁止される領域を粒子が通り抜ける現象を，**トンネル効果**と呼ぶ．

トンネル効果は，原子や原子核などのミクロな世界では頻繁に起きているが，もちろん日常生活で見られる現象ではない．マクロな障壁に対しては $e^{\kappa a}$ という量がきわめて大きくなるので，透過率がほとんどゼロになってしまうからである．

4.3 調和振動子

ぽいんと

古典力学では単振動，量子力学では**調和振動子**と呼ばれる系のシュレディンガー方程式を解く．粒子にはある安定点があり，そこからずれると，そのずれに比例する復元力が働く場合である．量子力学では，エネルギーは離散スペクトラムになる．

キーワード：調和振動子，エルミート多項式，直交，零点振動，零点エネルギー(零点振動のエネルギー)

[例]　**調和振動子**

例題　ポテンシャルが $U=(-1/2)kx^2$ で表わされる力を受けている，質量 m の粒子のエネルギー準位と，各エネルギーでの波動関数を求めよ．

[解法]　エネルギー準位を求めるシュレディンガー方程式は

$$\left(-\frac{\hbar^2}{2m}\frac{d^2}{dx^2}+\frac{1}{2}kx^2\right)\psi = E\psi$$

である．計算の便宜のために $\xi\equiv\alpha x$ として

$$\left(-\frac{d^2}{d\xi^2}+\xi^2\right)\psi = \varepsilon\psi \tag{1}$$

$$\text{ただし，}\ \alpha^2 = m\omega/\hbar,\quad \omega=\sqrt{m/k},\quad \varepsilon=\frac{2}{\hbar\omega}E$$

と書き直しておく．無限遠 $x\to\pm\infty$(すなわち $\xi\to\pm\infty$)では ξ^2 の項に比べて ε の項は無視できるから，一般解は

▶ $\dfrac{d^2}{d\xi^2}e^{\pm\frac{1}{2}\xi^2}\simeq\xi^2 e^{\pm\frac{1}{2}\xi^2}$
($\xi\to\pm\infty$ のとき)

$$\psi \underset{\xi\to\pm\infty}{\sim} e^{-\frac{1}{2}\xi^2}\ \text{または}\ e^{+\frac{1}{2}\xi^2}$$

と表わせる．しかし 4.1 節でもそうであったように，粒子が無限遠にある状態の共存度が圧倒的に大きくなってしまう状態は，いまは問題にしていない．そこで解を，

$$\psi = H(\xi)e^{-\frac{1}{2}\xi^2}$$

という形で表わし，関数 H は無限遠で指数的には大きくならない関数であるとする．これを(1)に代入すると

$$\frac{d^2H}{d\xi^2}-2\xi\frac{dH}{d\xi}+(\varepsilon-1)H = 0 \tag{2}$$

という式になる．

▶ $H_n(\xi)\equiv(-1)^n e^{\xi^2}\dfrac{d^n}{d\xi^n}e^{-\xi^2}$
((6)および章末問題参照.)

この式の解は**エルミート多項式**として知られ，$H_n(\xi)$ と書く．n は多項式の次数を表わし，任意の次数の解がある．n 次の解をとったときの ε の値 ε_n は

$$\varepsilon_n = 2n+1 \tag{3}$$

である．これをもとの変数で表わせば，

$$\psi_n(x) = \left(\frac{\alpha}{\sqrt{\pi}\,2^n n!}\right)^{1/2} H_n(\alpha x)e^{-\frac{1}{2}\alpha^2x^2}$$
$$E_n = \left(n+\frac{1}{2}\right)\hbar\omega \tag{4}$$

となる．ただし適当な定数を掛けて，波動関数を規格化(3.5節参照)した．

注意 上の ψ_n の係数は

$$\int_{-\infty}^{\infty} H_n{}^2(\xi)e^{-\xi^2}d\xi = \sqrt{\pi}\,2^n n!$$

という式から決まる．また異なった状態の波動関数に対しては

$$\int \psi_n\psi_m dx \propto \int H_n(\xi)H_m(\xi)e^{-\xi^2}d\xi = 0 \qquad (n \neq m) \tag{5}$$

という式も成り立つ．これを**直交している**と表現する．異なったエネルギー準位に対応する波動関数が直交するのは，調和振動子に限らない一般的性質だが，証明は8.3節でする．

▶ 2つのベクトルの直交 $\boldsymbol{a}\cdot\boldsymbol{b} = 0$ との類推である．この対応の一般化は第8章参照．

■解の性質

エルミート多項式の次数の低いほうから具体的に書くと

$$H_0(\xi) = 1, \quad H_1(\xi) = 2\xi, \quad H_2(\xi) = 4\xi^2-2 \tag{6}$$

(左ページの公式を使って各自チェックされたい．) これを使って波動関数の形をおおまかに描くと図1のようになる．

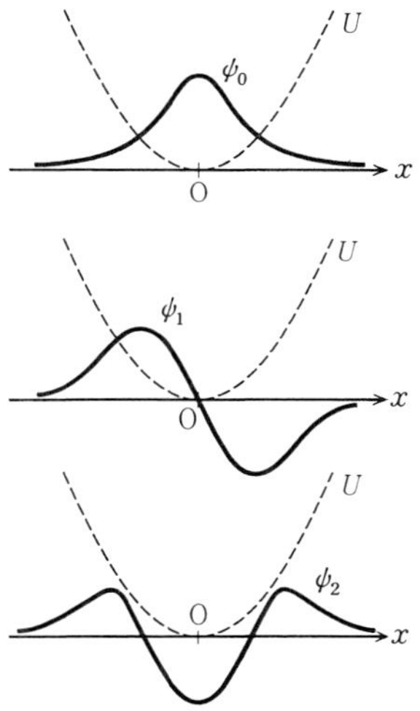

図1 調和振動子の波動関数(上から基底状態，第一励起状態，第二励起状態)

2.4節で求めた，無限の壁に閉じ込められた粒子の波動関数と比較してみよう．有限の領域に限られているか，無限遠まで尾を引いているかの違いはあるが，エネルギーの小さいほうから n 番目の状態(第 $n-1$ 励起状態)には $n-1$ 個の節($\psi=0$ の点)があるという点では類似している．前にも述べたが，束縛された粒子に共通の性質である．

ポテンシャルの最低値が $U=0$ であるにもかかわらず，最小エネルギー状態(基底状態)のエネルギーがゼロにならない．これは3.6節でも述べたが，量子力学では $x=0$ の位置に粒子を限定しておくことができないためである．ある時刻で $x=0$ の位置に限定すると，(不確定性関係のため)運動量が無限になってしまう(章末問題4.7参照)から，その次の瞬間には波動関数が急激に広がってしまう．長い時間 $x=0$ の近傍に留めておこうとすれば，最初から波動関数に，ある程度の幅をもたせておかなければならない．この調節を最もうまくした状態が，基底状態だと考えられる．

基底状態の波動関数が幅をもっていることを，**零点振動**と呼ぶ．また基底状態のエネルギー $\hbar\omega/2$ のことを，**零点振動のエネルギー**，あるいは**零点エネルギー**と呼ぶ．ただし振動といっても，古典力学的イメージの振動をしているわけではない．基底状態でさえ，粒子が $x=0$ から離れている状態も共存しているという意味である．

4.4 調和振動子の代数的な計算

ぽいんと

前節の調和振動子の問題を，より抽象的な方法を用いて解く．今まで行なってきた計算とはかなり異質の方法だが，このタイプの議論は以後よく使うことになる．

キーワード：演算子，生成演算子，消滅演算子，交換子，エルミート共役

■生成演算子・消滅演算子

▶ $\xi \equiv \alpha x = \sqrt{m\omega/\hbar}x$
ただし，
$\omega = \sqrt{m/k}$

まず，

$$a \equiv \frac{1}{\sqrt{2}}\left(\frac{d}{d\xi}+\xi\right) = \sqrt{\frac{\hbar}{2m\omega}}\left(\frac{d}{dx}+\frac{m\omega}{\hbar}x\right)$$
$$a^\dagger \equiv \frac{1}{\sqrt{2}}\left(-\frac{d}{d\xi}+\xi\right) = \sqrt{\frac{\hbar}{2m\omega}}\left(-\frac{d}{dx}+\frac{m\omega}{\hbar}x\right) \quad (1)$$

という 2 つの量を定義する．どちらも，関数に左から掛けることによって意味をもつ．たとえば，ある関数 $f(x)$ に掛ければ

$$f \xrightarrow{a\text{ を掛ける}} af = \frac{1}{\sqrt{2}}\left(-\frac{df}{d\xi}+\xi f\right)$$

となる．関数に「演算」を施して別の関数にするものという意味で，a や $a^\dagger$ などを**演算子**と呼ぶ．特に，上の a のことを**消滅演算子**，$a^\dagger$ のことを**生成演算子**と呼ぶが，その理由の説明は次節まで待っていただくことにする．

▶ $ab-ba=0$ のとき，a, b は可換であるという．

▶ $\frac{d}{d\xi}(\xi f)-\xi\frac{df}{d\xi}=f$ に注意．

a という演算と $a^\dagger$ という演算は，交換しない（非可換である）ことに注意しよう．つまり $aa^\dagger \neq a^\dagger a$ である．実際

$$aa^\dagger f = \frac{1}{2}\left(\frac{d}{d\xi}+\xi\right)\left(-\frac{d}{d\xi}+\xi\right)f = \frac{1}{2}\left(-\frac{d^2f}{d\xi^2}+\xi^2 f+f\right)$$
$$a^\dagger a f = \frac{1}{2}\left(-\frac{d}{d\xi}+\xi\right)\left(\frac{d}{d\xi}+\xi\right)f = \frac{1}{2}\left(-\frac{d^2f}{d\xi^2}+\xi^2 f-f\right)$$
$$\Rightarrow \quad (aa^\dagger - a^\dagger a)f = f \quad (2)$$

となる．任意の関数 f に対して，これが成り立つのだから，この関係を

$$[a, a^\dagger] = 1 \quad (3)$$

と書く．ただし $[,]$ は交換関係を表わす表式で**交換子**と呼ばれる量である．任意の 2 つの演算子 A, B に対して

$$[A, B] \equiv AB - BA$$

と定義されている．

注意 †という記号はエルミート共役であることを示す．いま A という演算子があるとき

▶特に，エルミート共役がもとと同じもの，つまり$A^\dagger = A$となる演算子を**エルミート演算子**という．

$$\int_{-\infty}^{\infty} g\cdot(Af)dx = \int_{-\infty}^{\infty}(A^\dagger g)\cdot f dx \tag{4}$$

という式が，任意の複素数関数f, g(ただし$x\to\pm\infty$ではゼロになるとする)に対して成り立つ演算子$A^\dagger$を，Aの**エルミート共役**と呼ぶ．$a^\dagger$がaのエルミート共役であることは，部分積分をすればわかる．

■ハミルトニアンとエネルギー準位

(2)の第2式を使うと，調和振動子のハミルトニアンは

$$H\ \left(=\frac{1}{2}\hbar\omega\left(-\frac{d^2}{d\xi^2}+\xi^2\right)\right) = \hbar\omega\left(a^\dagger a+\frac{1}{2}\right) \tag{5}$$

と書けることがわかる．

実は，(3)と(5)だけから，調和振動子のエネルギー準位とそれに対応する波動関数がすぐに求まる．まず，

$$a\psi\ \left(=\frac{1}{\sqrt{2}}\left(\frac{d}{d\xi}+\xi\right)\psi\right) = 0 \tag{6}$$

という式を満たす関数を考えよう．具体的には，

$$\psi \propto e^{-\frac{1}{2}\xi^2} \tag{7}$$

であり，これは前節の計算より，基底状態の波動関数に他ならない．しかし，具体的な形とは無関係に(6)だけから，$a\psi=0$より

$$H\psi = \hbar\omega\left(a^\dagger a+\frac{1}{2}\right)\psi = \frac{1}{2}\hbar\omega\psi$$

となる．つまり，このψはエネルギーが$\hbar\omega/2$の，つまり$n=0$の調和振動子の解であることがわかる．そこで，(6)を満たすψをψ_0と書くことにする．

次に

$$\psi_1 \equiv a^\dagger\psi_0$$

という関数ψ_1を定義する．すると(3)および(6)を使って

$$\begin{aligned} H\psi_1 &= \hbar\omega\left(a^\dagger a a^\dagger\psi_0+\frac{1}{2}\psi_1\right) \\ &= \hbar\omega\left\{a^\dagger(a^\dagger a+1)\psi_0+\frac{1}{2}\psi_1\right\} = \frac{3}{2}\hbar\omega\psi_1 \end{aligned}$$

となる．これは，ψ_1がエネルギー$3\hbar\omega/2$の，調和振動子の解であることを示している．つまり，第一励起状態である．一般に

$$\psi_m \propto (a^\dagger)^n\psi_0 \tag{8}$$

と定義すると，これは$E=(2n+1)\hbar\omega/2$の解であることがわかり，すべての励起状態が求まる(証明は次節)．このように，aや$a^\dagger$を用いると，シュレディンガー方程式は直接解かずに(3)の代数的関係より問題を解くことができる．

4.5 数演算子と数表示

ぽいんと

a や $a^\dagger$ を使った前節の計算を続け，各状態の波動関数をこれらの演算子を使って表示する．また擬粒子という概念を説明し，なぜ「消滅」とか「生成」という名が a や $a^\dagger$ に付けられているのかを示す．

キーワード：数演算子，擬粒子，数表示

■一般の励起状態の計算

まず，$\psi_n = C_n(a^\dagger)^n\psi_0$ が第 n 励起状態を表わす．つまり

$$H\psi_n = \left(n+\frac{1}{2}\right)\hbar\omega\psi_n \tag{1}$$

であることを証明しておこう．ただし C_n は波動関数を規格化するための（n に依存する）定数で，具体的な形は後で求める．まず準備として，次の定理を証明する．

定理　$N \equiv a^\dagger a$ とすると，次の関係が成り立つ．

$$[N, a^{\dagger n}]\ (= a^\dagger a \cdot a^{\dagger n} - a^{\dagger n} \cdot a^\dagger a) = n \cdot a^{\dagger n} \tag{2}$$

$$N\psi_n = n\psi_n \tag{3}$$

（N は数演算子と呼ばれるが，その理由は後で説明する．）

［証明］（3）は，（2）からすぐに求まる．実際，（2）の両辺に右から ψ_0 を掛け $a\psi_0 = 0$ であることを使えば，

$$a^\dagger a \cdot a^{\dagger n}\psi_0 = n \cdot a^{\dagger n}\psi_0$$

となり，これは（3）に他ならない．

（2）は帰納法で証明できる．まず $n=1$ の場合，

▶（2）は，（7）を使っても証明できる．

$$[N, a^\dagger] = a^\dagger a \cdot a^\dagger - a^\dagger \cdot a^\dagger a = a^\dagger[a, a^\dagger] = a^\dagger$$

となり，（2）が成り立っている．次に $n=k$ の場合に

$$[a^\dagger a, a^{\dagger k}] = ka^{\dagger k}$$

が成り立っているとすれば，$n=k+1$ の場合は，

$$\begin{aligned}[N, a^{\dagger k+1}] &= a^\dagger a \cdot a^{\dagger k+1} - a^{\dagger k+1} \cdot a^\dagger a \\ &= a^\dagger(a^\dagger a + 1)a^{\dagger k} - a^{\dagger k+2}a \\ &= a^\dagger[a^\dagger a, a^{\dagger k}] + a^{\dagger k+1} \\ &= a^\dagger \cdot ka^{\dagger k} + a^{\dagger k+1} \\ &= (k+1)a^{\dagger k+1}\end{aligned}$$

となり，やはり（2）が成り立つ．（証明終）

数演算子 N を使えば，ハミルトニアン H は，

$$H = \hbar\omega(N + 1/2) \tag{4}$$

だから，（3）を使えば（1）が成り立つことはすぐわかる．

■擬 粒 子

調和振動子のエネルギー準位は$(n+1/2)\hbar\omega$と表わせる．これはあたかも，エネルギー$\hbar\omega$の粒子があり，それがn個集まったのが，この第n励起状態だと解釈できる形をしている．この解釈では1/2の部分は，「粒子」がない状態，つまり真空のエネルギーだということになる．つまり，ψ_0は「粒子」がない状態を表わす波動関数で，ψ_nは，「粒子」がn個ある状態を表わす波動関数となる．

▶もちろん，この「粒子」とは，最初に調和振動子(単振動)を導入したとき考えた振動する粒子ではない．抽象的な概念として導入した仮想上の粒子であり，**擬粒子**と呼ぶ．しかし物理学では，擬粒子が本当の粒子であるとみなせるケースがある．たとえば光の粒子である光子はまさにそのようなものであるが，詳しくは第10章を参照．

Nにψ_nを掛けるとnという数が現われるのだから，Nは擬粒子の数を与える演算子であり，**数演算子**と呼ばれる．また(1)より，

$$a^\dagger\psi_n \propto \psi_{n+1} \tag{5}$$

なのだから，$a^\dagger$は，擬粒子の数を1つ増やす演算子であり，**生成演算子**と呼ばれる．またaについては

$$a\psi_n \propto \psi_{n-1} \tag{6}$$

という関係が成り立つ．実際，

$$\begin{aligned} aa^{\dagger n}-a^{\dagger n}a &= [a,a^\dagger]a^{\dagger n-1}+a^\dagger[a,a^\dagger]a^{\dagger n-2}+a^{\dagger 2}[a,a^\dagger]a^{\dagger n-3}+\cdots \\ &= na^{\dagger n-1} \end{aligned} \tag{7}$$

という関係式の左辺と右辺にψ_0を掛ければ

$$aa^{\dagger n}\psi_0 = na^{\dagger n-1}\psi_0$$

となるが，これは(6)に他ならない．つまり，aは擬粒子の数を1つ減らす演算子であり，**消滅演算子**と呼ばれる．

▶このような解釈に基づき，第n励起状態をいちいち波動関数で表わさず，擬粒子n個の状態という意味で，$|n\rangle$と表わすことがある．このような書き方を，調和振動子の**数表示**と呼ぶ．

■状態の規格化

(1)の定数C_nや，(5)，(6)の比例係数を求めよう．まず，(7)をn回繰り返せば

$$a^n a^{\dagger n}\psi_0 = na^{n-1}a^{\dagger n-1}\psi_0 = \cdots = n!\,\psi_0$$

これを使って，$a^{\dagger n}\psi_0$を規格化しよう．

▶$a^\dagger$はaのエルミート共役であることを使った．

$$\int(a^{\dagger n}\psi_0)\cdot(a^{\dagger n}\psi_0)dx = \int\psi_0 a^n a^{\dagger n}\psi_0 dx = n!\int\psi_0{}^2 dx$$

▶$\int\psi_0{}^2 dx=1$

一般には$\psi^*\psi$とするところだが，ψ_0は実数なので，*を付ける必要はない．

つまり，ψ_0がすでに規格化されているとすれば，

$$\psi_n = \frac{1}{\sqrt{n!}}a^{\dagger n}\psi_0$$

とすれば，ψ_nも規格化条件(1.3.4)を満たしていることがわかる．これよりすぐに，次の関係も求まる．

$$\begin{aligned} a^\dagger\psi_n &= \sqrt{n+1}\frac{1}{\sqrt{(n+1)!}}a^{\dagger n+1}\psi_0 = \sqrt{n+1}\psi_{n+1} \\ a\psi_n &= \frac{1}{\sqrt{n!}}aa^{\dagger n}\psi_0 = \frac{n}{\sqrt{n!}}a^{\dagger n-1}\psi_0 = \sqrt{n}\psi_{n-1} \end{aligned} \tag{8}$$

章末問題

[4.1 節]

4.1　4.1 節の問題で，束縛状態(離散スペクトラム)が少なくとも 1 つある条件を求めよ．また束縛状態の数は，U_0a^2 の大きさで決まることを示せ．

4.2　(1) 1 次元の(時間に依存しない)シュレディンガー方程式の場合，同じエネルギーをもつ解は比例している(つまり状態は 1 種類しかない)ことを示せ．(ヒント：$H\psi_1=E\psi_1$，$H\psi_2=E\psi_2$ とすると，$\psi_2\frac{d}{dx}\psi_1-\psi_1\frac{d}{dx}\psi_2=$定数(しかも 0)となることを示せ.)

(2) ポテンシャルが偶関数($U(x)=U(-x)$)のとき，1 次元の(時間に依存しない)シュレディンガー方程式の解は偶関数か奇関数($\psi(x)=\pm\psi(-x)$)であることを示せ．

4.3(両側の壁の高さが有限な井戸型ポテンシャル)　$-a<x<a$ で $U=0$，それ以外では $U=U_0$ (正の定数)である場合の，時間に依存しないシュレディンガー方程式を解け．(上問の結果を利用する.)

[4.2 節]

4.4　障壁の形が一般の場合でも，透過率＋反射率＝1 となることを示せ．具体的には，$x\to-\infty$ で $\psi\to e^{ikx}+Be^{-ikx}$，$x\to\infty$ で $\psi\to Ae^{ikx}$ であるとき，$|A|^2+|B|^2=1$ となることを，シュレディンガー方程式より示せ．(ヒント：まず，$\psi^*\cdot\frac{d}{dx}\psi-\frac{d}{dx}\psi^*\cdot\psi=$一定 であることを証明する.)

[4.3 節]

▶ $e^{2t\xi-t^2}=\sum_{n=0}^{\infty}\frac{H_n(\xi)}{n!}t^n$ を証明し，次に $e^{2t\xi-t^2}$ が満たす微分方程式を考える．

4.5　4.3 節左ページの注にある H_n が，(4.3.2)および(4.3.3)を満たしていることを示せ．

4.6　(4.3.2)を上とは別の考えで解く．まず解を

$$H=a_0+a_1\xi+a_2\xi^2+\cdots$$

のように展開する．これを式に代入して，各係数間の関係を求めよ．次数が n で途切れるという条件を課し，(4.3.3)を導け．また，(4.3.6)を導け．

4.7　調和振動子のハミルトニアンの期待値は，

$$\bar{H}=\frac{1}{2m}\overline{p^2}+\frac{m\omega^2}{2}\overline{x^2}=\frac{1}{2m}\overline{(\Delta p)^2}+\frac{m\omega^2}{2}\overline{(\Delta x)^2}$$

である．ただし，x の平均値 $\bar{x}$ はゼロなので，ずれは $\Delta x(\equiv x-\bar{x})=x$ であることを使った．p も同様．不確定性関係(章末問題 3.3 参照)$\overline{(\Delta x)^2}\,\overline{(\Delta p)^2}\geqq\hbar^2/4$ のもとで，このハミルトニアンの最小値が，零点エネルギーに等しいことを示せ．

[4.5 節]

4.8　(4.4.8)を使って，(4.3.6)を導け(比例係数は問わない)．

4.9　(4.3.5)の直交関係を，生成・消滅演算子を使って証明せよ．

▶ $x^2=\frac{\hbar}{2m\omega}(a+a^\dagger)^2$ を使う．

4.10　状態 n の x の期待値を，生成・消滅演算子を使って計算し，ポテンシャルエネルギーの期待値は，全エネルギーの半分であることを示せ．

5

水素原子

ききどころ

古典力学の破綻，量子力学の誕生のきっかけとなった原子，特に，原子核(陽子)の周囲に電子を1つだけもつ水素原子のエネルギー準位を求める．それにはクーロン力のポテンシャルを入れたシュレディンガー方程式を解けばよい．3次元の問題であるから，波動関数も3つの座標の関数となる．しかしシュレディンガー方程式が，各変数に対する微分方程式に分離できるので，厳密な解を求めることができる．式の形は複雑になるが，本質的にはすでに計算した井戸型ポテンシャルや調和振動子と同様の考え方で答が求まる．基底状態があること，電子のエネルギーが跳び跳び(離散的)になることなど，今までと共通の特徴が現われる．

5.1 水素原子のシュレディンガー方程式

ぽいんと

水素原子は，$+e$ の電荷をもつ陽子と，$-e$ の電荷をもつ電子の系である．この2粒子の間に働く**クーロンポテンシャル**を代入すれば，シュレディンガー方程式の形はすぐ求まる．しかし3次元空間の問題であり，座標変数が3つあるので，その選び方が式を解く上で重要な問題となる．

クーロンポテンシャルは2粒子の距離にのみ依存し方向には依らない．そのようなときには xyz 座標で考えるのは不経済で，球座標というものを使う．球座標は距離自体が1つの座標になるので，ポテンシャルが距離という1つの変数だけの関数とみなせる．

ここでは，球座標で表わしたときのシュレディンガー方程式の形と，その解き方を説明する．シュレディンガー方程式は3つの式に分離できて，それぞれは1つの変数にしか依らない方程式になる．

キーワード：クーロンポテンシャル，球座標

■水素原子のシュレディンガー方程式

陽子と電子は，クーロン則（逆2乗則）で表わされる静電気の力で引きつけ合う．ポテンシャルで考えれば，陽子と電子の間の距離 r に反比例することになり，CGS（ガウス）単位系では

▶ $e=4.8032\times10^{-10}$ esu（CGSガウス単位系）

$$U = -\frac{e^2}{r} \qquad \left(\text{MKSA 単位系では } -\frac{1}{4\pi\varepsilon_0}\frac{e^2}{r}\right)$$

と表わされる（ただし，e は電荷の大きさ）．

電子より陽子の方が圧倒的（約2000倍）に重いので，陽子は原点に静止しており，その回りを電子が動いているとして考えよう．電子の位置を (x, y, z)，その運動量ベクトルを (p_x, p_y, p_z) とし，質量を m と書けば，エネルギーを表わす表式，つまりハミルトニアンは

▶質量を換算質量，座標を相対座標だと考えれば，この式は陽子が静止していると考えなくても成り立つ（力学の巻参照）．

$$H = \frac{1}{2m}(p_x{}^2+p_y{}^2+p_z{}^2)-\frac{e^2}{r}$$

となる．したがって，量子力学の基本原理にしたがい，エネルギーが一定の電子の波動関数に対するシュレディンガー方程式は

$$-\frac{\hbar^2}{2m}\left(\frac{\partial^2}{\partial x^2}+\frac{\partial^2}{\partial y^2}+\frac{\partial^2}{\partial z^2}\right)\psi-\frac{e^2}{r}\psi = E\psi \qquad (1)$$

となる．

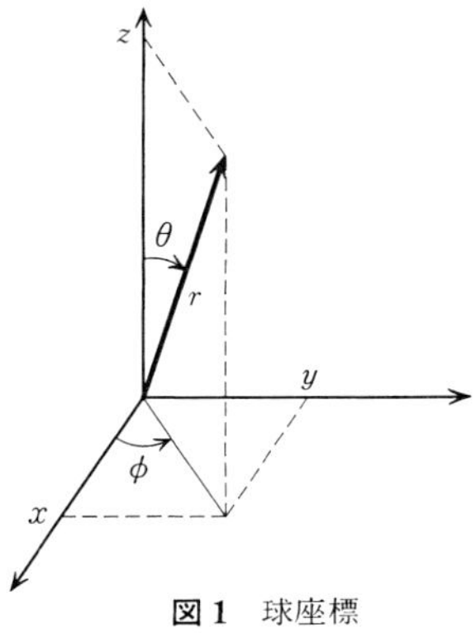

図1　球座標

■球 座 標

まず球座標の説明から始めよう．これは空間内の各点を，原点からの距離 r と2つの角度 θ と ϕ を使って表わす（図1）．xyz 座標（デカルト座標）との関係は

$$x = r\sin\theta\cos\phi$$
$$y = r\sin\theta\sin\phi$$
$$z = r\cos\theta$$

逆に解けば，

$$\begin{aligned} r^2 &= x^2+y^2+z^2 \\ \cos\theta &= z/\sqrt{x^2+y^2+z^2} \\ \tan\phi &= y/x \end{aligned} \tag{2}$$

となる．これらの式，あるいは図からわかるように，θ は z 軸からの角度，そして ϕ は，xy 平面に降ろした垂線の足の x 軸からの角度を表わしている．

■球座標でのシュレディンガー方程式

球座標でシュレディンガー方程式を書くには，(x, y, z) での微分をすべて (r, θ, ϕ) で書き直さなければならない．計算をすべてやると面倒なので，ここでは方針だけをしるす．

基本は合成関数の微分公式である．球座標では，波動関数 ψ は (r, θ, ϕ) の関数である．

$$\psi = \psi(r, \theta, \phi)$$

(2)からわかるように，(r, θ, ϕ) はすべて x の関数である．したがって ψ を x で微分するには，(r, θ, ϕ) すべてに対する ψ の変化率が関与し

$$\frac{\partial\psi}{\partial x} = \frac{\partial r}{\partial x}\frac{\partial\psi}{\partial r}+\frac{\partial\theta}{\partial x}\frac{\partial\psi}{\partial\theta}+\frac{\partial\phi}{\partial x}\frac{\partial\psi}{\partial\phi} \tag{3}$$

となる．これを2回繰り返して $\partial^2\psi/\partial x^2$ が求まる．同様に y による微分，z による微分も書き直し合計すると，シュレディンガー方程式(1)は

$$-\frac{\hbar^2}{2m}\left\{\frac{1}{r^2}\frac{\partial}{\partial r}\left(r^2\frac{\partial}{\partial r}\right)+\frac{1}{r^2}\frac{1}{\sin\theta}\frac{\partial}{\partial\theta}\left(\sin\theta\frac{\partial}{\partial\theta}\right)+\frac{1}{r^2}\frac{1}{\sin^2\theta}\frac{\partial^2}{\partial\phi^2}\right\}\psi-\frac{q^2}{r}\psi = E\psi \tag{4}$$

となる．これがこれから我々が解くべき方程式である．

注意　この式は，(一般化された)運動量というものを知っていると理解しやすい．xyz 座標に対して運動量があるように，球座標 $r\theta\phi$ に対しても，運動量 p_r, p_θ, p_ϕ というものが定義できる．そしてこれを使うとハミルトニアンは，

$$H = \frac{1}{2m}\left(p_r{}^2+\frac{1}{r^2}p_\theta{}^2+\frac{1}{r^2\sin^2\theta}p_\phi{}^2\right)+U$$

となる．そしてこれらの運動量に対しても，xyz と同様に，その座標に対する微分に置き換えるという規則を使えば，(4)のような形が求まる．ただし第1項に r^2，第2項に $\sin\theta$ がはさまっているという違いがあるが，それは，ハミルトニアンがエルミートであるという要請と関係している(章末問題参照)．

5.2 変数の分離と角運動量

ぽいんと

前節で導いた球座標でのシュレディンガー方程式は，それぞれの座標に対する3つの式に分離することができる．水素原子のポテンシャルは r にしか依存していないということの結果である．

また，この3つの式のうち角度座標に対するものは，角運動量と密接な関係がある．このことは，後で導く電子の波動関数の解を分類する上で，本質的な役割をする．

キーワード：変数分離，角運動量

■変数分離

前節で求めたシュレディンガー方程式を解くための第1段階として，変数分離ということを行なう．まず波動関数が，r に依存する部分（R と書く），および θ と ϕ に依存する部分（Y と書く）の積の形になるとする．

$$\psi = R(r)\cdot Y(\theta,\phi) \tag{1}$$

まず(1)を前節(3)に代入し，全体を $R\cdot Y$ で割り，さらに少し変形すると

$$\frac{\hbar^2}{R}\frac{d}{dr}\left(r^2\frac{dR}{dr}\right)+2mr^2\left(E+\frac{q^2}{r}\right) = -\frac{\hbar^2}{Y}\left\{\frac{1}{\sin\theta}\frac{\partial}{\partial\theta}\left(\sin\theta\frac{\partial}{\partial\theta}\right)+\frac{1}{\sin^2\theta}\frac{\partial^2}{\partial\phi^2}\right\}Y$$

となる．左辺は r のみの関数，右辺は角度のみの関数であるが，その両辺が空間内のあらゆる位置で等しいのだから，両辺それぞれが座標に依らない定数でなければならない．その定数を Λ とすれば

$$-\frac{\hbar^2}{2m}\frac{1}{r^2}\frac{d}{dr}\left(r^2\frac{dR}{dr}\right)-\frac{q^2}{r}R+\frac{\Lambda}{2mr^2}R = ER \tag{2}$$

$$-\frac{\hbar^2}{\sin\theta}\frac{\partial}{\partial\theta}\left(\sin\theta\frac{\partial Y}{\partial\theta}\right)-\frac{\hbar^2}{\sin^2\theta}\frac{\partial^2 Y}{\partial\phi^2} = \Lambda Y \tag{3}$$

という2つの方程式が求まる．

(3)はさらに分離することができる．まず

$$Y(\theta,\phi) = \Theta(\theta)\cdot\Phi(\phi)$$

と書けるとする．これを(3)に代入し少し変形すると

$$\hbar^2\frac{\sin\theta}{\Theta}\frac{d}{d\theta}\left(\sin\theta\frac{d\Theta}{d\theta}\right)+\sin^2\theta\cdot\Lambda = -\frac{\hbar^2}{\Phi}\frac{d^2\Phi}{d\phi^2}$$

となる．ここでも変数が分離しているので，両辺それぞれが定数でなければならず，それを ν とすると

$$-\hbar^2\frac{1}{\sin\theta}\frac{d}{d\theta}\left(\sin\theta\frac{d\Theta}{d\theta}\right)+\left(\frac{\nu}{\sin^2\theta}-\Lambda\right)\Theta = 0 \tag{4}$$

$$-\hbar^2\frac{d^2\Phi}{d\phi^2} = \nu\Phi \tag{5}$$

という2つの式が求まる．

■角運動量

ここで，角運動量という概念を思い出そう．

古典力学で粒子の角運動量は，位置ベクトル（$\boldsymbol{r}$）と運動量ベクトル（$\boldsymbol{p}$）の外積として表わされる．角運動量ベクトルを $\boldsymbol{L}$ とすれば

$$\boldsymbol{L} = \boldsymbol{r}\times\boldsymbol{p}$$

成分で表わせば，たとえば

$$L_z = xp_y - yp_x$$

である．量子力学では，普通の運動量を座標の微分で表わした．同様のことを角運動量の式の中で行なう．すると

$$L_z(\text{量子力学}) = -i\hbar\left(x\frac{\partial}{\partial y} - y\frac{\partial}{\partial x}\right)$$

となる．これを球座標で書き直す．前節(3)を具体的に表わすと

▶章末問題 5.3 参照．

$$\frac{\partial}{\partial x} = \frac{x}{r}\frac{\partial}{\partial r} + \frac{\cos\theta\cos\phi}{r}\frac{\partial}{\partial\theta} - \frac{\sin\phi}{r\sin\theta}\frac{\partial}{\partial\phi}$$

であり，同様に $\partial/\partial y$ も計算して L_z に代入すれば

$$L_z = -i\hbar\frac{\partial}{\partial\phi} \tag{6}$$

となる．つまり(5)の左辺は，$L_z{}^2$ に他ならない．ν が $L_z{}^2$ の大きさを表わすことになる．

L_z とは z 方向の角運動量である．一方，角度 ϕ とは，（x 方向を $\phi=0$ としたときの）「z 軸」を軸とした回転角である．このような見方をすると，(6)は非常に示唆的である．我々は量子力学の第一の基本原理として，xyz 座標に対する運動量を微分で置き換えたが，(6)は

▶ある回転軸に対する角運動量とは，その軸の回りの角度に対する（一般化された）運動量である（力学の巻参照）．したがって，このような関係があるのも不思議ではない．前節最後の「注意」における p_ϕ のことである．

$$\text{角度}\,\phi\,\text{の回転軸方向の角運動量} \iff -i\hbar\frac{\partial}{\partial\phi}$$

という対応関係になっている．

角運動量の他の方向はもう少し複雑で

$$\begin{aligned} L_x &= i\hbar\left(\sin\phi\frac{\partial}{\partial\theta} + \cot\theta\cos\phi\frac{\partial}{\partial\phi}\right) \\ L_y &= i\hbar\left(-\cos\phi\frac{\partial}{\partial\theta} + \cot\theta\sin\phi\frac{\partial}{\partial\phi}\right) \end{aligned} \tag{7}$$

という形になる．そして，角運動量ベクトルの 2 乗は

$$\boldsymbol{L}^2 = L_x{}^2 + L_y{}^2 + L_z{}^2 = -\hbar^2\left[\frac{1}{\sin\theta}\frac{\partial}{\partial\theta}\left(\sin\theta\frac{\partial}{\partial\theta}\right) + \frac{1}{\sin^2\theta}\frac{\partial^2}{\partial\phi^2}\right] \tag{8}$$

となる．これが(3)の左辺に他ならない（つまり Λ が $\boldsymbol{L}^2$ の大きさを表わす）．

5.3 角度座標に対する方程式の解

ぽいんと

前節で求めた3つの式のうち，角度座標に関する2つの式を解く．これは一定の角運動量をもつ状態の波動関数を求めることに対応する．量子力学では，角運動量はとびとびの値(離散スペクトラム)しかもたないことがわかる．それは角度座標の変域が有限であることが原因である．

キーワード：磁気量子数，方位量子数

■ϕに関する方程式

まず，前節(5)を解こう．この式の解は

$$\Phi = e^{im\phi} \quad \text{あるいは} \quad e^{-im\phi} \qquad (\text{ただし } \hbar m = \sqrt{\nu}) \qquad (1)$$

▶もちろん，この m は質量とは関係ない．習慣なので m という記号を使う．

または，この2つの重ね合わせ(線形結合)である．sin や cos でも表わせるが，指数関数で表わしたほうが後で便利である．

この形は，一定の運動量をもっている状態の波動関数が e^{ikx} であるのと似ている．しかし，それとは事情が異なる点もある．ϕ は x 軸からの角度を表わしており，2π だけ増せばもとに戻ってくる．そのため Φ は

$$\Phi(\phi=0) = \Phi(\phi=2\pi)$$

という条件を満たしていなければならない．

$$e^{im\phi} = \cos m\phi + i \sin m\phi$$

であるから，m が整数でなければならないことを意味している．つまり m は量子化(2.4節参照)される．この m のことを**磁気量子数**と呼ぶ．

▶2.4節で述べたように，状態を決める数が量子数である．また磁気量子数と電子の磁気モーメントとの関係については第7章参照．

■θに関する方程式

次に，前節(4)より $\Theta(\theta)$ を求めよう．ただし $\nu=\hbar^2 m^2$ (m は整数)であることはわかっている．まず $\Lambda\equiv\hbar^2\lambda$, $x\equiv\cos\theta$ $(-1<x<1)$ と書き換えると

▶この x はもちろん座標の x とは関係ない．

$$\frac{d}{dx}\left[(1-x^2)\frac{d\Theta}{dx}\right]+\left(\lambda-\frac{m^2}{1-x^2}\right)\Theta = 0 \qquad (2)$$

となる．この式の解がすべて現在の問題の答になるわけではない．$(1-x^2)$ という因子のため，一般の解は，x の変域の境界 $x=\pm 1$ で無限大になってしまう．波動関数は有限でなければならないが，そのような解があるためには λ が特殊な値でなければならず，λ(そして角運動量の2乗の大きさ Λ)も量子化される．

▶$x=\pm 1$ の片方で有限な解は，任意の λ に対して存在する．

■$m=0$の場合：ルジャンドルの多項式

まず，$m=0$ の場合から考えよう．Θ が x の多項式だとすれば，具体的に解を求めていくことができる．まず，Θ が x の l 次の多項式だとして

$$\Theta(x) = x^l + c_{l-1}x^{l-1} + \cdots + c_1 x + c_0$$

と書けるとする．これを(2)に(ただし $m=0$)代入する．その式が，どんな x に対しても，恒等的に成り立つためには，x のすべての次数の項がゼロにならなくてはならないが，特に最高次 x^l の係数を取り出すと，

$$-l(l+1)+\lambda = 0$$

となる．つまり

$$\Lambda\,(=\hbar^2\lambda) = \hbar^2 l(l+1) \qquad (l \text{ は } 0 \text{ 以上の整数}) \tag{3}$$

という，角運動量に対する条件が求まる．

Θ の形を決めるには，x の低次の項も調べなくてはならない．しかし，その答は，ルジャンドルの多項式 $\{P_l : l=0,1,2,\cdots\}$ としてよく知られているものである．P_l は l 次の多項式であり，$\lambda=l(l+1), m=0$ とした(2)を満たす．その具体的な形は

▶ $m=0$ のときの(2)の一般解は**ルジャンドル関数**と呼ばれている．その中で $x=\pm 1$ で有限になるのは，この P_l しかない．(4)は $P_l(x=1)=1$ となるように決められている．

$$\Theta \propto P_l(x) = \frac{1}{2^l l!}\frac{d^l}{dx^l}(x^2-1)^l \qquad (m=0) \tag{4}$$

■ $m \neq 0$ の場合：ルジャンドル陪関数

次に，m がゼロでない場合を考える．まず，$x=1$ 付近での振舞いを調べるために，$\Theta \propto (1-x)^\alpha$ $(\alpha>0)$ として(2)に代入すると，$x \simeq 1$ では

$$\begin{aligned}(2)\text{の左辺} &\simeq 2\frac{d}{dx}\left[(1-x)\frac{d}{dx}(1-x)^\alpha\right]-\frac{m^2}{2}(1-x)^{\alpha-1}\\ &= \left(2\alpha^2-\frac{m^2}{2}\right)(1-x)^{\alpha-1}\end{aligned}$$

となる．つまり $\alpha=|m|/2$．同様なことが $x=-1$ 付近でも成り立つので，

$$\Theta = (1-x^2)^{|m|/2} f(x)$$

とする．ただし，f は ± 1 でゼロにも無限大にもならない関数である．これを(2)に代入すれば

$$(1-x^2)\frac{d^2 f}{dx^2}-2x(|m|+1)\frac{df}{dx}-(m^2+|m|-\lambda)f = 0 \tag{5}$$

となる．あとは，また Θ を x の l 次の多項式として展開したのと同じようにやればよい．f が x の k 次の多項式だとして，$f=x^k+\cdots$ を代入し，最高次の項の係数をゼロとすれば

$$\begin{aligned}\lambda &= (|m|+k)(|m|+k+1)\\ &= l(l+1) \qquad (\text{ただし，} l \equiv |m|+k \text{ とする})\end{aligned} \tag{6}$$

となる．l は正の整数であり，しかも $k \geqq 0$ だから $l \geqq |m|$ でなければならない．Θ の具体的な形はルジャンドル多項式を使って

▶ $m \neq 0$ のときの(2)の一般解は，**ルジャンドル陪関数**と呼ばれている．その中で $x=\pm 1$ で有限なものは，(7)しかなく，$P_l{}^m$ と書く．

$$\Theta \propto (1-x^2)^{|m|/2}\frac{d^{|m|}}{dx^{|m|}}P_l(x) \ \ (\equiv P_l{}^m(x)) \qquad (m \neq 0) \tag{7}$$

と書けることが知られている．(3)あるいは(6)の l のことを，**方位量子数**(あるいは角運動量量子数)と呼ぶ．

5.4 角運動量が決まった状態

ぽいんと

角度座標に対する方程式は，角運動量で表わせることはすでに示した．この関係を使って，前節で求めた波動関数を角運動量という観点から整理する．

キーワード：球面調和関数

■角運動量が決まった状態

1次元の問題で，運動量 p の状態は $\psi \propto \exp(ipx/\hbar)$ である．これは，

$$-i\hbar \frac{\partial}{\partial x} e^{ipx/\hbar} = p e^{ipx/\hbar} \tag{1}$$

という関係に基づく．

▶2.3節で導入した用語を使えば，これらは，$p, L_z, \boldsymbol{L}^2$ に対する演算子の固有関数および固有値を求める問題である．

同様に，前節の(1)は，角運動量ベクトルの z 成分 L_z に対して

$$L_z e^{\pm im\phi} = -i\hbar \frac{\partial}{\partial \phi} e^{\pm im\phi} = \pm \hbar m e^{\pm im\phi}$$

という関係式を満たす．つまり，これらは L_z が $\pm\hbar m$ の状態を表わしていると考えることができる．

次に，(5.2.3)を考えよう．これは，角運動量ベクトル $\boldsymbol{L}$ を使って

$$\boldsymbol{L}^2 Y = \Lambda Y$$

と表わされることを(5.2.8)で示した．つまりこれは，角運動量ベクトルの2乗が Λ に等しい状態 Y を求める問題だといえる．そして，その解は，前節の計算によれば，2つの整数 l と m で決まることがわかった．それを Y_{lm} と表わすと

$$m = 0 \text{ のとき} \qquad Y_{l0} = P_l(\cos\theta)$$

$$m \neq 0 \text{ のとき} \qquad Y_{lm} = P_l{}^m(\cos\theta)e^{im\phi}$$

であり，どちらの場合も

$$\boldsymbol{L}^2 Y_{lm} = \hbar^2 l(l+1) Y_{lm} \tag{2}$$

となる．この Y_{lm} のことを，**球面調和関数**と呼ぶ．

■角運動量の分類

前節では，各 m に対して l を決めた．m がゼロであるかないかにかかわらず，$l \geqq |m|$ という条件がついた．しかし解を分類する場合は，むしろ角運動量ベクトルの大きさを表わす l を決めたうえで，その z 成分がいくつになるかと考えたほうがわかりやすい．

$l \geqq |m|$ という条件より，まず l は0以上でなければならない．そして各 l ごとに

$$m = l,\ l-1,\ l-2,\ \cdots,\ -(l-1),\ -l$$

という，全部で $2l+1$ 個の状態がある．

これらを具体的に書き下してみよう．ただし

$$\int |Y_{lm}|^2 \sin\theta\, d\theta\, d\varphi = 1$$

となるように定数を掛けておく．$l=0,1,2$ の場合は以下のようになる．

▶これらは章末問題 5.4，5.5 の結果より求まる．また，符号は任意だが，後で都合のいいように決めてある(8.9 節参照)．

$l=0 \quad m=0 \quad Y_{00} = 1/(4\pi)^{1/2}$

$l=1 \quad m=0 \quad Y_{10} = \left(\dfrac{3}{4\pi}\right)^{1/2}\cos\theta = \left(\dfrac{3}{4\pi}\right)^{1/2}\dfrac{z}{r}$

$\qquad m=\pm1 \quad Y_{1\pm1} = \mp\left(\dfrac{3}{8\pi}\right)^{1/2}\sin\theta\, e^{\pm i\phi} = \mp\left(\dfrac{3}{8\pi}\right)^{1/2}\dfrac{1}{r}(x\pm iy)$

$l=2 \quad m=0 \quad Y_{20} = \left(\dfrac{5}{16\pi}\right)^{1/2}(2\cos^2\theta-\sin^2\theta) = \left(\dfrac{5}{16\pi}\right)^{1/2}\dfrac{2z^2-x^2-y^2}{r^2}$

$\qquad m=\pm1 \quad Y_{2\pm1} = \mp\left(\dfrac{15}{8\pi}\right)^{1/2}\cos\theta\sin\theta\, e^{\pm i\phi} = \mp\left(\dfrac{15}{8\pi}\right)^{1/2}\dfrac{z(x\pm iy)}{r^2}$

$\qquad m=\pm2 \quad Y_{2\pm2} = \left(\dfrac{15}{32\pi}\right)^{1/2}\sin^2\theta\, e^{\pm 2i\phi} = \left(\dfrac{15}{32\pi}\right)^{1/2}\dfrac{x^2-y^2\pm 2ixy}{r^2}$

■ L_x, L_y について

Y_{lm} は，$\boldsymbol{L}^2$ の大きさ$(=\hbar^2 l(l+1))$と L_z の大きさ$(=\hbar m)$が決まった状態を表わしている．では L_x や L_y はどうなっているのだろうか．

▶詳しい計算は章末問題 5.6 参照．

$l=1$ の場合に計算してみると，(5.2.7)を使って，たとえば

$$L_x Y_{10} = \frac{\hbar}{\sqrt{2}}(Y_{11}+Y_{1-1}) \tag{3}$$

▶つまり，Y_{10} は L_x の固有関数ではないが，$Y_{11}+Y_{1-1}$ は固有値 0 の固有関数となる．

となる．つまり Y_{10} が $Y_{1\pm1}$ に変わってしまい，Y_{10} は L_x が特定の値をもつ状態とはならない．一方，$Y_{11}-Y_{1-1}$ という組合せを考えると

$$L_x(Y_{11}-Y_{1-1}) = 0 \tag{4}$$

となり，L_x が特定の値(ゼロ)をもつ状態になる．しかし，これは L_z に関しては 2 つの状態の重ね合わせである．

このように量子力学では，複数の物理量に対し特定の値をもつ状態が作れないことがよくある．角運動量など考えなくても，たとえば運動量一定という状態(1)は，粒子が各位置 x にあるという無数の状態の，共存度 $e^{ipx/\hbar}$ での重ね合わせである．位置も運動量も同時に決まっているという状態はありえない．

▶どのような場合に複数の値が指定できるかという問題に対する一般論は，第 8 章で解説する．

角運動量の場合も，$\boldsymbol{L}^2$ と，ある 1 つの方向，たとえば L_z を指定すると，他の 2 方向は決まらなくなる．その結果，角運動量ベクトルをできるだけ z 方向に向けたとしても($l=m$ の状態)，他の方向 L_x と L_y を完全にゼロにしてしまうことができない．それが，$\boldsymbol{L}^2$ の値が $(\hbar l)^2$ とはならず，(2)のようになる理由でもある．(これも不確定性関係の一種である.)

5.5 動径座標に対する方程式

ぽいんと

残っている r 座標に対する方程式を解こう．水素原子に対応する状態，つまり，電子が無限遠に飛び去ってしまわない状態に対しては，今までの例と同様に，エネルギー準位の量子化が起きる．これは数学的には，波動関数が原点および無限遠で特別の振舞いをしなければならないことによる．

キーワード：ボーア半径，主量子数，動径量子数，ラゲールの随伴多項式

■動径方向の波動関数 $R(r)$ の書き換え

残された式(5.2.2)を解こう．前節までの計算により，この式の定数 Λ は，

$$\Lambda = \hbar^2 l(l+1) \qquad (l=0,1,2,\cdots)$$

と表わされることがわかっている．また変数 r を無次元の量にするために $\rho=r/a_0$ という変数を使う．ただし a_0 は**ボーア半径**と呼ばれる数で

$$a_0 \equiv \frac{\hbar^2}{e^2 m} \qquad \left(\text{MKSA 単位系では } \frac{4\pi\varepsilon_0}{e^2}\frac{\hbar^2}{m}\right)$$

であるが，その意味は次節で説明する．すると

$$\frac{1}{\rho^2}\frac{d}{d\rho}\left(\rho^2\frac{dR}{d\rho}\right)+\frac{2}{\rho}R-\frac{l(l+1)}{\rho^2}R-\varepsilon R = 0 \tag{1}$$

という式が求まる．ただし，$\varepsilon\equiv-2mEa_0^2/\hbar^2$ である．

▶$E<0$ なので，ε がプラスになるように定義した．

■境界条件

(1)の解が，すべて水素原子の問題の答になるわけではない．2.4節の井戸型ポテンシャルでも2つの条件(両端での波動関数の値)があったが，ここでも以下で説明する，無限遠($r\to\infty$)と原点($r=0$)での条件を満たす解を選んでこなければならない．

［1］ **無限遠での条件**

(1)の解の $\rho\to\infty$ での振舞いを調べるために，ρ の逆数が掛かる項を無視すると，

$$\frac{d^2R}{d\rho^2}-\varepsilon R \simeq 0 \qquad (\rho\to\infty) \tag{2}$$

▶ε がプラス(エネルギー E はマイナス)であることを前提としたが，ε がマイナスだと指数が虚数の指数関数になり，関数は無限遠でゼロにも無限大にもならない．これは原子核の影響から逃れて飛び去っていく電子を表わす波動関数である．

となる．この式の最も一般的な解は，A と B を任意の定数として

$$R \sim Ae^{-\sqrt{\varepsilon}\rho}+Be^{\sqrt{\varepsilon}\rho} \qquad (\rho\to\infty)$$

である．第1項は無限遠でゼロになり，第2項は発散する．ところで今求めたいのは，水素原子の中に電子がとどまっている場合である．波動関数は位置の共存の程度を表わすものだから，電子が水素原子の中にあるためには無限遠ではゼロでなければならない．そこで $B=0$ という第一の条件が求まる．

［2］ 原点での条件

$\rho \to 0$ で $R \sim \rho^k$（k は定数）という形をしているとして(1)に代入し，ρ の最低次（$\rho \to 0$ で最も重要な項）だけを取り出すと，

$$\{k(k-1)+2k-l(l+1)\}\rho^{k-2} \simeq 0 \qquad (\rho \to 0)$$

となる．これは

$$k(k+1)-l(l+1)=0 \quad \Rightarrow \quad k=l \quad \text{あるいは} \quad -l-1$$

ということを意味しているが，波動関数 ψ が $\rho \to 0$ で無限大になっては困る．なぜなら $|\psi^2|$ は電子を観測したときの，観測される位置の相対頻度を表わしているからである．したがって $k>0$，つまり $k \neq -l-1$ であり，$R \propto \rho^l$ という第二の条件が求まった．

■エネルギー準位

$\rho \to 0$ と $\rho \to \infty$ での振舞いがわかったので

$$R(\rho) = \rho^l e^{-\sqrt{\varepsilon}\rho} L(\rho) \tag{3}$$

と書く．L は，$\rho \to 0$ では有限な n' 次の多項式とする．（無限級数にすると $\rho \to \infty$ での振舞いが変わってしまう．）これを(2)に代入すれば

▶n' は後で「動径量子数」というものに一致することがわかるので，慣例にしたがい n' という記号を使う．

$$\rho\frac{d^2L}{d\rho^2}+2\{(l+1)-\sqrt{\varepsilon}\rho\}\frac{dL}{d\rho}+2\{1-\sqrt{\varepsilon}(l+1)\}L = 0 \tag{4}$$

まず，一番簡単な $n'=0$（$L=$定数）の場合を考えてみよう．(4)の第1項，第2項はゼロになるから，

$$1-\sqrt{\varepsilon}(l+1) = 0$$

ならばよい．これよりエネルギー E は

$$E = -\frac{\hbar^2}{2ma_0{}^2}\frac{1}{\varepsilon} = -\frac{\hbar^2}{2ma_0{}^2}\frac{1}{(l+1)^2}$$

と求まる．一般には，L が n' 次の多項式

$$L = \rho^{n'}+c_{n'-1}\rho^{n'-1}+\cdots+c_1\rho+c_0 \tag{5}$$

だとして(4)に代入する．ρ の各次数の項の係数がすべてゼロにならなければならないが，まず最初に最高次の項の係数を見ると

▶より低次の項の係数がゼロであるという条件より，(5)の係数がすべて決まる．章末問題参照．

$$-2\sqrt{\varepsilon}\,n'+2\{1-\sqrt{\varepsilon}(l+1)\} = 0$$

となる．これより，n' と l を決めたときのエネルギーは，

$$E = -\frac{\hbar^2}{2ma_0{}^2}\frac{1}{(n'+l+1)^2} = -\frac{\hbar^2}{2ma_0{}^2}\frac{1}{n^2} \tag{6}$$

であることがわかる．ただし $n \equiv n'+l+1$ で，**主量子数**と呼ばれている．n' は**動径量子数**と呼ばれる．

各量子数に対応する解を R_{nl} と書く．R が何次式であるかは n' で決まるのだが，エネルギーの値は n' と l の和で決まっている．これはポテンシャルが $1/r$ に比例しているための特殊事情である．R_{nl} は，**ラゲールの随伴多項式**と呼ばれているもので表わされる．

5.6 エネルギー準位と縮退度

ぽいんと

今までの計算をまとめ，エネルギー準位，および各準位における状態の数(縮退度)を求める．また，そのエネルギー準位を図示する．エネルギー準位の間隔は，量子力学の確立以前から，光の吸収・放出スペクトラムとしてわかっていたことで，これを計算し導くことができたのが量子力学第一の成果であった．

キーワード：縮退度，吸収スペクトラム，放出スペクトラム

■規格化された動径波動関数 R_{nl}

r に対する方程式，前節(1)の解は，n および l という2つの整数で決まることがわかった．それを R_{nl} と書く．そのいくつかの例を示しておく(図1)．

▶R_{10} では，電子が発見される確率が，最も大きい距離($r^2 \times R_{10}{}^2$ の最大値)が $r=a_0$(ボーア半径)である．

▶原点を除き $R_{nl}=0$ となる回数(節の数)は $n'=n-l-1$ である．

$$R_{10} = \left(\frac{1}{a_0}\right)^{3/2} 2e^{-r/a_0}$$

$$R_{20} = \left(\frac{1}{2a_0}\right)^{3/2}\left(2-\frac{r}{a_0}\right)e^{-r/2a_0}$$

$$R_{21} = \left(\frac{1}{2a_0}\right)^{3/2}\frac{r}{a_0\sqrt{3}}e^{-r/2a_0}$$

ただし次の式を満たすように規格化した．

$$\int_0^\infty R_{nl}{}^2 r^2 dr = 1$$

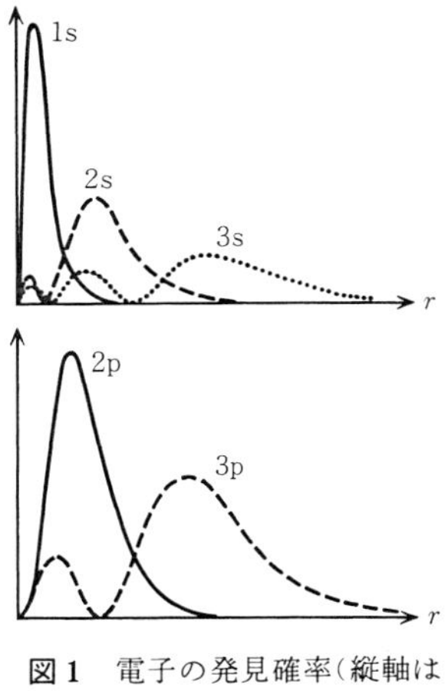

図1　電子の発見確率(縦軸は $r^2R_{nl}^2$. s, p など記号の意味は右ページ参照)．

■水素原子の波動関数 ψ_{nlm}

水素原子の波動関数全体は，3つの量子数 n, l, m で決まるので，その波動関数を ψ_{nlm} と書くと，

$$\psi_{nlm} = R_{nl}(r)Y_{lm}(\theta, \phi)$$

となる．エネルギーは n のみの関数で

$$E_n = -\frac{\hbar^2}{2ma_0{}^2}\cdot\frac{1}{n^2}\left(=-\frac{1}{2n^2}\frac{me^4}{\hbar^2}\right) \qquad (1)$$

と表わされる．n は正の整数，l はゼロまたは正の整数，m は正負の整数で，

$$n > l \geqq 0, \qquad l \geqq |m|$$

という条件がついている．

n が決まっても l や m は1つには定まらない．つまり，各エネルギー準位に複数の状態が存在している．その数を，その準位の**縮退度**と呼ぶ．各 n ごとにどんな状態があるかを調べてみよう．以下，角運動量の大きさ l に対して，次のような記号を用いる．

▶s, p, d, f の記号の由来は，原子の光学的スペクトルから来ている．f の後には名前がなかったので，アルファベットをつづける．(「ファインマン物理学 V，量子力学」より)

$l=0$: s(sharp な線)　　$l=1$: p(principal な線)

$l=2$: d(diffuse した線)　　$l=3$: f(fundamental な線)

以下，g($l=4$)，h($l=5$)，…

基底状態($n=1$)——縮退度 1

1s :　$l=m=0$

(1s とは，$n=1$ で $l=0$ (s 状態)であることを示す.)

第一励起状態($n=2$)——縮退度 4

2s :　$l=m=0$

2p :　$l=1$　$m=0, \pm 1$

第二励起状態($n=3$)——縮退度 9

3s :　$l=m=0$

3p :　$l=1$　$m=0, \pm 1$

3d :　$l=2$　$m=0, \pm 1, \pm 2$

一般に，主量子数 n の状態の縮退度は n^2 である(章末問題 5.10 参照).

■吸収スペクトラム・放出スペクトラム

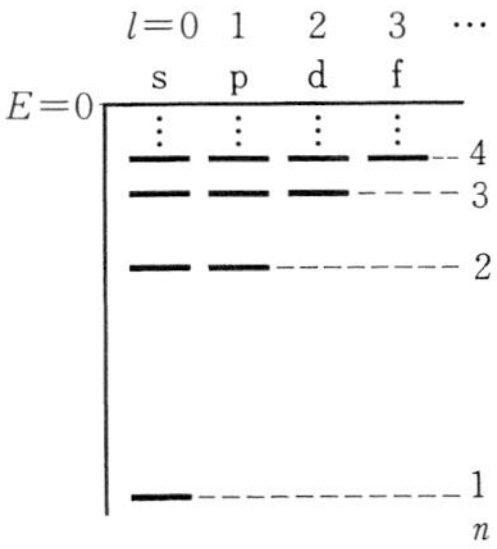

図 2　水素原子のエネルギー準位と電子の励起

以上のことを図に表わすと図 2 のようになる．

エネルギー準位がこのような配置になっていることは，実は量子力学が確立する以前からわかっていた．高温の水素気体中には，励起状態にある原子が多数あり，その電子が基底状態に移るときに，そのエネルギー差と同じエネルギーをもつ光子を放出する．光子の振動数 ν とそのエネルギー E の間には

$$E = h\nu \ (= 2\pi\hbar\nu)$$

という関係がある．つまり，放出された光の振動数がわかれば，基底状態と励起状態のエネルギー差がわかる．実際，そのエネルギー差

$$E_n - E_1 = \frac{\hbar^2}{2ma_0{}^2}\left(1-\frac{1}{n^2}\right) \equiv hcR_\infty\left(1-\frac{1}{n^2}\right)$$

に対応する光の放出が観測されており，ライマン系列と呼ばれていた．

▶$R_\infty = \dfrac{me^4}{4\pi c\hbar^3} = 109737\ \mathrm{cm}^{-1}$ リュードベリ(Rydberg)定数と呼ばれる．

励起状態の電子は，いきなり基底状態に落ちず，別のエネルギーの低い励起状態に移ることもある．第一励起状態へ移るものはバルマー系列と呼ばれる．第二励起状態へのものはパッシェン系列と呼ばれ，以下，ブラケット系列，プント系列と続く．

また逆に，光を基底状態の水素原子に当てると，ちょうど励起状態とのエネルギー差と同じエネルギーをもつ光子(光を構成する粒子)を吸収し励起状態に移ることもある．水素原子を通過した光を各振動数の成分に分解すると，ところどころの振動数の部分の強度が減衰しているが，その部分の光子が水素原子に吸収されたためである．これを**吸収スペクトラム**といい，放出された光を振動数ごとに分解したものを**放出スペクトラム**と呼ぶ．

章末問題

[5.1 節]

5.1 (1) 1次元の問題で，運動量演算子 $-i\hbar d/dx$ がエルミートであることを示せ．また運動エネルギーの演算子がエルミートであることを示せ．

(2) 空間内の関数 f を xyz 座標で空間積分するときは $\int f dx dy dz$ であるが，球座標で積分すると $\int f r^2 \sin\theta dr d\theta d\phi$ となる．これを使って，(5.1.4)のハミルトニアンがエルミートであることを示せ．

[5.2 節]

5.2(3次元の調和振動子) 質量 m の粒子がポテンシャル $U=\frac{1}{2}k(x^2+y^2+z^2)$ の中にある場合の波動関数を，xyz 座標で解け．(ヒント：$\phi(\boldsymbol{r})=\phi_x(x)\times\phi_y(y)\phi_z(z)$ と変数分離して解く．この問題は球座標でも解ける．章末問題5.7参照.)

5.3 本文の説明の手順にしたがって計算し，(5.2.6)を導け．

[5.3 節]

5.4 (5.3.3)から P_l を $l=0,1,2,3$ の場合に計算し，$|P_l|^2$ が極大(特に最大)になる方向と，ゼロとなる方向を求めよ($x=\cos\theta$ である)．

5.5 (5.3.7)から $P_l{}^m$ を $l=0,1,2$ の場合にすべての $m(\neq 0)$ に対して計算し，$|P_l{}^m|^2$ が極大(特に最大)になる方向と，ゼロとなる方向を求めよ．

[5.4 節]

5.6 $l=1$ の場合に，L_x の固有値0および $\pm\hbar$ の状態(固有関数)を Y_{1m} の組合せで表わせ(固有値0の場合の結果は本文で示してあるが，それも証明せよ)．

[5.5 節]

5.7 上の問題5.3を球座標，球関数を使って解け．(ヒント：水素原子の場合と同様に変数分離し，動径座標の分は5.5節の手法で解く.)

5.8 本文の説明の手順にしたがって，動径方向の波動関数 R を $n=1$ の場合に求めよ(規格化は必要なし)．

5.9 章末問題4.7と同じように考えて，水素原子の基底状態のエネルギーを不確定性関係より評価せよ(正確には求まらない)．

▶ 位置の中心は $r=0$ なので $\overline{\Delta r}=\bar{r}$ とし，
$$\bar{r}^2\cdot\overline{\Delta p^2}=\hbar^2/4$$
とせよ．

[5.6 節]

5.10 主量子数 n の状態の縮退度は n^2 であることを示せ．

5.11 一般の l，ただし $n'=0$ の場合の距離 r の平均値とボーア半径との比を計算せよ．ただし，

$$\int_0^\infty r^k e^{-ax} dx = \frac{a^k}{k!}$$

を使う．

6

角運動量とスピン

ききどころ

前章では，水素原子中の電子の波動関数を計算した．しかし実は，これだけでは完全に問題が解けたことにはならない．それは電子が，「スピン」という今まで説明しなかった性質を持っているからである．

スピンという言葉は日常でも使われることがあるが，元来は回転という意味である．それも，地球の運動のイメージで考えると，公転ではなく自転に近い．それで電子のスピンのことを，電子がコマのようにくるくる自転しているという描像で説明することもある．しかし，この描像は正しくはない．電子は今のところ大きさのない粒子と考えられているが，それでもスピンというものを考えることができる．つまり，古典力学的な見方では理解できない大きさのないものの自転という新しい概念なのである．

スピンというものを説明するのに，まず前章で学んだ角運動量という概念を数学的に抽象化する．前章では，角運動量の大きさを表わす量子数 l は，整数でなければならなかった．しかし抽象化された角運動量に対しては，1/2 とか 3/2 といった半整数の値も許されることがわかる．電子は電荷のみならず，その運動とは無関係に，1/2 という大きさの角運動量をその属性としてもっていることが，スピンというものの起源なのである．

また，この章では，スピンも含めた角運動量の磁気的な性質も議論する．

6.1 角運動量の交換関係

ぽいんと

スピンの説明を始める前に，まず角運動量の抽象化を考える．第3章で調和振動子の波動関数を求めるときに，シュレディンガー方程式を直接解くのではなく，生成演算子，消滅演算子というものを利用して，代数的に解を求める方法があることを説明した．そこでは，これらの演算子やハミルトニアンの交換関係が重要な役割を果たした．

前章の水素原子の波動関数では，角運動量が一定の値をもつ状態というものが登場した．そこでは，電子に対するシュレディンガー方程式を解いたが，この場合にも代数的な解法というものがある．この方法により，前章のような波動関数では表わせない角運動量というものの存在もわかるのだが，この節ではまずその準備として，角運動量の交換関係を説明する．

キーワード：角運動量の交換関係

■角運動量演算子

量子力学の特徴は，さまざまな物理量が演算子というものに対応していることである．たとえば第2章で説明した量子力学の第一の基本原理によれば，波動関数に(x 方向の)運動量を掛けるという操作は，「波動関数に微分演算子 $-i\hbar\partial/\partial x$ を掛ける」という操作に置き換えられた．

▶角運動量　$\boldsymbol{L}=\boldsymbol{r}\times\boldsymbol{p}$,
$L_x=(\boldsymbol{r}\times\boldsymbol{p})_x=yp_z-zp_y$.

角運動量は位置座標と運動量で表わされる物理量であるから，やはり，それに相当する微分演算子に対応する．たとえば

$$L_x = yp_z-zp_y \quad\Rightarrow\quad -i\hbar\left(y\frac{\partial}{\partial z}-z\frac{\partial}{\partial y}\right)$$

であり，また球座標による表現は5.2節で示した．

■演算子の交換関係

演算子の1つの特徴は，その操作が交換しないということである．その一番簡単な例が，位置座標と運動量である．「波動関数に位置座標を掛けてから運動量を掛ける」という操作と，「波動関数に運動量を掛けてから位置座標を掛ける」という操作は，演算子による操作とみなしたときには等しくない．実際

$$-i\hbar\frac{\partial}{\partial x}(x\psi) = -i\hbar x\frac{\partial\psi}{\partial x}-i\hbar\psi$$

であるから

$$\left[x\left(-i\hbar\frac{\partial}{\partial x}\right)-\left(-i\hbar\frac{\partial}{\partial x}\right)x\right]\psi = i\hbar\psi$$

と書ける．これは任意の関数 ψ に対して成り立つ式なので，抽象的に

▶$[A,B]\equiv AB-BA$

$$[x,p_x] = i\hbar \qquad (1)$$

と書くことにする．p_x とは，演算子として表わされた運動量を表わし，この式は，両辺に右から任意の関数を掛けたときに等しくなるという意味の，演算子間の等式と解釈する．上式を交換関係と呼ぶというのは，すでに 4.4 節で説明した通りである．

また，方向が異なる場合には，位置座標と運動量は交換する．たとえば

$$[x, p_y] = [x, p_z] = [y, p_x] = \cdots = 0 \tag{2}$$

■角運動量の交換関係

角運動量はベクトルであるから，L_x, L_y, L_z の 3 つの成分があるが，これらは互いに交換しない．たとえば

$$\begin{aligned}(L_xL_y - L_yL_x)\psi \\ &= -\hbar^2\left[\left(y\frac{\partial}{\partial z} - z\frac{\partial}{\partial y}\right)\left(z\frac{\partial}{\partial x} - x\frac{\partial}{\partial z}\right) - \left(z\frac{\partial}{\partial x} - x\frac{\partial}{\partial z}\right)\left(y\frac{\partial}{\partial z} - z\frac{\partial}{\partial y}\right)\right]\psi \\ &= \hbar^2\left(x\frac{\partial}{\partial y} - y\frac{\partial}{\partial x}\right)\psi = i\hbar L_z\psi\end{aligned}$$

となり，交換関係で書けば

$$[L_x, L_y] = i\hbar L_z \tag{3}$$

である．右辺はゼロにならない．同様に

$$[L_y, L_z] = i\hbar L_x, \qquad [L_z, L_x] = i\hbar L_y \tag{4}$$

となり，L_x, L_y, L_z の間には，規則的な交換関係が得られる．

この関係を次節で利用するが，ここでは 1 つだけ応用例を説明しよう．L_z が特定の値をもっている状態は $e^{im\phi}$ という L_z の固有関数であるが，これは L_x や L_y に対しては，特定の値に対応しない，つまり固有関数ではない(5.4 節参照)．このことは次の定理から理解できる．

定理　A, B, C という 3 つの演算子が

$$[A, B] = C$$

という交換関係を満たしているとする．また，ある状態 ψ が，A に対しても B に対しても固有関数である，つまり

$$A\psi = a\psi, \qquad B\psi = b\psi \qquad (a, b \text{ は定数})$$

であるとする．すると，$C\psi=0$ でなければならない．

［証明］

$$(AB-BA)\psi = (ba-ab)\psi = 0 \quad \Rightarrow \quad C\psi = 0$$

が示される．(証明終)

これを(4)に適用すれば，$L_y\psi=0$ でない限り，L_x と L_z に対して，同時に特定の値をもつ状態にはなれないことがわかる．ところが，その場合は(3)と(4)より，同時に $L_x\psi=L_z\psi=0$ となる．つまり $l=0(\Lambda=0)$ でない限り，L_z の固有関数が L_x や L_y の固有関数とはなれない．

▶(3)と $L_y\psi=0$ より，
$$-L_yL_x\psi = i\hbar L_z\psi$$
しかも $L_x\psi\propto\psi$ ならば左辺は 0 だから $L_z\psi=0$．これと(4)より $L_x\psi$ も 0 になる．

6.2 角運動量の代数的計算

ぽいんと

前節で求めた交換関係だけを使って，角運動量がどのような値を取りうるかという問題を調べる．ここでは調和振動子の場合の生成・消滅演算子に似た，昇降演算子というものを使って計算する．整数ばかりでなく，半整数の角運動量というものがありうることがわかる．

キーワード：昇降演算子

■交換関係

まず，以下の演算子を定義する．

$$\boldsymbol{L}^2 \equiv L_x{}^2+L_y{}^2+L_z{}^2 \tag{1}$$

$$L_\pm \equiv L_x \pm iL_y \tag{2}$$

上は，(5.2.8)でも登場した，角運動量ベクトルの2乗に対応する演算子である．また下は**昇降演算子**(＋が昇，－が降)と呼ばれているが，その理由は後でわかる(右ページ参照)．

まず，これらの演算子に対しては，次の交換関係が成り立つ．

$$[\boldsymbol{L}^2, L_x] = [\boldsymbol{L}^2, L_y] = [\boldsymbol{L}^2, L_z] = 0 \tag{3}$$

$$[L_z, L_\pm] = \pm\hbar L_\pm \tag{4}$$

一般に A, B, C という3つの演算子があったとき，

$$[A+B, C] = [A, C]+[B, C] \tag{5}$$

という関係が成り立つ(交換関係の定義式参照)ので，(4)は，前節の(4)より明らかだろう．また，やはり交換関係の定義式より

$$[AB, C] = A[B, C]+[A, C]B \tag{6}$$

という式も任意の演算子に対して成り立つ．(5)と(6)を組み合わせれば(3)が求まる(章末問題)．また，次の関係式も後で利用する．

▶$L_+L_-=L_x{}^2+L_y{}^2-i[L_x, L_y]$

$$\begin{aligned}\boldsymbol{L}^2 &= L_+L_-+L_z{}^2-\hbar L_z \\ &= L_-L_++L_z{}^2+\hbar L_z\end{aligned} \tag{7}$$

■状態の決定

$\boldsymbol{L}^2$ と(たとえば) L_z は交換するので，$\boldsymbol{L}^2$ と L_z 双方に対する固有関数が存在する(前節の定理参照)．そこで，$\boldsymbol{L}^2$ が Λ，L_z が ν という値をもつ状態 $\psi(\Lambda, \nu)$ があったとしよう．Λ と ν に対して，どのような値が可能であるか，交換関係を使って次のように調べる．

▶$\Lambda=\hbar^2 l(l+1), \nu=\hbar m$ (l は0以上の整数，m は絶対値が l 以下の整数)という値が可能であることは前章でわかっているが，ここではそれを忘れて代数的計算を行なう．

［ステップ1］　まず

$$(\boldsymbol{L}^2-L_z{}^2)\psi(\Lambda, \nu) = (L_x{}^2+L_y{}^2)\psi(\Lambda, \nu)$$

$$\Rightarrow \quad (\Lambda-\nu^2)\psi(\Lambda, \nu) = (L_x{}^2+L_y{}^2)\psi(\Lambda, \nu)$$

という式を考えよう．この両辺に左から $\psi^*(\Lambda, \nu)$ を掛けて全空間で積分

する．すると，部分積分を使って

$$\int \psi^* L_x{}^2 \psi dxdydz = \int (L_x\psi)^*(L_x\psi) dxdydz \geqq 0 \tag{8}$$

などという不等式が成り立つ(章末問題参照)ので，

$$\Lambda \geqq \nu^2$$

であることがわかる．これは，Λ が決まっているときに，ν の絶対値には上限があるということを意味する．

［ステップ 2］　$\boldsymbol{L}^2 L_x - L_x \boldsymbol{L}^2 = 0$ に右から $\psi(\Lambda, \nu)$ を掛けると

$$\boldsymbol{L}^2\{L_x\psi(\Lambda, \nu)\} = \Lambda\{L_x\psi(\Lambda, \nu)\}$$

という式が求まる．これは，$L_x\psi(\Lambda, \nu)$ という関数は，Λ という固有値をもつ $\boldsymbol{L}^2$ の固有関数であることを意味する．つまり L_x を掛けても Λ の値は変わらない．これは L_y, L_z あるいは $L_\pm$ であっても変わらない．

▶たとえば(5.4.3)，(5.4.4)では，L_x を掛けても $l=1$ という値は変わっていない．

［ステップ 3］　$L_z L_+ = L_+ L_z + \hbar L_+$ という式に右から $\psi(\Lambda, \nu)$ を掛ける．すると

$$L_z\{L_+\psi(\Lambda, \nu)\} = (\nu+\hbar)\{L_+\psi(\Lambda, \nu)\}$$

となる．これは，$L_+\psi(\Lambda, \nu)$ という関数は，$\nu+\hbar$ という固有値をもつ L_z の固有関数であることを意味する．つまり

$$L_+\psi(\Lambda, \nu) \propto \psi(\Lambda, \nu+\hbar) \tag{9}$$

次の式もこれと同様に証明できる．

▶$L_\pm$ は，L_z の値を $\hbar$ だけ増やしたり減らしたりするので，昇降演算子と呼ばれるのである．

$$L_-\psi(\Lambda, \nu) \propto \psi(\Lambda, \nu-\hbar) \tag{10}$$

［ステップ 4］　ステップ 1 で ν には最大値がある($\nu_{\rm max}$ とする)ことがわかったが，それが(9)と矛盾しないためには

$$L_+\psi(\Lambda, \nu_{\rm max}) = 0 \tag{11}$$

でなければならない．また ν には最小値もある($\nu_{\rm min}$ とする)ので

$$L_-\psi(\Lambda, \nu_{\rm min}) = 0 \tag{12}$$

である．また最大値と最小値は，ν を $\hbar$ ずつ変える昇降演算子を使って結びついているので

▶(13)で l とせずにわざわざ $2l$ としたのは，(14)の結果を考えたからである．

$$\nu_{\rm max} - \nu_{\rm min} = \hbar(2l) \qquad (2l \text{ は 0 以上の整数}) \tag{13}$$

と書ける．また(11)に左から L_- を掛けると，(7)を使って

$$\Lambda - \nu_{\rm max}{}^2 - \hbar\nu_{\rm max} = 0$$

となる．同様に(12)に左から L_+ を掛けると

$$\Lambda - \nu_{\rm min}{}^2 + \hbar\nu_{\rm min} = 0$$

という関係も求まる．この 2 式と(13)より，

$$\nu_{\rm min} = -\nu_{\rm max} \quad \Rightarrow \quad \nu_{\rm max} = \hbar l$$

$$\Rightarrow \quad \Lambda = \hbar^2 l(l+1), \quad \nu = \hbar l, \hbar(l-1), \cdots, -\hbar l \tag{14}$$

であることがわかる．これは l が整数である限り，前章の結果と一致している．しかし以上の議論からは，l は半整数でも構わない．実は後でわかるように，スピンとはこの半整数の角運動量なのである．

6.3 行列で表わす角運動量

ぽいんと

前節で，半整数の角運動量というものがありうる可能性が示された．しかし，あくまで代数的な計算で可能性を示しただけであり，現実の物理現象で，どのような形でそれが実現されうるのかという問題にはまだ触れていない．前章の水素原子での計算によれば，電子の運動による角運動量に対しては，l は整数でなければならない．したがって，半整数の角運動量が現実と何らかの関係があるとしても，それは電子の運動によるものではない．

実は半整数の角運動量とは，波動関数の表わし方そのものと関係している．この節ではまず，l が整数の場合にも，粒子の運動とは関係がない角運動量というものがありうることを示し，それの類推で $l=1/2$ の場合も説明する．

キーワード：行列で表わす角運動量，パウリ行列

■ $l=1$ の場合の行列表示

まず前節で使った関係式を，$l=1$ という具体的な例で確かめておこう．$l=1$ の場合の波動関数 Y_{1m} は，5.4 節に示してある．これらが

$$\boldsymbol{L}^2 Y_{1m} = 2\hbar^2 Y_{1m}, \qquad L_z Y_{1m} = \hbar m Y_{1m} \tag{1}$$

▶ $l=1$ だから $l(l+1)=2$

という式を満たすのは，もともとそうなるように微分方程式を解いたのだから当然である．昇降演算子のほうは，(5.4.3)などの計算と同様にして，たとえば $Y_{11} \propto x+iy$ の場合は

$$L_+ Y_{11} \propto \left(y\frac{\partial}{\partial z} - z\frac{\partial}{\partial y}\right)(x+iy) + i\left(z\frac{\partial}{\partial x} - x\frac{\partial}{\partial z}\right)(x+iy) = 0 \tag{2}$$

▶ $L_x r = L_y r = L_z r = 0$ なので r に依存する部分は考えなくてよい．

となり，前節(11)と一致する．同様にして

$$\begin{aligned} &L_+ Y_{10} = \sqrt{2}\,\hbar Y_{11}, \quad L_+ Y_{1-1} = \sqrt{2}\,\hbar Y_{10}, \quad L_- Y_{11} = \sqrt{2}\,\hbar Y_{10}, \\ &L_- Y_{10} = \sqrt{2}\,\hbar Y_{1-1}, \quad L_- Y_{1-1} = 0 \end{aligned} \tag{3}$$

といった関係式が求まる．m を1つずつ上げ下げするという昇降演算子の性質が確認できる．

ここまでは波動関数で表わした角運動量であるが，これとまったく同じ関係式を，ベクトルと行列を使って表わせることを示そう．

まず，3方向の角運動量の演算子を，今までの微分で表わしたものではなく，次のような3行3列の行列だとする．

▶ ここで，この行列と現実の世界における角運動量との関係について考える必要はない．単に数式上の計算である．

$$L_x \;\to\; -i\hbar\begin{pmatrix} 0 & 0 & 0 \\ 0 & 0 & 1 \\ 0 & -1 & 0 \end{pmatrix}, \qquad L_y \;\to\; -i\hbar\begin{pmatrix} 0 & 0 & -1 \\ 0 & 0 & 0 \\ 1 & 0 & 0 \end{pmatrix},$$

$$L_z \;\to\; -i\hbar\begin{pmatrix} 0 & 1 & 0 \\ -1 & 0 & 0 \\ 0 & 0 & 0 \end{pmatrix} \tag{4}$$

▶ (6.1.3)，(6.1.4)の交換関係を満たすように作ってあることに注意．

次に波動関数を，3成分のベクトルを使って次のように置き換える．

▶(4)より $\boldsymbol{L}^2=2\hbar^2\begin{pmatrix}1&0&0\\0&1&0\\0&0&1\end{pmatrix}$ となり，(1)の第1式にも一致する．

▶(5)の符号は，(1)を満たすという条件だけからは決まらない．(3)と符号が一致するという条件を使えば決まる．

$$Y_{1\pm1}\ \rightarrow\ \frac{1}{\sqrt{2}}\begin{pmatrix}\mp1\\-i\\0\end{pmatrix},\qquad Y_{10}\ \rightarrow\ \begin{pmatrix}0\\0\\1\end{pmatrix}\tag{5}$$

これも(1)を満たすように作ってある．すると，(2)に対応する式は

$$L_+\frac{1}{\sqrt{2}}\begin{pmatrix}-1\\-i\\0\end{pmatrix}\propto\begin{pmatrix}0&0&-i\\0&0&1\\i&-1&0\end{pmatrix}\begin{pmatrix}-1\\-i\\0\end{pmatrix}=\begin{pmatrix}0\\0\\0\end{pmatrix}$$

実際，(3)にあげた式すべてが成り立っている(章末問題)．

■2成分で表わす角運動量

(3)が成り立つのはもちろん偶然ではない．$\boldsymbol{L}$ が角運動量の交換関係を満たし，(5)が(1)を満たしていれば，(3)が成り立つことは前節で一般的に証明したことである．また，上の例では 3×3 の行列と3成分のベクトルを使ったが，これは $l=1$ なので状態が3つあった($m=0,\pm1$)からである．上と同じようにして $l=1/2$ の角運動量を表わすには，状態が2つ($m=\pm1/2$)なので，2×2 の行列と2成分の量を使えばよいと想像できる．

そこでまず，次の3つの行列を定義する．

▶この3つの行列をパウリ行列と呼ぶ．すべて2乗すれば1(単位行列)になる．またエルミート行列でもある．

$$\sigma_x=\begin{pmatrix}0&1\\1&0\end{pmatrix},\qquad\sigma_y=\begin{pmatrix}0&-i\\i&0\end{pmatrix},\qquad\sigma_z=\begin{pmatrix}1&0\\0&-1\end{pmatrix}\tag{6}$$

これは，交換関係

$$[\sigma_x,\sigma_y]=2i\sigma_z,\qquad[\sigma_y,\sigma_z]=2i\sigma_x,\qquad[\sigma_z,\sigma_x]=2i\sigma_y\tag{7}$$

を満たしている(章末問題参照)．次に，角運動量演算子を

▶$\boldsymbol{S}^2=\frac{\hbar^2}{4}(\sigma_x{}^2+\sigma_y{}^2+\sigma_z{}^2)=\hbar^2\frac{1}{2}\cdot\left(\frac{1}{2}+1\right)$ であることにも注意．

$$L_x\ \rightarrow\ S_x\equiv\frac{\hbar}{2}\sigma_x,\qquad L_y\ \rightarrow\ S_y\equiv\frac{\hbar}{2}\sigma_y,\qquad L_z\ \rightarrow\ S_z\equiv\frac{\hbar}{2}\sigma_z\tag{8}$$

というように対応させる．こうすれば，必要な交換関係が成り立つことは，(7)からすぐわかる．また2つある状態は

▶↑や↓は，次節で説明するスピンの上向き，下向きに対応する．

$$Y_{1/2\,1/2}\ \rightarrow\ \chi_\uparrow\equiv\begin{pmatrix}1\\0\end{pmatrix},\qquad Y_{1/2\,-1/2}\ \rightarrow\ \chi_\downarrow\equiv\begin{pmatrix}0\\1\end{pmatrix}\tag{9}$$

というように対応させる．これは

$$S_z\chi_\uparrow=\frac{\hbar}{2}\chi_\uparrow,\qquad S_z\chi_\downarrow=-\frac{\hbar}{2}\chi_\downarrow$$

という関係が成り立つように作ってある．これで，$l=1/2$ の角運動量の状態が満たすべき条件がすべて整った．実際，昇降演算子

$$S_+=\hbar\begin{pmatrix}0&1\\0&0\end{pmatrix},\qquad S_-=\hbar\begin{pmatrix}0&0\\1&0\end{pmatrix}\tag{10}$$

を使うと，それが m を1つずつ上げ下げしていることはすぐにわかるだろう．

6.4 電子とスピン

ぽいんと

角運動量が1/2という状態が，2成分を使って実現できることは示したが，これは電子の運動とは関係がない．電子が運動することによって生じる，古典力学での$\boldsymbol{L}=\boldsymbol{r}\times\boldsymbol{p}$という式と結びつくのは，あくまでも空間内の関数で表わされる角運動量(**軌道角運動量**と呼ぶ)であり，2成分，あるいは3成分の量で表わされる角運動量(スピン角運動量と呼ぶ)ではない．単に数学的な関係式が対応しているというだけである．しかし電子を観測した結果，スピン角運動量(特にその$l=1/2$の場合)は現実の電子と関係があることがわかった．電子の波動関数は，前章まで使っていた1つの波動関数で表わされるのではなく，2つの波動関数で表わさなければならないことがわかったのである．電子はスピンという量をもつというわけだが，これに関する簡単な経緯と，スピンまで考えたときの電子の波動関数の形を説明しよう．

キーワード：シュテルン・ゲルラッハの実験，軌道角運動量，スピン角運動量

■電子の磁気的性質

電子はマイナスの電荷をもっている．したがって，電場があればその力を受ける．ところが電子は，磁場によっても力を受けることがわかった．

これを最初に示したのは，シュテルンとゲルラッハが1922年に行なった実験である．彼らは銀原子のビームを磁場のある所に通すと，ビームが2つに分離することを示した．この現象を直観的に考えれば原子はミクロな磁石のような性質をもっていることを意味する(これは原子中のある1つの電子の性質による)．大きな磁石のそばにミクロな磁石を置けば，ある方向を向いた(ミクロな)磁石は引きつけられるし，逆方向を向いた磁石は反発するので，向きによって磁石は分離することになるからである(図1)．

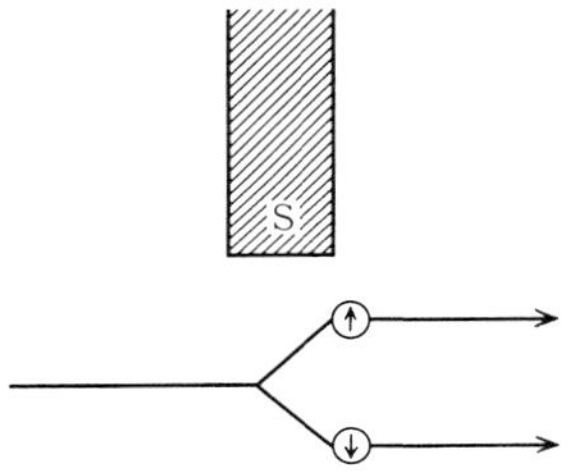

図1　銀原子ビームに対する磁場の影響
○はミクロな磁石の向き

磁石のような性質とは，磁気モーメントをもつということであるが，どうして磁気モーメントをもつのか，そしてなぜ2つに分離するのかということが問題となる．(古典力学的に考えれば，磁石は斜めの方向を向いていても構わないから，2つだけに分離する理由はない．)

■磁気モーメントと角運動量

▶磁気モーメントとは，磁石の強さを表わす量である．磁石といっても永久磁石と電磁石があるが，永久磁石の起源はこれから説明する電子のスピンに他ならないので，スピンのことを説明するのに最初から持ち出すわけにはいかない．

▶MKSA単位系ではcで割らない．

電磁石は普通コイルの形をしているが，その基本は1つ1つのループ電流である．そして，1つのループ電流の磁気的性質の大きさ(たとえば，磁場によりどれだけの力で引きつけられるか)は，電流の大きさとループの面積の積で決まり，それを磁気モーメント(正確には磁気双極子モーメント)と呼ぶ．

$$\text{磁気モーメント}=\text{電流の大きさ}\times\text{ループの面積}/c$$

電流とは，電荷をもつ粒子が動いている状態である．そして粒子のレベルで古典力学的に考えると，この磁気モーメントはこの粒子の角運動量に

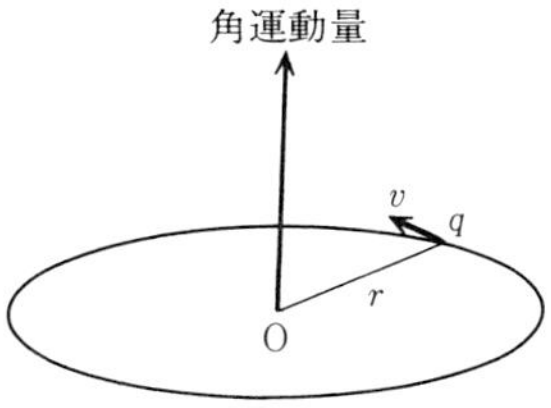

図2　半径 r の円の中心の回りの角運動量

比例していることがわかる．たとえば電荷 q をもつ粒子が，速度 v で半径 r の円を描いて回転しているとしよう．この粒子の円の中心の回りの角運動量は(図2)

$$\text{角運動量}\quad |\boldsymbol{L}| = mvr \tag{1}$$

である．また磁気モーメントは

$$\text{磁気モーメント}\quad \boldsymbol{\mu} = (qv/2\pi r)\times\pi r^2/c \propto vr \tag{2}$$

である．q や m は粒子固有の定数であるから，角運動量と磁気モーメントは比例していることがわかる．

▶前章で説明したように，量子力学での軌道角運動量は，古典力学的な描像とはかなり異なったものである．しかし磁気モーメントと角運動量の比例関係は，古典力学と変わらないことが示せる．

■スピン角運動量

では，シュテルン・ゲルラッハの実験を角運動量と関連づけるにはどうしたらよいだろうか．この実験では，電子は単に磁場のある所に飛んでくるだけで，何かの回りを回転しているというわけではないから，電子の動きによる角運動量とは対応しない．しかも電子の動きによる角運動量は，前章で示したように l が整数の場合に対応し，その向きの種類は $2l+1$ 個である．向きが2種類だけの角運動量にはなっていない．

しかし粒子の運動とは無関係に，2成分の数で表わされる $l=1/2$ の(数学的な意味での)角運動量が考えられ，その向きは2種類であることを前節で示した．この2種類であるということを，シュテルン・ゲルラッハの実験と結びつけることができる．つまり電子の波動関数は，1つの関数 ψ で表わされるのではなく，2成分の関数で表わされると考えるのである．

たとえば水素原子中の電子の運動が，ある波動関数 ψ_1 で表わされるとする．その電子が，軌道角運動量の他に，「$l=1/2$ で $m=1/2$」という，運動には対応しない角運動量ももっているとし，波動関数は前節(9)より

$$\psi_1\chi_\uparrow = \psi_1\begin{pmatrix}1\\0\end{pmatrix} = \begin{pmatrix}\psi_1\\0\end{pmatrix}$$

と表わされると考えるのである．またもし「$l=1/2$ で $m=-1/2$」であって，運動のほうは ψ_2 で表わされるとすれば

$$\psi_2\chi_\downarrow = \psi_2\begin{pmatrix}0\\1\end{pmatrix} = \begin{pmatrix}0\\\psi_2\end{pmatrix}$$

である．量子力学ではさまざまな状態を共存させることができるから，一般的には

$$\psi_1\chi_\uparrow+\psi_2\chi_\downarrow = \psi_1\begin{pmatrix}1\\0\end{pmatrix}+\psi_2\begin{pmatrix}0\\1\end{pmatrix} = \begin{pmatrix}\psi_1\\\psi_2\end{pmatrix}$$

である．ψ_1 と ψ_2 は同じであっても異なっていても構わない．

▶電子は，その運動とは無関係に電荷という量をもつというのと同じ意味で，スピン角運動量という量ももつと考えるのである．

電子の波動関数がこのように2成分で表わされるということから，電子はその動きとは無関係な固有の角運動量をもつことになると解釈するのである．この角運動量のことを**スピン角運動量**と呼ぶ．

6.5 電子の全角運動量

ぽいんと

電子には，その運動による軌道角運動量$\boldsymbol{L}$と，電子固有のスピン角運動量の2種類の角運動量がある．そこで，その和である**全角運動量**を考えてみよう．古典力学だったら角運動量は3つの数からなるベクトルだから，その和は単純にベクトルの和を考えればよい．しかし量子力学では，角運動量はまず演算子として定義される．そして演算子自身はベクトルであるが，状態のもつ角運動量の値は，ベクトルとしては定義されていない．しかし全角運動量に対しても，6.2節の一般論を使うことができ，軌道角運動量の大きさがlであれば，全角運動量は$l\pm1/2$であることが示せる．

キーワード：全角運動量，角運動量の合成

■全角運動量

電子の全角運動量（$\boldsymbol{J}$と書く）は，演算子としては

$$\boldsymbol{J}=\boldsymbol{L}+\boldsymbol{S}$$

と定義される．たとえば

$$J_z\psi_{lm}\chi_\uparrow=(L_z+S_z)\psi_{lm}\chi_\uparrow=\hbar\left(m+\frac{1}{2}\right)\psi_{lm}\chi_\uparrow \qquad (1)$$

▶$L_z\psi_{lm}=\hbar m\psi_{lm}$，$S_z\chi_\uparrow=\frac{1}{2}\hbar\chi_\uparrow$より（1）を得る．$L_z$は$\psi_{lm}$，$S_z$は$\chi_\uparrow$のみに作用する．

というように計算すればよい．

$\boldsymbol{L}$も$\boldsymbol{S}$も角運動量であるから，それぞれ（6.1.3），（6.1.4）という交換関係を満たす．また$\boldsymbol{L}$は微分演算子であり，$\boldsymbol{S}$は定数からなる行列であるから，その作用は互いに無関係である．つまり演算の順序を変えても変わりないから

$$[\boldsymbol{L},\boldsymbol{S}]=0$$

以上のことから，全角運動量$\boldsymbol{J}$に対しても，

$$[J_x,J_y]=[L_x,L_y]+[S_x,S_y]=i\hbar J_z \quad \text{etc.}$$

という，角運動量に対する通常の交換関係が満たされることがわかる．つまり全角運動量$\boldsymbol{J}$に対しても6.2節の計算がそのまま成り立ち，$\boldsymbol{J}$が取りうる値に対しても，そこで求めた規則性がそのまま成立する．つまり，$\boldsymbol{J}^2$の大きさが$\hbar^2j(j+1)$であるとすれば，J_zの大きさ（$\hbar j_z$と書く）は

$$j_z=j,\ j-1,\ \cdots,\ -j \qquad (2)$$

■水素原子中の電子の全角運動量

現実に水素原子中で，どのような状態の電子が，どのような値の全角運動量に対応しているのだろうか．具体的に，軌道角運動量をlとして考えてみよう．

まずz成分J_zは，計算が簡単である．（1）からわかるように，軌道角運動量のz成分の値l_zとスピン角運動量のz成分の値s_zの和である．

$$j_z = l_z + s_z \tag{3}$$

▶今まで，角運動量の z 成分の値に対しては m という記号を用いてきたが，ここでは3種の角運動量を区別するために l_z のような記号を用いた．今後も状況により，適当に使い分ける．

角運動量ベクトルの大きさを表わす $\boldsymbol{J}^2$ については事情は複雑となるが，まず z 成分が最大になる状態($j_z=l+1/2$)を考えてみよう．それは

$$Y_{ll}\chi_\uparrow \tag{4}$$

と表わされるが，

▶角運動量の z 成分が最大になる状態なので，$L_+Y_{ll}=S_+\chi_\uparrow=0$．(5)の計算も同じ．

$$J_+Y_{ll}\chi_\uparrow = (L_+ + S_+)Y_{ll}\chi_\uparrow = 0$$

だから，(6.2.11)と(6.2.14)より

$$\boldsymbol{J}^2 Y_{ll}\chi_\uparrow = \hbar^2 j(j+1)Y_{ll}\chi_\uparrow, \qquad j = l+\frac{1}{2}$$

となる．つまり(4)は，$j=j_z=l+1/2$ という状態に対応する．実際

$$\boldsymbol{L}\cdot\boldsymbol{S}Y_{ll}\chi_\uparrow = \frac{1}{2}(L_+S_- + L_-S_+)Y_{ll}\chi_\uparrow + L_zS_zY_{ll}\chi_\uparrow = \frac{\hbar^2}{2}lY_{ll}\chi_\uparrow \tag{5}$$

であるから，

$$\boldsymbol{J}^2Y_{ll}\chi_\uparrow = (\boldsymbol{L}^2+\boldsymbol{S}^2+2\boldsymbol{L}\cdot\boldsymbol{S})Y_{ll}\chi_\uparrow = \hbar^2\left\{l(l+1)+\frac{1}{2}\cdot\frac{3}{2}+2\cdot\frac{l}{2}\right\}Y_{ll}\chi_\uparrow$$
$$= \hbar^2\left(l+\frac{1}{2}\right)\left(l+\frac{3}{2}\right)Y_{ll}\chi_\uparrow$$

また $j=l+1/2$ であるならば，j_z は

$$j_z = l+\frac{1}{2},\ l-\frac{1}{2},\ \cdots,\ -\left(l+\frac{1}{2}\right) \tag{6}$$

という合計 $2j+1$ 個の状態があるはずである．それは，やはり6.2節の計算にならって，(4)に J_- を次々と掛けていけば求まる．たとえば，

$$\{j=l+1/2,\ j_z=l-1/2 \text{ の状態}\}$$
$$\propto J_-Y_{ll}\chi_\uparrow = \sqrt{2}\,\hbar Y_{ll-1}\chi_\uparrow + \hbar Y_{ll}\chi_\downarrow \tag{7}$$

▶$S_-\chi_\uparrow=\hbar\chi_\downarrow$ であることは(6.3.10)より明らか．また $L_-Y_{ll}\propto Y_{ll-1}$ であることは当然だが，その比例係数が $\sqrt{2}\,\hbar$ であることは8.9節で示す．

ところで，これだけでは合計 $2l+2(=2j+1)$ 個の状態しかない．もともと状態は合計 $(2l+1)\times2=4l+2$ 個あったのだから残りは $2l$ 個である．これは $j=l-1/2$ の状態に対応すると考えれば勘定は合う．たとえば $j_z=l-1/2$ の状態は $Y_{ll-1}\chi_\uparrow$ と $Y_{ll}\chi_\downarrow$ の2つがあるが，まだ(7)という組合せの1つしか登場していない．そこで別の組合せを見つけるために

$$\psi \equiv aY_{ll-1}\chi_\uparrow + bY_{ll}\chi_\downarrow$$

とすると

$$J_+\psi = a\sqrt{2}\,Y_{ll}\chi_\uparrow + bY_{ll}\chi_\uparrow$$

である．したがって $a/b=-1/\sqrt{2}$ であれば，これは0となる．つまりこれは(6.2.11)の条件を満たしていることになり

$$j = l-1/2, \qquad j_z = l-1/2$$

という状態に対応することがわかる．

▶この節で行なった計算を，**角運動量の合成**と呼ぶ．複数の電子の軌道角運動量の和を考えることもある．詳しくは8.9節参照．

たとえば $l=1$(p状態)だったら，$j=3/2$ と $1/2$ の2種類に分類されることになり，それぞれ $\mathrm{p}_{3/2}$，$\mathrm{p}_{1/2}$ と表わす．

6.6 角運動量と磁場・スピン—軌道相互作用

ぽいんと

スピンの効果は，単に電子の波動関数が2成分になるというだけではない．現実の現象にもその影響が現われる．磁場をかけると電子が2つに分離するという，シュテルン・ゲルラッハの実験もその一例である．また外から磁場をかけなくてもその影響が見られる．その1つが，スピンにより，水素原子中の電子のエネルギー準位に補正が加わるという現象である．電子の運動(軌道角運動量)とスピンの間に，相互作用が働くからであり，スピン—軌道相互作用と呼ばれている．

キーワード：磁気回転比，正常ゼーマン効果，ボーア磁子，スピン—軌道相互作用，異常ゼーマン効果

■磁場と角運動量

▶この節では m が質量と磁気量子数双方の意味で使われていることに注意．

古典電磁気学で考えると，磁場 $\boldsymbol{B}$ があるところに，磁気モーメント $\boldsymbol{\mu}$ のループ電流を置くと，そのループ電流は

$$U = -\boldsymbol{\mu}\cdot\boldsymbol{B}$$

というポテンシャルエネルギーをもつ．また6.4節で説明したように，磁気モーメントはそのループ電流の角運動量に比例しており，その比例係数を γ とすれば，6.4節(1)と(2)より

▶6.4節では円運動の場合だけを考えたが，これは一般的に成り立つ関係式であることを次節で証明する．

$$\boldsymbol{\mu} = \gamma\boldsymbol{L} \qquad (\gamma = q/2mc,\ \text{MKSA 単位系では}\ \gamma = q/2m) \tag{1}$$

となる．この γ を**磁気回転比**と呼ぶ．

量子力学では，角運動量 $\boldsymbol{L}$ を軌道角運動量の微分演算子に置き換えればよく，特に磁場が z 方向を向いている場合は

$$U = -\gamma\boldsymbol{B}\cdot\boldsymbol{L} = -\gamma BL_z \tag{2}$$

となる．そして，たとえば水素原子中の電子の波動関数が ψ_{nlm} である場合は，

$$U\psi_{nlm} = -\gamma B\hbar m\psi_{nlm}$$

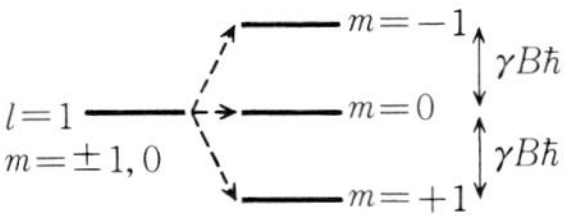

図1 磁場によるエネルギー準位の分離

というように，z 軸方向の角運動量に比例したエネルギーが生じる．磁場がないときには，水素原子中の電子のエネルギーは $m(=l_z)$ には依存しなかったが，外部から磁場をかけると，m の違いよりエネルギー準位が分離する(図1)．これを**正常ゼーマン効果**と呼ぶ．

以上は軌道角運動量の話であるが，スピン角運動量についても磁場があれば

$$U = -\gamma_S\boldsymbol{B}\cdot\boldsymbol{S} \tag{3}$$

という補正項が加わる．ただし γ_S はスピンに対する磁気回転比であり

▶この γ_S の大きさは，相対論を考えると説明できる．第6巻「相対論的物理学」参照．

$$\gamma_S = \frac{q}{mc}$$

と，(1)の2倍である．そしてこれにより電子のエネルギーは，その s_z が $+\hbar/2$ であるか $-\hbar/2$ であるかにより，

▶つまり，電子のスピンによる磁気モーメントは$\hbar q/2mc$となるが，この値を**ボーア磁子**と呼ぶ．

$$\pm\gamma_S B\frac{\hbar}{2} \tag{4}$$

という補正項が現われる．現実には(2)と(4)，そして以下に説明する$\boldsymbol{L}\cdot\boldsymbol{S}$項の効果が加わるのだが，特に(4)は，$l=m=0$であるs状態の場合にも現われるという特徴がある．

■スピン—軌道相互作用

以上は，外から磁場を与えた場合のエネルギーの補正であるが，実は外からの磁場がない場合でも，スピンによるエネルギーの補正がある．これは軌道角運動量とスピン角運動量の絡み合いによるエネルギーであり，ハミルトニアンの形としては，

▶電子から見ると原子核が動いており，それによる磁場とスピンとの相互作用が(5)であると解釈できないこともないが，厳密な導出には，**ディラック方程式**という，相対論を使ったより抽象的な考え方を用いる．この巻では，電子は2成分の波動関数とシュレディンガー方程式で表わされるとしているが，相対論まで考えると，4成分のディラック方程式というものが必要となることがわかる(第6巻参照)．

$$U\propto \boldsymbol{L}\cdot\boldsymbol{S} \tag{5}$$

と書ける．これを，**スピン—軌道相互作用**と呼ぶ．比例係数は，電子がどのようなポテンシャルの中を運動しているかに依存し，たとえば水素原子の場合は原子核からの距離rに依存する関数である．

$\boldsymbol{L}\cdot\boldsymbol{S}$の大きさ自体は，前節の全角運動量の計算を使うと容易に求まる．

$$\boldsymbol{J}^2 = \boldsymbol{L}^2+\boldsymbol{S}^2+2\boldsymbol{L}\cdot\boldsymbol{S}$$

であるから，

$$j=l+\frac{1}{2}\text{のとき}\quad \boldsymbol{L}\cdot\boldsymbol{S}\ \rightarrow\ \frac{1}{2}\left\{\left(l+\frac{1}{2}\right)\left(l+\frac{3}{2}\right)-l(l+1)-\frac{1}{2}\cdot\frac{3}{2}\right\}=\frac{l}{2}$$

$$j=l-\frac{1}{2}\text{のとき}\quad \boldsymbol{L}\cdot\boldsymbol{S}\ \rightarrow\ \frac{1}{2}\left\{\left(l-\frac{1}{2}\right)\left(l+\frac{1}{2}\right)-l(l+1)-\frac{1}{2}\cdot\frac{3}{2}\right\}=-\frac{l+1}{2}$$

▶スピン—軌道相互作用があるときに磁場をかけると，エネルギー準位はさらに複雑に分離する．これを**異常ゼーマン効果**と呼ぶ．

となる．水素原子中のnが同じ状態はすべてエネルギーが等しいと前章で説明したが，(5)の補正まで考えると，全角運動量jの違いにより(外部から磁場をかけなくても)差が現われることになる．

ディラック方程式というものを調べると，エネルギー準位の分離を引き起こすのは，上記のスピン—軌道相互作用以外にもあることがわかる．それらの効果を加えると，エネルギーは，

$$E_{jn} = -\frac{1}{2n^2}\frac{me^4}{\hbar^2}\left\{1+\frac{1}{n}\left(\frac{e^2}{\hbar c}\right)^2\left(\frac{1}{j+1/2}-\frac{3}{4n}\right)\right\} \tag{6}$$

となる(第2項が補正項)．図で表わすと，図2のようになる．

▶図2に示したように，jとnが等しくても，実際にはさらに微小なずれが見られる．これは，電子ばかりでなく電磁場まで量子論で考えたときの補正であり，ラム(Lamb)シフトと呼ばれている．

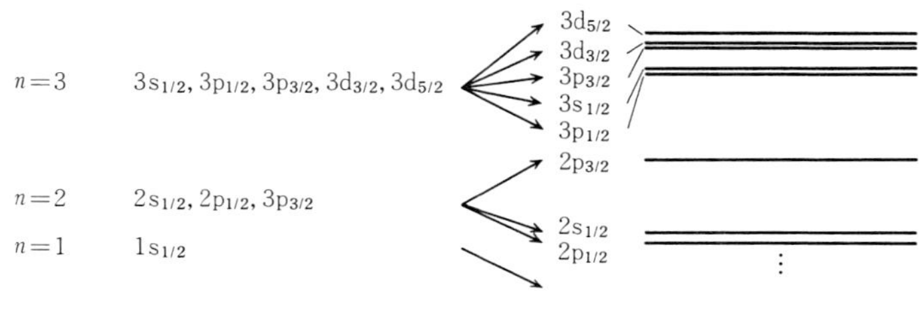

図2　電子のエネルギー準位

6.7 磁場と荷電粒子

ぽいんと

前節では，磁場があるときの電子のエネルギーを，古典力学における磁気モーメントのエネルギーから類推して決めた．しかし磁気モーメントを与える角運動量には運動量が含まれており，磁場があると運動エネルギー全体が影響を受ける．そのため，厳密には磁場によるエネルギーは単独では議論することができず，運動エネルギーまで含めたハミルトニアン全体の問題として扱わなければならない．

この節ではそのことまで考慮した上で，磁場があるときの，電荷をもつ粒子のシュレディンガー方程式を書いてみよう．ハミルトニアンを書くには，ベクトルポテンシャルというものが必要となる．前節の結果は，磁場があまり大きくない限り正しいことがわかる．

キーワード：ベクトルポテンシャル

■ベクトルポテンシャル

まず，古典力学での荷電粒子の運動方程式を考えよう．電荷を q とする．すると，磁場 $\boldsymbol{B}$ によるローレンツ力は

$$\boldsymbol{F} = \frac{q}{c}\boldsymbol{v}\times\boldsymbol{B} \qquad (\text{MKSA 単位系では } q\boldsymbol{v}\times\boldsymbol{B})$$

であるから，粒子の運動方程式は

$$m\frac{d^2x}{dt^2} = \frac{q}{c}(v_yB_z - v_zB_y), \qquad \text{etc.} \tag{1}$$

これをハミルトニアンで表わすには，ベクトルポテンシャル（$\boldsymbol{A}$ と書く）が必要である．$\boldsymbol{A}$ とは，その回転が磁場となるもので，

$$\boldsymbol{B} = \nabla\times\boldsymbol{A} \qquad \left(\text{つまり，} B_x = \frac{\partial A_z}{\partial y} - \frac{\partial A_y}{\partial z}, \qquad \text{etc.}\right)$$

たとえば，z 方向を向く一様な磁場 $\boldsymbol{B}=(0,0,B)$ の場合（B は定数），

$$\boldsymbol{A} = \left(-\frac{1}{2}yB,\ \frac{1}{2}xB,\ 0\right) \tag{2}$$

とすればよい．（ただし，$\boldsymbol{A}$ にはゲージ変換と呼ばれる任意性がある．章末問題参照.）

ベクトルポテンシャルを使えば(1)は

$$m\frac{d^2x}{dt^2} = \frac{q}{c}\left\{v_y\left(\frac{\partial A_y}{\partial x} - \frac{\partial A_x}{\partial y}\right) - v_z\left(\frac{\partial A_x}{\partial z} - \frac{\partial A_z}{\partial x}\right)\right\} \tag{3}$$

■ハミルトニアン

運動方程式(3)に対応するハミルトニアン H を決めよう．その基準は，ハミルトン方程式

▶簡単な $H=\frac{1}{2m}p^2+U$ という場合には，(4)はそれぞれ
$$\frac{dx}{dt}=\frac{p}{m},\quad \frac{dp}{dt}=-\frac{\partial U}{\partial x}$$
となり，p を消去すれば通常の運動方程式になる．

▶(5)で $\boldsymbol{A}$ とは，粒子が存在する位置での $\boldsymbol{A}$ の値という意味である．したがって静磁場・静電場の場合，つまり $\boldsymbol{A}$ 自身は一定の場合にも，粒子が動いていれば $d\boldsymbol{A}/dt\neq 0$ である．(7)もそのように理解すればわかるだろう．

▶(7)では $\boldsymbol{A}$ 自身は一定とし $\partial\boldsymbol{A}/\partial t=0$ とした．一般には
$$\frac{d\boldsymbol{A}}{dt}=\frac{\partial\boldsymbol{A}}{\partial t}+\frac{dx}{dt}\frac{\partial\boldsymbol{A}}{\partial x}+\cdots.$$

$$\frac{dx}{dt}=\frac{\partial H}{\partial p_x},\quad \frac{dp_x}{dt}=-\frac{\partial H}{\partial x},\qquad \text{etc.} \tag{4}$$

が，(3)に一致することである．まず結論を書くと

$$H=\frac{1}{2m}\left\{\left(p_x-\frac{q}{c}A_x\right)^2+\left(p_y-\frac{q}{c}A_y\right)^2+\left(p_z-\frac{q}{c}A_z\right)^2\right\} \tag{5}$$

である(電場などによるポテンシャルがあれば，それも加える)．$\boldsymbol{A}=0$ ならば，これは単なる運動エネルギーであるが，磁場の影響はポテンシャルとして加わるのではなく，運動エネルギーの形を変えるという効果として現われている．実際に(3)を導いてみよう．まず(4)の第1式に代入すると

$$\frac{dx}{dt}(=v_x)=\frac{1}{m}\left(p_x-\frac{q}{c}A_x\right) \tag{6}$$

つまり，速度と運動量は単純な比例関係にはない．次に(4)の第2式を考えるが，(6)も使って

$$\text{左辺}=\frac{dp_x}{dt}=m\frac{d^2v_x}{dt^2}+\frac{q}{c}\frac{dA_x}{dt}=m\frac{d^2v_x}{dt^2}+\frac{q}{c}\left(\frac{dx}{dt}\frac{\partial A_x}{\partial x}+\frac{dy}{dt}\frac{\partial A_x}{\partial y}+\frac{dz}{dt}\frac{\partial A_x}{\partial z}\right)$$

$$\text{右辺}=\frac{q}{cm}\left\{\left(p_x-\frac{q}{c}A_x\right)\frac{\partial A_x}{\partial x}+\left(p_y-\frac{q}{c}A_y\right)\frac{\partial A_y}{\partial x}+\left(p_z-\frac{q}{c}A_z\right)\frac{\partial A_z}{\partial x}\right\} \tag{7}$$
$$=\frac{q}{c}\left(v_x\frac{\partial A_x}{\partial x}+v_y\frac{\partial A_y}{\partial x}+v_z\frac{\partial A_z}{\partial z}\right)$$

この2つが等しいという式を整理すれば，(3)が求まる．

■シュレディンガー方程式

ハミルトニアンに，量子力学の基本原理 $p_x\to -i\hbar\partial/\partial x$ などを適用すれば，シュレディンガー方程式

$$\left[\frac{1}{2m}\left\{\left(-i\hbar\frac{\partial}{\partial x}-\frac{q}{c}A_x\right)^2+\left(-i\hbar\frac{\partial}{\partial y}-\frac{q}{c}A_y\right)^2+\left(-i\hbar\frac{\partial}{\partial z}-\frac{q}{c}A_z\right)^2\right\}+U\right]\psi=E\psi \tag{8}$$

が求まる(ポテンシャル U の項も含めた)．一様な磁場の場合，(2)を代入して少し変形すると(U は省略して)

$$\left[-\frac{\hbar^2}{2m}\left(\frac{\partial^2}{\partial x^2}+\frac{\partial^2}{\partial y^2}+\frac{\partial^2}{\partial z^2}\right)-\frac{qB}{2mc}(-i\hbar)\left(x\frac{\partial}{\partial y}-y\frac{\partial}{\partial x}\right)+\frac{q^2B^2}{8mc^2}(x^2+y^2)\right]\psi=E\psi \tag{9}$$

となる．第2項がまさに，前節の(2)である．また磁場 B が大きいときには，B^2 に比例する項も重要となる．またスピンの効果まで考えれば(9)に，前節(3)という項も加えなければならないが，これは前にも述べたように，相対論的な方程式を考えなければ導けない．

章末問題

[6.2 節]

6.1　(6.2.6)を証明せよ．またそれを使って(6.2.3)を証明せよ．

6.2　L_x がエルミートであることを証明せよ．また(6.2.8)を証明せよ．

[6.3 節]

6.3　(6.3.5)が(6.3.1)の第2式を満たすことを確かめよ．また，(6.3.3)がすべて成り立っていることを確かめよ．

6.4　まず(6.3.7)を確かめ，(6.3.8)で定義される S が，角運動量の交換関係を満たしていることを示せ．

6.5　S_z の固有状態(6.3.9)は S_x の固有状態ではないことを確かめよ．また S_x の固有状態を，$\chi_\uparrow$ と $\chi_\downarrow$ の組合せで表わせ．

[6.5 節]

6.6　6.5節では，角運動量 l とスピン角運動量 1/2 の合成を考えた．ここで $l=1/2$ とすれば，2つの電子のスピン角運動量を合成するという問題になる．合成角運動量の大きさと，その波動関数をすべて求めよ．

[6.6 節]

6.7　(5.6.1)を使えば，水素原子の主量子数 n の状態の縮退度は，$2n^2$ になる(スピンを考えると縮退度は2倍になる)．補正項(6.6.6)がついた場合，それはどのように，いくつずつ分離するか(j を求める)．

[6.7 節]

6.8　(6.7.2)から磁場を計算せよ．また $\boldsymbol{A}=(0, xB, 0)$ でも同じ磁場が求まることを示せ．

6.9　z 方向を向く一様な磁場中を動く，自由電子(原子に束縛されていない電子)のエネルギー準位を求めよ．ただし，次の2通りの解法で解け．(古典力学では電子はら旋運動，特に磁場に垂直に動く場合は円運動をし，**サイクロトロン振動**と呼ばれている．量子力学では円運動のエネルギーは量子化され，**ランダウ準位**と呼ばれる)．

(1) 円筒座標 (r, θ, z) を使う．円筒座標で(6.7.9)は次のようになる．(ただし電荷は $q=-e$)．

$$-\frac{\hbar^2}{2m}\left(\frac{1}{r}\frac{\partial}{\partial r}r\frac{\partial}{\partial r}+\frac{1}{r^2}\frac{\partial^2}{\partial\theta^2}+\frac{\partial^2}{\partial z^2}\right)\psi-\frac{e\hbar}{2mc}Bi\hbar\frac{\partial\psi}{\partial\theta}+\frac{e^2B^2}{8mc^2}r^2\psi = E\psi$$

(2) xyz 座標を使う．ただし，この場合，(6.7.9)ではなく，上問の $\boldsymbol{A}$ を(6.7.8)に代入したものを使えば，計算は(1)よりかなり容易になる．(ヒント：どちらも，ハミルトニアンに微分でしか含まれていない変数に対しては，指数型の関数が固有関数になることを使う．たとえば円筒座標の場合，$R(r)e^{in\theta}e^{ikz}$ という形の解を探せばよい.)

7

多電子原子・分子結合論

ききどころ

5章では，電子を1つしかもっていない水素原子の問題を考えた．この章では，より一般的な，複数の電子をもつ原子のことを考える．電子が複数になっても，シュレディンガー方程式を書き下すことは難しいことではない．しかし，その解を求めるにあたっては，水素原子とは異なる事情が主に2つ現われる．

第一は，パウリの原理と呼ばれる波動関数に対する制限である．量子力学特有の現象であり，複数の電子が同時に同じ状態にはなれないということを意味する．原子や分子には，古典力学では理解できないさまざまな特徴があるが，その多くはこの量子力学的な制限に起因している．

第二の問題は，電子が増えると，計算が急に難しくなるということである．2個であってさえシュレディンガー方程式を正確に解くことはできない．古典力学でも，惑星が2個以上あると，特殊な状況を除いては厳密な答が求まらないのと似ている．そこで，水素原子で得られた知識を利用し，いろいろな近似計算をして問題を解くことになる．

この事情は，原子が複数結合している分子を考えるときにはさらに深刻になり，分子に関する正確な数値を計算で求めるのはきわめて難しい．それでも，原子はなぜ結合して分子を構成するのか，どのようなパターンで原子が結合するのかという基本的問題には答えることができる．原子が壊れずに存在できることを示すには量子力学が必要だったが，分子が構成される理由も，まさに量子力学的な現象であることがわかる．

7.1 ヘリウム原子の基底状態

ぽいんと

水素原子の次に単純な，電子を2つだけもつヘリウム原子を考える．運動エネルギーとポテンシャルエネルギーの形はすぐにわかるから，シュレディンガー方程式を書くのは容易である．しかし電子が2つあるので，波動関数は双方の座標の関数となり，もはやこの方程式を厳密に解くことはできない．

そこで何らかの近似計算をする必要があるが，ここでは水素原子の解を直接使った，最も簡単な計算方法を示そう．

キーワード：ヘリウム原子のシュレディンガー方程式，クーロン積分

■ヘリウム原子のハミルトニアン

ヘリウム原子の原子核は，陽子2つと中性子1つ(ヘリウムⅢ)あるいは2つ(ヘリウムⅣ)からなり，その周囲に2つの電子が存在している．中性子は電気的に中性なので，原子核をさらに重くしているということを除けば，中性子の個数の違いは以下の議論では無視して構わない．

▶ただし，微細な量を問題にするときには，中性子のスピンによる磁気モーメントを考える必要がある場合もある．

陽子や中性子は電子よりも圧倒的に重い(約2000倍)ので，原子核は座標の原点に静止していて，その周囲を電子が運動していると考えて計算を進める．この事情は水素原子の場合と同じである．

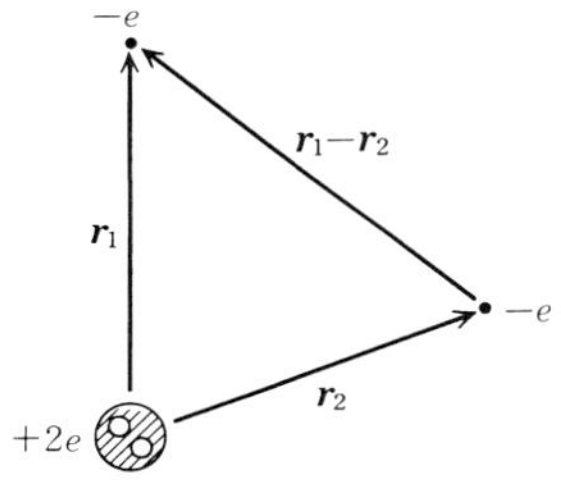

図1　ヘリウムの原子核と2つの電子

電子は2つあるので，それぞれの座標や運動量は添字で区別する(図1)．たとえば座標をベクトルで書くときは $\boldsymbol{r}_1, \boldsymbol{r}_2$，成分で書くときは x_1, x_2 などである．

運動エネルギーは2つの電子それぞれの運動エネルギーの和である．また力(クーロン力)は，各電子と原子核の間の引力の他に，どちらも負の電荷をもつ2つの電子間の斥力(反発力)がある．したがって，ポテンシャルエネルギーもそれに応じて3つの項からなる．これら全部を合わせて，エネルギーを与える式，つまりハミルトニアン H を書けば

$$H = H_1 + H_2 + U_{12}$$

$$H_i = \frac{1}{2m}p_i{}^2 - \frac{2e^2}{r_i}, \qquad U_{12} = +\frac{e^2}{|\boldsymbol{r}_1 - \boldsymbol{r}_2|}$$

となる．H_i は，電子が1つだけのときのハミルトニアンであり，ポテンシャルエネルギーに2がついているのは，原子核に陽子が2個あるので電荷も2倍になっているからである．電子間の力は斥力なので，ポテンシャル U_{12} はプラスになる．

■波動関数とシュレディンガー方程式

1つの電子を表わす波動関数は，その位置を表わす3つの座標 xyz の関数である．同様に，2つの電子を表わす波動関数は，その位置を表わす6つ

の座標 $x_1y_1z_1$，$x_2y_2z_2$ の関数で，ベクトルを使えば $\psi(\boldsymbol{r}_1, \boldsymbol{r}_2)$ と書ける．

$\psi(\boldsymbol{r}_1, \boldsymbol{r}_2)$ の満たすシュレディンガー方程式は，上で求めたハミルトニアンを量子力学の基本原理にのっとって変形すれば次のようになる．

▶ Δ_i(ラプラシアン) $\equiv \dfrac{\partial^2}{\partial x_i{}^2}+\dfrac{\partial^2}{\partial y_i{}^2}+\dfrac{\partial^2}{\partial z_i{}^2}$

$$(H_1+H_2+U_{12})\psi = E\psi$$
$$H_i = -\frac{\hbar^2}{2m}\Delta_i-\frac{2e^2}{r_i}, \qquad U_{12} = \frac{e^2}{|\boldsymbol{r}_1-\boldsymbol{r}_2|} \tag{1}$$

■ヘリウム原子の基底状態(最も単純な計算)

上の式を正確に解くことはできない．しかし電子間のポテンシャルを表わす U_{12} を無視してしまえば，問題は単純になる．そのときは，各電子は原子核から引力を受けているだけだから，水素原子の問題と同じである．最小のエネルギーをもつ状態は，各電子が水素原子での基底状態にあればよい．つまり5.6節より

▶この章の序文で，複数の電子は同一の状態にはなれないと言った．(2)とは一見矛盾しているが，スピンの部分が異なると考えればよい．詳しくは7.3節参照．

$$\psi(\boldsymbol{r}_1, \boldsymbol{r}_2) = \psi_0(\boldsymbol{r}_1)\psi_0(\boldsymbol{r}_2), \qquad \psi_0(\boldsymbol{r}_i) \equiv \left(\frac{8}{\pi a_0{}^3}\right)^{1/2} e^{-\frac{2}{a_0}r_i} \tag{2}$$

となる．ただし，原子核の電荷が2倍になっているので，その分だけ指数の係数と全体の係数を変更してある($a_0(=\hbar^2/e^2m)$ を $a_0/2$ とした)．

この式を，(1)に代入してみよう．電子1個分に対しては

$$H_i\psi_0(\boldsymbol{r}_i) = E_0\psi_0(\boldsymbol{r}_i), \qquad E_0 \equiv -\frac{2\hbar^2}{ma_0{}^2}$$

であることを使うと

$$(2E_0+U_{12})\psi = E\psi \tag{3}$$

となる．しかし，E_0 は定数だが U_{12} は座標の関数なので，定数 E をどう選んでもこの式を成り立たせることはできない．そこで何らかの近似法を使う必要が出てくる．その中でも一番単純なやり方は，波動関数の形はこのままにして，E の値を調節することにより，この式が「全空間平均したときに成り立てばよい」とすることである．

▶もちろん厳密には，空間の各点で成り立っていなければならない．

電子の位置を測定したときの発見確率は $|\psi|^2$ なので，平均するときも $|\psi|^2$ の重みで計算することにしよう．つまり(3)の左から ψ^* を掛けて，全空間($\boldsymbol{r}_1$ についても $\boldsymbol{r}_2$ についてもすべて)で積分する．すると

▶ψ_0 は規格化されていることを使った．
$$\int |\psi_0(\boldsymbol{r}_i)|^2 d^3\boldsymbol{r}_i = 1$$

$$2E_0+Q = E \tag{4}$$
$$Q \equiv \int |\psi_0(\boldsymbol{r}_1)|^2 \frac{e^2}{|\boldsymbol{r}_1-\boldsymbol{r}_2|}|\psi_0(\boldsymbol{r}_2)|^2 d^3\boldsymbol{r}_1 d^3\boldsymbol{r}_2 \tag{5}$$

となる．Q は，あたかも各電子が $|\psi|^2$ という密度で全空間に広がっているとしたときの，クーロンポテンシャルの形に見えるので，**クーロン積分**と呼ばれる．明らかに $Q>0$ であるから，電子の束縛エネルギー($|E|$)は，電子間の斥力により Q だけ減少することになる．

▶Q は一見そのように見えると言っているだけであって，もちろん正しい言い方ではない．電子は $|\psi|^2$ の密度で広がっているのではなく，さまざまな状態が共存度 ψ で共存しているのである．

7.2 計算の改良：変分法

ぽいんと

前節で求めたヘリウム原子の基底状態のエネルギーは，実験値とは5％ほど異なっている．計算を改良するには，電子の波動関数の形を変えなければならない．ここでは変分法という，有力な近似計算法を紹介し，より実験値に近い値を求めよう．

キーワード：変分法，試行関数

■クーロン積分の値

前節では，ヘリウム原子のエネルギー E を(7.1.4)と求めた．ψ_0 の具体的な形を使えばクーロン積分 Q は求まる．ただし，その計算は少し複雑なので，この節の補足として示すことにし，結果だけを記すと

$$Q = \frac{5}{4}\frac{\hbar^2}{ma_0{}^2}$$

である．これを使って(7.1.4)と実験値を比較すると

▶1 eV（電子ボルト）$= 1.6021 \times 10^{-19}$ J

$$E(\text{理論値}) = -\frac{11}{4}\frac{\hbar^2}{ma_0{}^2} = -74.8\ \text{eV}$$

$$E(\text{実験値}) = -79.0\ \text{eV}$$

■変分法

前節の計算では，まず電子間の斥力を無視して波動関数を求め，それを使って，電子間の斥力は含んでいるが全空間で平均してしまったシュレディンガー方程式よりエネルギー E を求めた．実際には電子間の斥力を含めれば，波動関数の形もそのままではありえない．そこで波動関数の変化も近似的に取り入れた計算法を紹介する．

前節でエネルギーの値が求まったのは，今も述べたように，実際は各点で成り立つべきシュレディンガー方程式を，全空間で平均した関係式に置き換えてしまったからである．この手法はそのまま取り入れることとする．しかし波動関数 ψ の方は(7.1.2)のように特定のものには限定しない．

まずシュレディンガー方程式 $H\psi=E\psi$ を平均化する．つまり ψ^* を左から掛けて全空間で積分する．すると，

$$E = \int \psi^* H\psi d^3\boldsymbol{r}_1 d^3\boldsymbol{r}_2 \Big/ \int |\psi|^2 d^3\boldsymbol{r}_1 d^3\boldsymbol{r}_2 \qquad (1)$$

となる（ψ がすでに規格化されているとすれば，右辺の分母はいらない）．

ここで ψ に(7.1.2)を代入してしまえば前節の計算になる．しかし，もし別の形をした ψ を代入し，より小さな E が求まれば，その E は厳密な基底状態のエネルギーにより近いはずである．基底状態とは，最小のエネ

ルギーをもった状態だからである.

もし「すべて」の関数 ψ について(1)を計算し，その中から最小の E を与えるものを選び出すことができれば，基底状態の波動関数もエネルギーも厳密に求まったことになる．しかし，それは不可能なので，実際には，適当な物理的考察より選びだした一連の関数(**試行関数**という)に対してだけ E を計算し，その中から最小のものを取るという方法がとられる．これを(近似計算法としての)**変分法**と呼ぶ.

▶変分法については，9.4節でさらに詳しく学ぶ.

■変分法の応用(ヘリウム原子の場合)

ヘリウム原子に対して，この方法を実行してみよう．一連の試行関数としては，(7.1.2)を含むものを選ぶ．そうしておけば，少なくとも前節のエネルギーより大きなものが答になる心配はない.

まず，すぐ考えつくのは

$$\psi(\boldsymbol{r}_1, \boldsymbol{r}_2) = \tilde{\psi}_0(r_1)\tilde{\psi}_0(r_2), \qquad \tilde{\psi}_0(r_i) \equiv \left(\frac{Z^3}{\pi {a_0}^3}\right)^{1/2} e^{-\frac{Z}{a_0}r_i} \tag{2}$$

という関数形である．水素原子では $Z=1$ であった．また前節では，ヘリウムの原子核の電荷は2倍なので $Z=2$ とした．しかし実際のヘリウムでは，電子は電荷 $+2e$ の原子核に引きつけられる一方，電荷 $-e$ のもう1つの電子から反発される．このもう1つの電子は，原子核のように原子の中心にあるわけではないが，Z を2から減らす働きをするだろう．したがって2より小さい Z を選べば，前節の(4)より現実に近いエネルギーが得られると予想される．実際

$$\int \tilde{\psi}_0(r)\left(-\frac{\hbar^2}{2m}\Delta - \frac{2e^2}{r}\right)\tilde{\psi}_0(r)d^3\boldsymbol{r} = \frac{\hbar^2}{2m{a_0}^2}(Z^2-4Z) \tag{3}$$

$$\int \tilde{\psi}_0{}^2(r_1)\frac{e^2}{|\boldsymbol{r}_1-\boldsymbol{r}_2|}\tilde{\psi}_0{}^2(r_2)d^3\boldsymbol{r}_1 d^3\boldsymbol{r}_2 = \frac{5}{8}\frac{\hbar^2}{m{a_0}^2}Z \tag{4}$$

という式を使うと(章末問題参照),

▶$Z^2-4Z+\dfrac{5}{8}Z = Z^2-\dfrac{27}{8}Z$

$$E(Z) = \frac{\hbar^2}{m{a_0}^2}\left(Z^2-\frac{27}{8}Z\right)$$

すぐわかるように，E は $Z=27/16(<2)$ のときに最小となる.

$$E\left(Z=\frac{27}{16}\right) \simeq -2.85\frac{\hbar^2}{m{a_0}^2} \simeq -77.5\,\mathrm{eV}$$

補足　クーロン積分 Q，あるいは(4)を計算するには($r_1>r_2$ のとき)

$$\frac{1}{|\boldsymbol{r}_1-\boldsymbol{r}_2|} = \frac{4\pi}{r_1}\sum_{l,m}\frac{1}{2l+1}\left(\frac{r_2}{r_1}\right)^l Y_{lm}(\theta_1,\phi_1)Y_{lm}(\theta_2,\phi_2) \tag{5}$$

▶θ_i, ϕ_i は $\boldsymbol{r}_i$ を球座標表示したときの角度座標.

という展開式を使う($r_1<r_2$ のときは，r_1 と r_2 の役割をすべて入れ替える)．この式を Q あるいは(4)に代入して角度(θ と ϕ)積分をすると，球関数 Y_{lm} の性質により，$l=m=0$ の項しか残らず，r 積分も可能となる(詳細は章末問題参照).

▶$l, m \neq 0$ のときは，

$$\int Y_{lm}\sin\theta d\theta d\phi = 0$$

7.3 波動関数の反対称性

ぽいんと

前節の計算では電子のスピンのことは考えなかった．スピンは電子のエネルギーに影響する(スピン一軌道相互作用)が，水素原子やヘリウム原子の場合はその影響が小さいので，エネルギーの大きさを考えるかぎりスピンのことは重要ではない．だからといって，電子のスピンの状態は勝手にとっていいわけではない．量子力学特有の，多粒子の波動関数が満たすべき性質があり，それによりスピンの状態は決まってしまう．むしろスピンという性質があるからこそ，前節の計算が正しかったとさえ言えるのである．

キーワード：反対称，ボーズ粒子，フェルミ粒子，スピンの合成，3重項，1重項

■同種粒子の波動関数

今まで「1番目の電子」とか「2番目の電子」などという表現を使ってきたが，電子に区別がつくわけではない．つまりどちらを「1番目」とし，どちらを「2番目」としようが状態自身は同じでなければならない．つまり $\psi(\boldsymbol{r}_1, \boldsymbol{r}_2)$ という波動関数と，その中で $\boldsymbol{r}_1$ と $\boldsymbol{r}_2$ を交換しただけの $\psi(\boldsymbol{r}_2, \boldsymbol{r}_1)$ は，同じ状態を表わさなければならない．

▶古典力学では，粒子の軌道を追っていけば，どちらの電子がどこそこにたどりついたかと原理的には言うことができるが，粒子の単一の軌道というものがない量子力学では，そのようなことは原理的にも特定できない．

そうは言っても，$\psi(\boldsymbol{r}_1, \boldsymbol{r}_2)$ と $\psi(\boldsymbol{r}_2, \boldsymbol{r}_1)$ が完全に等しい必要はない．c をある定数としたときに

$$\psi(\boldsymbol{r}_2, \boldsymbol{r}_1) = c\psi(\boldsymbol{r}_1, \boldsymbol{r}_2) \tag{1}$$

という関係が成り立っていればよい．(c が定数でなくても，絶対値が一定ならば発見確率を示す $|\psi|^2$ は変わらない．しかし，そうすると波動関数の微分が変わってしまい，運動量については同じ状態ではなくなる．したがって，シュレディンガー方程式の解でなくなってしまう．したがって c は定数でなければならない.)

(1)で，もう一度 $\boldsymbol{r}_1$ と $\boldsymbol{r}_2$ を入れ替えると

$$\psi(\boldsymbol{r}_1, \boldsymbol{r}_2) = c^2\psi(\boldsymbol{r}_1, \boldsymbol{r}_2)$$

となる．結局 $c^2=1$，つまり $c=\pm1$ でなければならないことになる．

以上の議論では座標を交換させることだけを考えた．しかし粒子がスピンを持っているときには，スピンの状態も同時に交換しなければ，粒子1と粒子2を交換したことにはならない．そこで，2粒子の波動関数を抽象的に $\psi(1,2)$ と書き，1や2という数字で粒子の座標とスピンの状態を同時に表わすこととする．すると上の条件は次のように書ける．

$$\psi(2,1) = \pm\psi(1,2) \tag{2}$$

■ボーズ粒子とフェルミ粒子

(2)で + の場合は，粒子の交換に対して波動関数は**対称**，− の場合は**反対称**という．そのどちらであるかは粒子ごとに決まっており，「対称」な

波動関数をもつ粒子のことを**ボーズ粒子**，「反対称」な波動関数をもつ粒子のことを**フェルミ粒子**と呼ぶ．

自然界に存在している粒子はすべて，ボーズ粒子かフェルミ粒子であるが，どちらであるかは，粒子のもつスピンが整数であるか(ボーズ粒子になる)，半整数であるか(フェルミ粒子になる)により決まる．電子など，スピン 1/2 の粒子はすべてフェルミ粒子であり，粒子の交換に対して波動関数は反対称でなければならない．

▶スピンの大きさと波動関数の対称性との対応を理解するには，相対性理論と量子場の理論という概念が必要である．

■ヘリウム原子の基底状態のスピン

ここでヘリウム原子の基底状態の問題に戻る．前節では波動関数を，2つの同じ関数の積により

$$\psi(\boldsymbol{r}_1, \boldsymbol{r}_2) = \tilde{\varphi}_0(r_1)\tilde{\varphi}_0(r_2) \tag{3}$$

というように表わした．このままでは波動関数は対称であるが，実際の波動関数ではスピンの部分をこの式に掛け合わせなければならない．

スピンは電子1つに対して，$\chi_\uparrow$ と $\chi_\downarrow$ という2つの状態がある．電子が2つあるときは，各電子を上付きの添字で表わすと，

$$\chi_\uparrow^{(1)}\chi_\uparrow^{(2)}, \quad \chi_\uparrow^{(1)}\chi_\downarrow^{(2)}, \quad \chi_\downarrow^{(1)}\chi_\uparrow^{(2)}, \quad \chi_\downarrow^{(1)}\chi_\downarrow^{(2)}$$

という4つの組合せができる．しかし，すでに述べたように，電子は区別できないという原理から，対称か反対称の組合せにしなければならない．

▶$\boldsymbol{S} \equiv \boldsymbol{S}^{(1)} + \boldsymbol{S}^{(2)}$ とすると，対称な組合せは，S_z が $\hbar$, 0, $-\hbar$，反対称な組合せは S_z が 0 となっていることに注意．また $\sqrt{2}$ で割ったのは規格化のため．ただし $|\chi^{(1)}\chi^{(2)}|^2 = |\chi^{(1)}|^2|\chi^{(2)}|^2$．$|\chi|^2$ はベクトルの内積だと考えればよい(章末問題 7.2 参照)．

$$\begin{aligned} &\text{対称な組合せ} \quad \chi_\uparrow^{(1)}\chi_\uparrow^{(2)}, \quad \frac{1}{\sqrt{2}}(\chi_\uparrow^{(1)}\chi_\downarrow^{(2)} + \chi_\downarrow^{(1)}\chi_\uparrow^{(2)}), \quad \chi_\downarrow^{(1)}\chi_\downarrow^{(2)} \\ &\text{反対称な組合せ} \quad \frac{1}{\sqrt{2}}(\chi_\uparrow^{(1)}\chi_\downarrow^{(2)} - \chi_\downarrow^{(1)}\chi_\uparrow^{(2)}) \end{aligned} \tag{4}$$

このように，3つと1つに分かれる理由は，6.5 節で考えた角運動量の合成という立場から考えるとわかりやすい．6.5 節では，1つの電子の軌道角運動量 l とスピンの合成を考え，全角運動量が $l+1/2$ と $l-1/2$ の2組に分かれることを示した．2つの電子のスピンを合成する場合もまったく同じで，全スピンは 1 (=1/2+1/2) と 0 (=1/2−1/2) の2種類がある．それが(4)の，対称な組合せと反対称な組合せに対応することは，6.5 節と同じ計算で確認できるが(章末問題 6.6 参照)，状態数がそれぞれ3と1であることからも想像ができる．状態数から，それぞれ**3重項**，**1重項**とも呼ばれる．つまり

▶古典力学的な描像では3重項はスピンが平行だから全スピンは1．1重項は反平行だから全スピンは0だとみなせる(章末問題 7.3 参照)．

対称	全スピンが1	3重項
反対称	全スピンが0	1重項

ところで(3)は対称である．電子はフェルミ粒子であるから，全体は反対称，つまりスピン部分が反対称でなければならない．したがって，ヘリウム原子の基底状態は，全スピンが0の1重項でなければならないことになる．

▶ヘリウム原子の励起状態については章末問題 7.4 参照．

7.4 ハートレー(・フォック)法

ぽいんと

より複雑な原子を考えよう．ヘリウム原子でさえ正確な計算はできないのだから，電子が数十もある原子のシュレディンガー方程式を計算するには，さらに近似法を工夫しなければならない．

通常使われるのは，ハートレー法(自己無撞着法)およびハートレー・フォック法と呼ばれる方法である．この節ではその考え方を説明する．

キーワード：ハートレー法(自己無撞着法)，反対称化，ハートレー・フォック法，スレーター行列式

■ハートレー法

電子がいくつある原子であっても，そのシュレディンガー方程式を書くことは難しいことではない．原子核と電子，そして電子間で働くクーロンエネルギーを取り入れればよい．電子が n 個あるとし，それぞれの座標を $\boldsymbol{r}_i$ と表わす．シュレディンガー方程式は，ヘリウムの場合の(7.1.1)を一般化すれば

$$\left\{\sum_i H_i + \sum_{i,j} U_{ij}\right\}\psi(\boldsymbol{r}_1, \cdots, \boldsymbol{r}_n) = E\psi(\boldsymbol{r}_1, \cdots, \boldsymbol{r}_n)$$
$$H_i \equiv -\frac{\hbar^2}{2m}\Delta_i - \frac{ne^2}{r_i}, \qquad U_{ij} \equiv \frac{e^2}{|\boldsymbol{r}_i - \boldsymbol{r}_j|} \tag{1}$$

しかし，このままの形ではとうてい解ける式ではない．そこで次の2つの近似をする．

［1］　波動関数は，各電子の座標の関数の積であるとする．つまり

$$\psi(\boldsymbol{r}_1, \cdots, \boldsymbol{r}_n) = \psi^{(1)}(\boldsymbol{r}_1)\cdot\psi^{(2)}(\boldsymbol{r}_2)\cdot\cdots\cdot\psi^{(n)}(\boldsymbol{r}_n) \tag{2}$$

▶前節で説明した，波動関数の反対称性ということは，ここでは考慮されていない．それを正しく考慮したのが，後で述べるハートレー・フォック法である．

［2］　(1)は，$\boldsymbol{r}_1, \boldsymbol{r}_2, \cdots$ が何であっても成り立たなければならない式である．しかし近似として，ある座標 $\boldsymbol{r}_i$ の値を決めたときに，他の座標 $\boldsymbol{r}_j$ ($j \neq i$) については全空間平均して成り立っていればよいと考える．平均の取り方は，7.2節の変分法のときと同じにする．たとえば $\boldsymbol{r}_i$ の値を決めたときには，i 以外の電子に対する波動関数 $\psi^{(j)*}(\boldsymbol{r}_j)$ をすべて(1)の左から掛け，$\boldsymbol{r}_i$ 以外のすべての座標で積分する．すると

$$\{H_i + \tilde{U}_i(\boldsymbol{r}_i)\}\psi^{(i)} = \varepsilon_i\psi^{(i)}$$
$$\tilde{U}_i \equiv \sum_{j \neq i}\int |\psi^{(j)}(\boldsymbol{r}_j)|^2 \frac{e^2}{|\boldsymbol{r}_i - \boldsymbol{r}_j|} d^3\boldsymbol{r}_j \tag{3}$$

▶全エネルギー E と，ε の関係については，章末問題参照．

▶ $\int |\psi^{(j)}|^2 d^3\boldsymbol{r}_j = 1$ となっているとする．

という式(ハートレー方程式)が求まる．これは n 個の連立方程式だが，それぞれは座標1つだけの方程式だから，(1)よりもはるかに容易に解ける(実際にはコンピュータが必要だが)．この式を解こうというのが，**ハートレー法**(ハートレー近似)である．

▶この方法は，7.2節の変分法の立場からも導かれる．

■計 算 法

(3)は，直観的にわかりやすい．U_i とは，電子 j が $|\varphi^{(j)}|^2$ という密度で分布しているときの，電子 i がもつポテンシャルエネルギーの形をしている．つまり，互いに他の電子が作るポテンシャルの中を運動しているという解釈ができる．そして，もしある $\varphi^{(i)}$ が変われば他の $\varphi^{(j)}$ も変わるというように，互いに絡み合っており，全体がつじつまのあうような解を求めるというのが，(3)の連立方程式である．その意味で，この方法を**自己無撞着法**とも呼ぶ．

▶この解釈が厳密には正しくないということは(7.1.5)に関して述べたことと同じである．

▶自己無撞着法：self-consistent method.

実際の計算も，つじつまのあう解を求めて計算を繰り返す．まず出発点として，適当な $\varphi^{(i)}$ を仮定する．それを使い U_i を計算し，(3)を解いて $\varphi^{(i)}$ を求める．もちろん，それは最初の $\varphi^{(i)}$ とは異なるだろうから，それを使って再び U_i を計算し，また $\varphi^{(i)}$ を求める．このような計算を繰り返し，U_i を計算する $\varphi^{(i)}$ と，それから求めた $\varphi^{(i)}$ を十分な精度で一致させるのである(詳細は，次節参照)．

▶$\{\varphi^{(1)}, \varphi^{(2)}, \cdots\}$ 全体を $\varphi^{(i)}$ と書く．

■反対称化とハートレー・フォック法

前節で，スピンも含めた2個の電子の波動関数は反対称でなければならないことを説明した．複数の電子があるときの一般の場合には，

$$\varphi(\cdots i \cdots j \cdots) = -\varphi(\cdots j \cdots i \cdots) \qquad (4)$$

という関係になる．ただし前節でも説明したように，i などの記号は，座標 $\boldsymbol{r}_i$ ばかりでなく，スピンの↑または↓も表わす．つまり(4)は，座標を入れ替えるばかりでなく，スピンの状態も入れ替えることを意味する．

(2)は，(4)の条件を満たしていないが，**反対称化**という操作をすれば，この問題は解決する．たとえば2電子の場合だったら

$$\varphi_a(1)\varphi_b(2) \xrightarrow[\text{反対称化}]{} \varphi_a(1)\varphi_b(2)-\varphi_a(2)\varphi_b(1) \qquad (5)$$

とすればよい．そして，反対称化をしたうえで，左ページの(2)の近似法を行なう．この方法を，**ハートレー・フォック法**と呼ぶ．結果は(3)と似た式になるが，反対称化すると項が複数個出てくるので，U_i の形は少し複雑になる．

電子が3個以上ある場合には，あらゆる組合せに対して(5)の操作を次々としていかなければならない．そして奇数回の入れ替えに対してはマイナス，偶数回のときはプラスを付ける．その結果は，たとえば3個の場合

$$\varphi_a(1)\varphi_b(2)\varphi_c(3) \xrightarrow[\text{反対称化}]{} \begin{vmatrix} \varphi_a(1) & \varphi_b(1) & \varphi_c(1) \\ \varphi_a(2) & \varphi_b(2) & \varphi_c(2) \\ \varphi_a(3) & \varphi_b(3) & \varphi_c(3) \end{vmatrix}$$

と行列式で表わされる．これを**スレーター行列式**と呼ぶ．

7.5 電子の配置

ぽいんと

前節のハートレー・フォック近似をしても，問題を実際に解くにはコンピュータを用いた膨大な計算が必要となる．しかし，電子は他の電子が作るポテンシャルの中を動くと考えるという，この近似法の発想自体が，電子を多く含む原子に対する，定性的な情報を与えてくれる．もし実際にハートレー・フォック近似の計算を実行するとしたらどのようなことをすることになるのか，その手順を説明し，それが意味する物理的な描像を考えてみよう．

キーワード：パウリの原理(パウリの排他律)，電子の配置，閉殻，開殻

■電子の割り振り

まず，反対称化という操作のことを考えてみよう．行列式の性質からも明らかなように，もし2つの状態が等しかったら(たとえば $\varphi_a=\varphi_b$)，反対称化するとゼロになってしまう．そうならないためには，複数ある電子はすべて，別の状態でなければならない．これを**パウリの原理**あるいは**パウリの排他律**と呼ぶ．

▶完全に等しくなくても，たとえば $\varphi_c=\alpha\varphi_a+\beta\varphi_b$ (α, β は定数)という関係があれば，やはり行列式はゼロになる．つまり，パウリの原理を満たすためにはすべての φ_i が一次独立でなければならない．

このことを頭に入れた上で，原子の基底状態を，前節の方針の下にどうやって求めればよいかを考えてみよう．それには，7.1節でヘリウムについてしたことを思い出せばよい．(7.1.2)では，2つの電子が，水素原子における1s状態であるとして(ただし電荷の違いは調節した上で)，全体の波動関数を構成した．電子にはスピンという性質があるので，空間内の運動に関しては，同じ状態に2つまで電子を入れることができる．この状態を $(1s)^2$ と表現する．

電子が3つある場合(リチウム原子)は，3つ目の電子は別の状態に入れなければならない．1sの次にエネルギーが小さい2sを考え，$(1s)^2(2s)^1$ とする．このように，電子が増えるに従って，エネルギーが小さい状態のほうから，電子を2つずつ埋めていくのである．

▶水素原子では2pも2sと同じエネルギーを持っているが，ここは2sでなければならない．その理由は右ページで説明する．

注意　この操作は，自己無撞着な解を求める上での出発点としてまず実行することだが，前節(3)の計算を繰り返す際にも，この，「状態を埋めていく」という考え方は，適当な手続きをすればそのまま残すことができる．この適当な手続きということを説明しておこう．

まず，このように出発点の関数を決めてポテンシャル U を求める．しかし，もしpやd状態の電子があったら，U は一般には角度依存性が現われる．つまり中心力にはならない．そして中心力でなければ，解は1つの球関数を使っては表わせないので，s, p, d 等々の状態は定義できなくなってしまう．そこで求めた U を角度平均し，中心力にした上で前節(3)に代入する．そうして解を求めれば，もちろん r 依存性は水素原子の場合とは異なるが，やはり n, l, m の3つの数で指定される解が求まる．そして，たとえば，もし i 番目の電子が最初に2sと指定されていたとしたら，この段階でも $\varphi^{(i)}$ として2sという解を取り出して計算を進めればよい．たとえば $(1s)^2(2s)^1$ といった表わし方は，このようにすればハートレー・フォックの計算を進めていっても変わらない．

■周期律

実際の原子の基底状態における電子の配置を決めるときには，水素原子では縮退していた（エネルギーが等しかった）状態が，他の電子の影響でどうなるかを考えておかなければならない．水素原子では，n が等しい状態のエネルギーは軌道角運動量 l(s, p, d, …)に依らなかった．しかし，これはクーロンポテンシャルの特殊事情である．他の電子の影響があると，この縮退はなくなる．たとえば2s と 2p を比較すると，2p のほうが平均として原子の外側にいる．そのため，原子核の影響が他の電子の負の電荷によりさえぎられ，結合エネルギーが減ってしまう．これは一般的に言えることで，多電子原子では，n が同じでも l が増せば結合エネルギーは減る．

以上のことを頭に入れて，実際の電子の配置をまとめてみよう（表 1）．

▶$n=1$ の状態が K 殻，$n=2$ の状態が L 殻，以下 M, N, … と続く．

表 1 各状態の電子数（周期律表）

状態 ＼ 元素名		H	He	Li	Be	B	C	N	O	F	Ne	Na	Mg	Al	Si	P	S	Cl	Ar
K 殻	1s	1	2	2	2	2	2	2	2	2	2	2	2	2	2	2	2	2	2
L 殻	2s			1	2	2	2	2	2	2	2	2	2	2	2	2	2	2	2
	2p					1	2	3	4	5	6	6	6	6	6	6	6	6	6
M 殻	3s											1	2	2	2	2	2	2	2
	3p													1	2	3	4	5	6

▶Ar の次（K と Ca）は 4s が埋まり，それから 3d が埋まっていく．

周期律表から，原子のさまざまな化学的性質が理解できる．たとえば，1s と 2s，2p と 3s あるいは 3p と 4s（または 3d）の間のエネルギー差は大きい．そのため，He, Ne, Ar は，励起しにくく化学反応も起こさない，安定な原子となる（**不活性ガス**と呼ばれる）．n が等しいものを**殻**と呼ぶ．完全に埋まっている殻が**閉殻**であり，埋まっていない殻が**開殻**である．原子の化学的な性質は開殻の状態で決まる．たとえば，Li と Na，あるいは F と Cl の化学的性質が似ているのも，この表から理解できる．Li と Na は，電子を 1 つ放り出して 1 価の陽イオンになり，F と Cl は電子を 1 つ受け取り 1 価の陰イオンになりやすい（閉殻は安定なので）．

▶F, Cl, Br（臭素），I（ヨウ素）など閉殻に 1 つ足りない原子を**ハロゲン**と呼び，Li, Na, K など，1 つ多い原子を**アルカリ金属**と呼ぶ．また Nacl などは，ハロゲン化アルカリ分子という．

3p が埋まると，M 殻は不完全なまま次は 4s に電子が入り，その後に 3d になる．3d が埋まると，次は 4s, 4p, 5s, 4d, 5p, 6s, 4f といった順番に進む．4s が埋まったまま 3d が埋まっていく元素，あるいは 5s が埋まったまま 4d や 4f が埋まっていく元素を**遷移元素**と呼ぶ．

▶ただし所々に不規則な変化が見られる．

7.6 水素分子の結合(原子価結合法)

ぽいんと

次に原子の結合，つまり分子の形成を議論する．最初は，一番簡単な水素分子を考えてみよう．これは2つの電子をもつ系であり，多電子原子の場合と同様，厳密にシュレディンガー方程式を解くことは不可能である．ここで使われる近似法は，第一に，まず2つの原子核の距離を固定してその状態のエネルギーを計算しておいてから，そのエネルギーを最小にする距離を決めること，第二に，電子の状態はヘリウム原子の場合と同様，水素原子での電子の状態を参考にして決めることである．2つの電子がスピン1重項(反平行)であるときにのみ，結合が起きることがわかる．

キーワード：ボルン・オッペンハイマー近似，原子価結合法(VB法)

■シュレディンガー方程式と試行関数

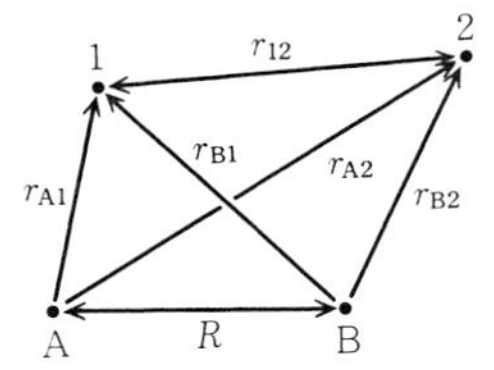

図1　2つの原子核(AとB)，2つの電子(1と2)の配置

水素分子は，2つの電子，2つの原子核からなる4体系である．しかし上にも述べたように，とりあえず2つの原子核の位置は固定し(その距離をRとする)，電子のエネルギーをRの関数として計算する．そしてその最小値を求め，それが，原子が完全に分離しているときよりも小さいかどうかを調べるのである．この方法を**ボルン・オッペンハイマー近似**と呼ぶ．

粒子が4つあるので，ポテンシャルは6つの項からなる．粒子間の距離を図1のように定義すると，シュレディンガー方程式は

$$\left\{-\frac{\hbar^2}{2m}\Delta_1-\frac{\hbar^2}{2m}\Delta_2-\frac{e^2}{r_{A1}}-\frac{e^2}{r_{B2}}-\frac{e^2}{r_{A2}}-\frac{e^2}{r_{B1}}+\frac{e^2}{r_{12}}+\frac{e^2}{R}\right\}\psi(\boldsymbol{r}_1,\boldsymbol{r}_2)=E\psi(\boldsymbol{r}_1,\boldsymbol{r}_2) \tag{1}$$

と表わされる．

この式でさえ，正確に解くのは不可能なので，7.1節でもしたように，電子の状態に対して適当な仮定を置き，エネルギーを計算する．少なくともこの方法で，分子が形成されるかどうかは判断できる．

適当な仮定を置くと言ったが，2通りの考え方がよく使われる．この節で説明する**原子価結合法**(VB法)では，1sの電子がついたままの水素原子を2つ並べるという立場で考える．並べるといっても，反対称化はしなければならない．その仕方により2つの可能性がある．

▶原子価結合法：Valence Bond (VB) Method，または**ハイトラー・ロンドン法**．もう1つの考え方，分子軌道法は，7.8節で解説する．

▶1重項はスピン部分が反対称なので空間部分は対称．3重項はその逆．

$$\begin{aligned}&1\text{重項}\quad \psi\propto\phi(r_{A1})\phi(r_{B2})+\phi(r_{A2})\phi(r_{B1})\\&3\text{重項}\quad \psi\propto\phi(r_{A1})\phi(r_{B2})-\phi(r_{A2})\phi(r_{B1})\end{aligned} \tag{2}$$

ϕはすべて1s状態を表わすが，たとえば$\phi(r_{A1})$は，電子1が原子核Aを中心とする1s状態であることを意味する．上のほうは1と2の交換に対して対称となっているので，スピン部分は反対称(1重項)であり，下のほうは反対称なのでスピン部分は対称(3重項)である．

■結合エネルギー

もちろん(2)はシュレディンガー方程式の厳密な解ではない．したがって，エネルギー E を求めるには，まず(1)に(2)を代入し，また同じ関数を左から掛け全空間で積分する．7.1節の方法と同じである．

水素原子の1s状態のエネルギーを E_0 とすると，結果は次のように表わされる．

$$E-2E_0=\frac{Q\pm J}{1\pm S^2}\quad (+\text{は1重項，}-\text{は3重項})\qquad (3)$$

ただし，

▶1sでは ψ は実数なので ψ^* も単に ψ で表わす．

$$S\equiv\int\psi(r_{A1})\psi(r_{B1})d^3\boldsymbol{r}_1$$

$$Q\equiv\int\psi^2(r_{A1})\left(-\frac{e^2}{r_{A2}}-\frac{e^2}{r_{B1}}+\frac{e^2}{r_{12}}+\frac{e^2}{R}\right)\psi^2(r_{B2})d^3\boldsymbol{r}_1d^3\boldsymbol{r}_2$$

$$J\equiv\int\psi(r_{A1})\psi(r_{B2})\left(-\frac{e^2}{r_{A2}}-\frac{e^2}{r_{B1}}+\frac{e^2}{r_{12}}+\frac{e^2}{R}\right)\psi(r_{A2})\psi(r_{B1})d^3\boldsymbol{r}_1d^3\boldsymbol{r}_2$$

$1\pm S^2$ の因子は，波動関数の規格化因子である．Q の意味は直観的に明らかだろう．原子での1s状態のエネルギーの計算には含まれていなかったクーロンポテンシャルを，電子がそれぞれ $\psi^2(r_{A1})$，$\psi^2(r_{B2})$ のように分布しているとして計算した項で，7.1節の Q と同様，これも**クーロン積分**と呼ばれる．Q が(2)のどちらかの項だけから出てくる積分であるのに対し，J は(2)の2項双方が関わっている積分である．この J は，波動関数を反対称化することにより出てくる効果で，**交換積分**と呼ばれ，純粋に量子力学的な効果である．

▶単独の原子でも交換積分が現われることもある．章末問題7.4参照．

Q や J の計算はかなり煩雑なので，ここでは省略して，結果だけを原子核間距離の関数として図2に示す．3重項ではエネルギーは負にならず原子は結合しないが，1重項では結合する．これは数学的には，J が適当な R に対して負になるからであるが，物理的には1重項で，2つの電子が，原子核の中間の垂直な平面上にくる状態が大きくなるからである(なぜなら $r_{A1}=r_{A2}$，$r_{B1}=r_{B2}$ より $\psi(r_{A1})\psi(r_{B2})=\psi(r_{A2})\psi(r_{B1})$ となるから)．分子結合は，原子核の中間にある電子が，両側の原子核を電気的に引きつけることによっておこる．3重項では(2)の符号がマイナスであるため，そのような状態に対する電子の波動関数がゼロになってしまう．3重項ではむしろ，反発力が生じることに注意しよう．原子核どうしが，電子にさえぎられずに反発しあうからである．

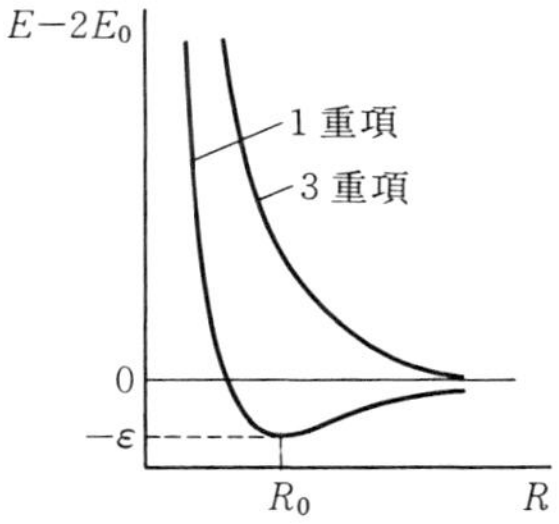

ε：結合エネルギー
R_0：原子核間距離

図2 水素分子の結合
(電子のスピンの状態による違い)

このようにして求めた結果は，

結合エネルギー	3.14 eV	(実験値 4.75 eV)
原子核間距離	0.080 nm	(実験値 0.074 nm = 0.74 Å)

となる．(2)の ψ にもっと複雑な式を使えば，精度をあげることができる．

7.7 化学結合力

ぽいんと

前節では，双方の水素原子に所属する電子が，1重項を作ることにより重なり合って，結合力が生じることを説明した．このことを一般の分子に拡張し，化学結合の基本的な法則を求めてみよう．1つの原子の中で，1重項の対になっていない電子が，他の原子の電子と1重項を構成して結合力を生じるというメカニズムが基本となる．

キーワード：共有結合，イオン結合，原子価，混成軌道

■共有結合とイオン結合

前節の原子価結合法は，両側の原子にある電子の状態が，あまり他方の原子に影響されずにそのまま重なり合い，結合力を生じるという描像であった．一方，片側の電子が別の原子に移ってしまい，その結果，一方の原子の電荷がプラス，他方の原子はマイナスになり，その間の静電力により分子ができるという場合もある．前者を**共有結合**，後者を**イオン結合**と呼ぶ．

イオン結合の典型的な例はハロゲン化アルカリ分子(7.5節参照)で，ハロゲンもアルカリ金属も，それぞれ電子を1つ出し入れして閉殻を作り安定な電子配置となりやすいためである(図1)．とはいっても，いかなる分子でも両方の要素を含んでいる．ハロゲン化アルカリ分子でも，両原子の中間に電子が分布して共有結合性をもつし，水素分子の場合にも，片側の原子に2つの電子が偏ってしまうという配置も無視できない(次節参照)．

▶気体状のNaClの話である．固体ではNaイオンとClイオンが交互に並ぶ結晶構造になり，分子とはならない．これもイオン結合であることには変わりはないが．

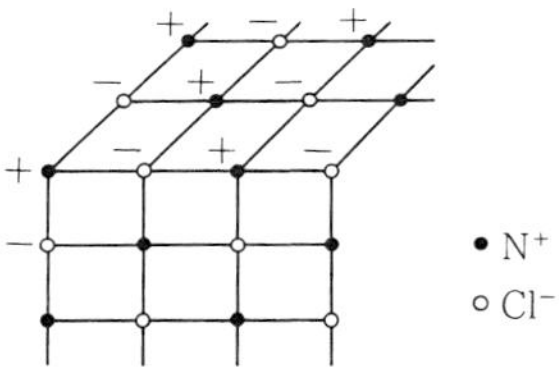

図1　ハロゲン化アルカリ分子NaCl(塩化ナトリウム)の結晶

■結合の飽和性と原子価

共有結合を起こすには，原子の中間に電子が分布しなければならない．しかしパウリの排他律により，電子は同じ状態にはなれないので，2つの電子が同じ領域に分布するためには，スピンが逆向きになり，1重項を形成しなければならない．

では，ヘリウム原子と水素原子は分子を構成するだろうか．ヘリウム原子では，すでに2つの電子が(1s)の1重項になっている．つまり，スピンは片方は上向き，もう一方は下向きである．ところがスピンには上向き下向きの2種類しかないので，水素原子の電子はそのどちらかと平行にならざるをえず，その電子とは3重項，つまりスピン部分の波動関数が対称になる．したがって，空間の波動関数は反対称となり，原子間の電子の分布が減ってしまう．つまり結合エネルギーを生じさせることはできず，分子はできない．このように，1つの原子の中ですでに1重項の対になってしまっている電子は，共有結合には関与できない．対になっていない電子だけが関与する．そのような電子の数をその原子の**原子価**と呼ぶ．

■化学結合の方向性

7.5節で，原子の化学的な性質は開殻の電子配置で決まると述べた．閉殻ではすべての電子が1重項の対になっているので，化学結合に関与しないからである．そこで開殻の電子配置と原子価との関係を調べてみよう．

［1］　原子価3の場合

▶Nの電子配置は，7.5節の表1参照．

窒素Nの電子配置は$(1s)^2(2s)^2(2p)^3$である．1sと2sはすでに対になっている．またp状態とは軌道角運動量が$l=1$ということなので，3つの状態がある．$(2p)^3$の3つの電子をそれぞれ別の状態に配置すれば，それらは互いに対(1重項)になる必要はない．つまり原子価は3である．この3つは$\{Y_{1m},\ m=\pm1,0\}$であるが，組合せを替えて

▶右の組合せのようにx,y,zの方向を向かせるとお互いに一番離れられるので，安定になる．

$$p_x \propto Y_{11}+Y_{1-1} \propto x$$
$$p_y \propto Y_{11}-Y_{1-1} \propto y$$
$$p_z \propto Y_{10} \qquad\quad \propto z$$

とする．それぞれx,y,z方向に広がっている電子分布に対応する．そして，それぞれの方向に水素原子が結合すればNH_3(アンモニア)となる(図2)．水素の方向は，実際には90°ではなく107°であるが，これは水素原子間に働く反発力のためである．リン，砒素なども同じ性質をもつ．

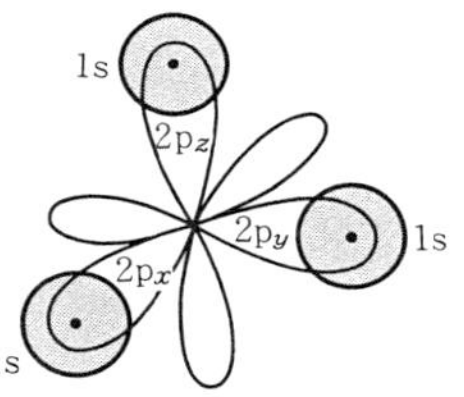

図2　NH_3(アンモニア)
Nの2p軌道とHの1s軌道が結合する．(Nの1sと2sは示していない)

［2］　原子価2の場合

酸素Oは$(1s)^2(2s)^2(2p)^4$である．1s, 2sそして2pのうちの2つはすでに対になっているので，原子価は2である．H_2Oの結合の方向は，やはり水素原子の反発力のために104°であるが(図3)，酸素と同類の硫黄では，H_2Sの角度が92°となっている．

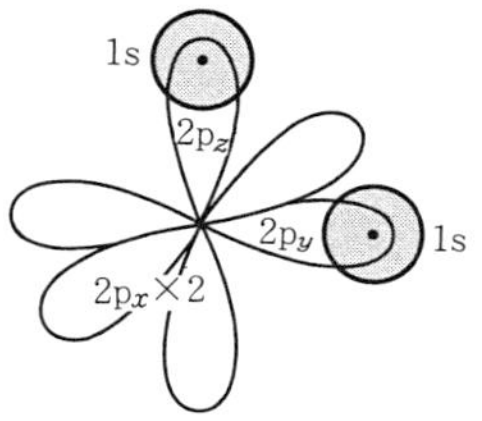

図3　H_2O(水)　2p$_x$は酸素Oだけで対をなしている．

［3］　原子価4の場合

炭素Cは$(1s)^2(2s)^2(2p)^2$であるが，ほとんどの場合，原子価は2ではなく4のように振舞う．$(2s)^2(2p)^2$が$(2s)^1(2p)^3$のようになるからである．この変化によりエネルギーは少し損をするが，他の原子と結合すればそれは十分補われる．実際には$(2s)^1(2p)^3$を

$$\begin{aligned}&s+p_x+p_y+p_z\\&s+p_x-p_y-p_z\\&s-p_x+p_y-p_z\\&s-p_x-p_y+p_z\end{aligned} \tag{1}$$

というように組み直して，他の原子と結合する．このように組むと，炭素を中心とする正四面体の4頂点の方向に，電子が分布するようになる(これも，互いにできるだけ離れるように配置するためである)．そしてその先に，他の原子が結合する．CH_4(メタン)がまさにこの構造をもつ(図4)．(1)を(正四面体)**混成軌道**と呼ぶ．2方性混成(直線状)，3方性混成(正三角形)というものもある．

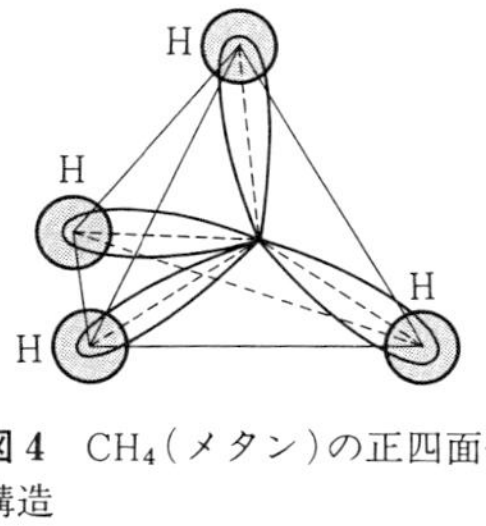

図4　CH_4(メタン)の正四面体構造

7.8 分子軌道法

ぽいんと

今まで調べてきた原子価結合法というものの考え方は，電子は基本的には各原子に局在しているが，他の原子と重なり合うことにより分子結合を引き起こすというものであった．それに対してこれから説明する**分子軌道法**というものは，まず原子核だけを分子の形に配置し，電子は1つずつ，その全体に広がる状態に詰めていくというものである．

キーワード：分子軌道法，結合軌道，反結合軌道

■分子軌道法による水素分子の結合

▶分子軌道法：Molecular Orbital (MO) Method

分子軌道法(MO法)というものによって，水素分子の結合がどのように説明できるのかを考えてみよう．上でも述べたように，まず2つの原子核を距離 R だけ離して置く．そして電子を，その全体に広がるように配置する(分子軌道)というのが分子軌道法の基本的考え方である．その配置の仕方として最も単純なのが，各原子の1s状態の和とする，つまり

$$\psi(r_{A1})+\psi(r_{B1}) \quad (1)$$

▶LCAO：Linear Combination of Atomic Orbital（原子軌道の線形結合）

とすることである(このやり方を特にLCAO-MO近似と呼ぶ)．電子は2つあるので，全体は

$$\{\psi(r_{A1})+\psi(r_{B1})\}\{\psi(r_{A2})+\psi(r_{B2})\} \quad (2)$$

となる．これは電子の交換に対して対称なので，スピン部分は反対称，つまり1重項にする．

(2)を(7.6.2)と比較してみると

$$(2)-(7.6.2)=\psi(r_{A1})\psi(r_{A2})+\psi(r_{B1})\psi(r_{B2})$$

であるから，MO法には，電子が2つとも同じ原子核の回りにある成分が余分に含まれていることがわかる．つまりイオン結合の要素が加味されているということである．

(2)に基づくエネルギーの計算は，7.6節と同様に行なわれ，結合エネルギーが2.68 eV，原子核間距離が0.085 nmという結果が求まる．これは原子価結合法(VB法)の結果よりもやや悪いが，必ずしも物理的描像の悪さを意味するものではない．MO法にしろVB法にしろ，実際には使う関数をさらに複雑にして精度を高めていくので，たどり着く先は同じである．

■結合軌道と反結合軌道

▶原子核の中間で波動関数がゼロになり，2つの原子核が直接反発しあう．

上記のような考えに基づいて，より一般的な議論をしてみよう．(1)では和をとったが，一般的な軌道としては差も考えられる．ただし，それは結合には寄与せず，むしろ反発力に寄与するということは，7.6節の3重項

の場合と事情は同じである．そこで

$$\begin{aligned} &\psi(r_A)+\psi(r_B) \quad \textbf{結合軌道}(1s\sigma_g) \\ &\psi(r_A)-\psi(r_B) \quad \textbf{反結合軌道}(1s\sigma_u) \end{aligned} \tag{3}$$

というように呼ぶ．1s というのは，1s の原子軌道から構成したからだが，σ とは，2 つの原子核を結ぶ方向の角運動量がゼロであることを意味する(左の注参照)．

▶分子軌道の角運動量は，s や p ではなく，それに対応するギリシャ文字 σ や π を用いる．ただし原子核が複数個あるので中心力ではなくなるため，角運動量ベクトルは考えない．結合軸の方向の成分だけを問題にする．(結合軸の回りの回転角を ϕ とし，波動関数が $e^{in\phi}$ に比例しているとすると，$n=0$ のとき σ，$n=\pm1$ のとき π となる．)
　ちなみに，添字の g, u は gerade，ungerade の意で，反転に対する偶奇を示す．

この記号を使えば，水素分子の原子配置は $(1s\sigma_g)^2$ となる．また $(1s\sigma_g)^1$ となる水素分子イオン($H_2{}^+$)も，現実に存在する．さらに $(1s\sigma_g)^2(1s\sigma_u)^1$ となるヘリウム分子イオン($He_2{}^+$)も存在するが，$(1s\sigma_g)^2(1s\sigma_u)^2$ となるヘリウム分子は，結合軌道と反結合軌道の数が等しくなるので，結合エネルギーが生み出せず存在しない．

分子軌道は，2s や 2p からも構成できる．2s の場合は(3)と同じに考えればよいが，2p の場合は p 軌道の方向の違いにより，結合軸方向の角運動量に 2 種類現われる．結合軸が x 方向である場合には

$$\begin{aligned} &2p_x(r_A)+2p_x(r_B) \quad 結合 \quad 2p_x\sigma_g \\ &2p_x(r_A)-2p_x(r_B) \quad 反結合 \quad 2p_x\sigma_u \\ &2p_y(r_A)-2p_y(r_B) \quad 結合 \quad 2p_y\pi_u \\ &2p_y(r_A)+2p_y(r_B) \quad 反結合 \quad 2p_y\pi_g \end{aligned}$$

となる．p_z も同様．これらを図示すると図 1 のようになる．

▶座標軸の方向を，2 つの原子で逆向きにとるので，π の場合は π_u のときに符号が一致する．

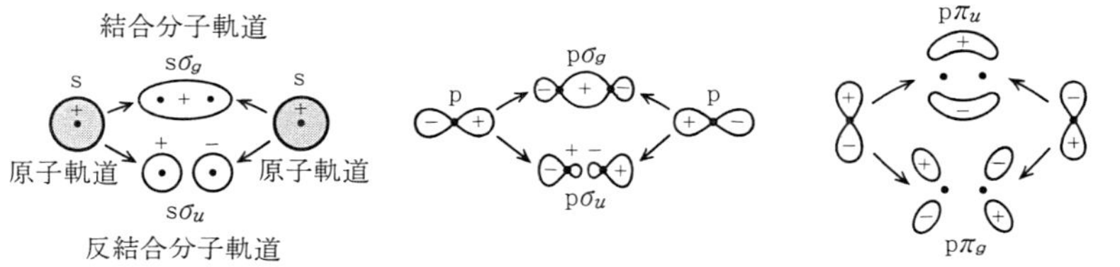

図 1　水素分子の分子軌道(± は波動関数の符号を示し，● は原子核の位置を表わす．)

▶2 原子分子の分子軌道をエネルギーの小さい順番に書くと，$1s\sigma_g, 1s\sigma_u, 2s\sigma_g, 2s\sigma_u, 2p\sigma_g, 2p\pi_u, 2p\pi_g, 2p\sigma_u, \cdots$ となる．(ただし例外もある．)

酸素分子 O_2 に対して，原子軌道から分子軌道がどのように構成されるかを以下に示す(分子の軸を x 方向とする)．

酸素原子の軌道 ($a+b+c=4$)	$(1s)^2$	$(2s)^2$	$(2p_x)^a$	$(2p_y)^b$	$(2p_z)^c$
	↓	↓	↓	↓	↓
酸素分子の軌道	$(1s\sigma_g)^2$	$(2s\sigma_g)^2$	$(2p_x\sigma_g)^2$	$(2p_y\pi_u)^2$	$(2p_z\pi_u)^2$
	$(1s\sigma_u)^2$	$(2s\sigma_u)^2$	——	$(2p_y\pi_g)^1$	$(2p_z\pi_g)^1$

結合に寄与するのは，結合軌道と反結合軌道に差がある，$2p_x\sigma_g, 2p_y\pi_u, 2p_z\pi_u$ である．原子価結合法と同様，電子 2 つで 1 つの結合を表わすとすれば，これは σ 結合，π 結合 1 つずつの 2 重結合(◯=◯と書く)である．

原子が 3 つ以上あるときは，それ全体に広がる分子軌道を考えるときもある．その典型がベンゼン核の 6 つの炭素原子に広がる π 電子である．

章末問題

[7.2 節]

7.1 (7.2.3)を示せ．また(7.2.5)を使って(7.2.4)を示せ．

[7.3 節]

▶$\chi=\begin{pmatrix} a \\ b \end{pmatrix}$ とすれば ${}^t\chi=(a, b)$．

7.2 χ は(6.3.9)で定義したように，2 成分のベクトルであり，${}^t\chi\chi$ という積をベクトルの内積だとすれば，${}^t\chi_\uparrow\chi_\uparrow(\equiv|\chi_\uparrow|^2)=1$，${}^t\chi_\uparrow\chi_\downarrow=0$ などという関係が求まる．この定義のもとに，(7.3.4)がすべて規格化(2 乗が 1 ということ)されていることを示せ．(注：電子が 2 つあるときは，積はそれぞれの電子について行なう．また厳密には ${}^t\chi$ は複素共役にしなければならないが，ここでは実数の χ しか扱わない．)

7.3 7.3 節の注で，3 重項(対称な組合せ)は 2 つのスピンが平行だと述べたが，(7.3.4)の $\chi_\uparrow^{(1)}\chi_\downarrow^{(2)}+\chi_\downarrow^{(1)}\chi_\uparrow^{(2)}$ は，一見平行には見えない．しかし，これは χ を z 方向の向きを基準に記しているからであり，x 方向を基準にすると平行になっていることを示せ．また 1 重項 $\chi_\uparrow^{(1)}\chi_\downarrow^{(2)}-\chi_\downarrow^{(1)}\chi_\uparrow^{(2)}$ は，x 方向で見ても反平行であることを示せ．

7.4 ヘリウム原子の第一励起状態は 1s 2s(1 つの電子が 1s 状態，他の電子が 2s 状態)であるが，スピンまで考えて波動関数を反対称化すると，3 重項と 1 重項の 2 通りの可能性がある．

▶パウリの原理を満たす範囲内でスピンができるだけ平行になろうという傾向は，開殻(7.5 節)をもつ原子では基底状態にも見られる．

3 重項　$(1/\sqrt{2})\{\psi_{1s}(\boldsymbol{r}_1)\psi_{2s}(\boldsymbol{r}_2)-\psi_{2s}(\boldsymbol{r}_1)\psi_{1s}(\boldsymbol{r}_2)\}$，

1 重項　$(1/\sqrt{2})\{\psi_{1s}(\boldsymbol{r}_1)\psi_{2s}(\boldsymbol{r}_2)+\psi_{2s}(\boldsymbol{r}_1)\psi_{1s}(\boldsymbol{r}_1)\}$

7.1 節の方法(つまり(7.2.1))でエネルギーを計算し，(7.1.4)，(7.1.5)に対応する式を求めよ．また 3 重項(スピンが平行)のほうがエネルギーが低くなることを，上式から直観的に説明せよ．

[7.4 節]

7.5 (7.4.3)を導け．また ε から E を求める式を求めよ．

7.6 波動関数を

▶ハートレー方程式(7.4.3)に対し，問題 7.6 で求める式をハートレー・フォック方程式と呼ぶ．

$$\psi_a(\boldsymbol{r}_1)\psi_b(\boldsymbol{r}_2)\pm\psi_b(\boldsymbol{r}_1)\psi_a(\boldsymbol{r}_2) \qquad (a\neq b)$$

とした場合の(7.4.3)に相当する式を求めよ．(ただし ψ_a と ψ_b は規格化されており，またエネルギーは異なるので $\int\psi_b{}^*\psi_a d^3\boldsymbol{r}=0$ とする(8.3 節参照)．)

[7.7 節]

7.7 (7.7.1)の 4 つの波動関数は，それぞれどちらの方向で大きい値をもつか．また，3 方性混成と呼ばれる $\psi_1\propto \mathrm{s}+\sqrt{2}\,\mathrm{p}_x$，$\psi_2\propto\sqrt{2}\,\mathrm{s}-\mathrm{p}_x+\sqrt{3}\,\mathrm{p}_y$，$\psi_3\propto\sqrt{2}\,\mathrm{s}-\mathrm{p}_x-\sqrt{3}\,\mathrm{p}_y$ という場合はどうなるか．

[7.8 節]

7.8 N_2, F_2 の分子軌道を考え，結合の様子を調べよ．

7.9 C_2H_4(エチレン)の結合の様子を，上問 7.7 も参考にして考えよ．

8

演算子と観測量

ききどころ

量子力学では，すべての物理量に演算子が対応している．そしてその物理量の測定値は，演算子の固有値のいずれかになる．この章では，このような問題に対する理解を深めるために，演算子，固有値，固有関数といったものの一般的性質について議論しよう．

演算子と固有関数との関係は，線形代数における行列とその固有ベクトルの関係に類似している．特に量子力学で使われる演算子は，線形代数におけるエルミート行列というものに対応する．固有値が実数，固有ベクトルが直交するなどのエルミート行列の性質を，量子力学の演算子ももち，それらが数学的にも物理的にも重要な意味をもっているのである．

またこの章では，量子力学における状態の，抽象的な見方を導入する．今まで状態は，位置座標の関数である波動関数で表わしてきた．しかしそれは，1つの特別な表示に過ぎない．線形代数におけるベクトルは，基底ベクトルの取り方でその表示が変わる．それと同様に，量子力学での状態も，各演算子の固有関数を基準に表示することによって，さまざまな表現ができる．たとえば通常の波動関数は，位置の演算子の固有関数を基準にした表現であるが，運動量演算子を基準にして表現することもできる．このような見方で，今までの計算をより深い立場から見直してみよう．

また，この章で学んだことの応用として，不確定性関係，および角運動量の合成についても説明する．

8.1 エルミート行列の性質

ぽいんと

量子力学の話に入る前に，まず線形代数の概説，特にエルミート行列とその固有ベクトルというものの説明をする．

キーワード：ベクトル空間，内積，基底，完全系，一次独立，正規直交基底，クロネッカーの$\boldsymbol{\delta}$(デルタ)，固有ベクトル，固有値，エルミート行列

■ベクトル空間

n 個の数からなる列$(a_i, i=1, \cdots, n)$を考えよう．そのような列(a_i)と(b_i)の和，および(a_i)と数λの積を

$$\begin{pmatrix} a_1 \\ a_2 \\ \vdots \end{pmatrix} + \begin{pmatrix} b_1 \\ b_2 \\ \vdots \end{pmatrix} = \begin{pmatrix} a_1+b_1 \\ a_2+b_2 \\ \vdots \end{pmatrix}, \qquad \lambda \begin{pmatrix} a_1 \\ a_2 \\ \vdots \end{pmatrix} = \begin{pmatrix} \lambda a_1 \\ \lambda a_2 \\ \vdots \end{pmatrix} \tag{1}$$

というように定義する．このとき(a_i)を**ベクトル**といい，(a_i)と表わされるものすべての集合を(n次元)**ベクトル空間**と呼ぶ．3次元の場合は，空間内の通常のベクトルと考えてよい．以下，3次元の例にならって，(a_i)のことを$\boldsymbol{a}$と書くことにする．

2つのベクトル$\boldsymbol{a}$と$\boldsymbol{b}$の**内積**を$\langle \boldsymbol{a}, \boldsymbol{b} \rangle$と書き

▶a^*はaの複素共役である．

$$\langle \boldsymbol{a}, \boldsymbol{b} \rangle = a_1{}^* b_1 + a_2{}^* b_2 + \cdots + a_n{}^* b_n \tag{2}$$

と定義する．これも，$n=3$のときは通常の内積の定義と変わらない．

あるベクトル$\boldsymbol{c}$が$\boldsymbol{a}$と$\boldsymbol{b}$の一次結合(線形結合)で表わされるとは

$$\boldsymbol{c} = \alpha \boldsymbol{a} + \beta \boldsymbol{b} \qquad (\alpha, \beta \text{は定数})$$

▶2つのベクトルが平行でないとき，それらは**一次独立**であるという．これを一般化し，m個のベクトル$\{\boldsymbol{a}_i\}$に対して，どのような定数α_iを持ってきても$\sum_i \alpha_i \boldsymbol{a}_i = 0$とならないとき，$\boldsymbol{a}_1, \cdots, \boldsymbol{a}_m$は互いに一次独立であるという．

という関係が成り立つことである．n次元ベクトル空間では，n個のベクトルをうまく選ぶと，その一次結合ですべてのベクトルが表わせる．そのようなn個のベクトルの集合を，**基底**あるいは**完全系**と呼ぶ．たとえば2次元では，

$$\boldsymbol{e}_1 = \begin{pmatrix} 1 \\ 0 \end{pmatrix}, \qquad \boldsymbol{e}_2 = \begin{pmatrix} 0 \\ 1 \end{pmatrix} \tag{3}$$

が基底となる．これを用いれば，任意のベクトル$\boldsymbol{a} = (a_1, a_2)$は

$$\boldsymbol{a} = a_1 \boldsymbol{e}_1 + a_2 \boldsymbol{e}_2$$

となる．しかし，基底は必ずしも(3)のようにとる必要はない．たとえば

$$\boldsymbol{e}_1{}' = \frac{1}{\sqrt{2}} \begin{pmatrix} 1 \\ 1 \end{pmatrix}, \qquad \boldsymbol{e}_2{}' = \frac{1}{\sqrt{2}} \begin{pmatrix} 1 \\ -1 \end{pmatrix} \tag{4}$$

とすれば，先のベクトル$\boldsymbol{a}$は

$$\boldsymbol{a} = \frac{a_1+a_2}{\sqrt{2}} \boldsymbol{e}_1{}' + \frac{a_1-a_2}{\sqrt{2}} \boldsymbol{e}_2{}'$$

と表わされる．

n 次元ベクトル空間のある基底 $\{\boldsymbol{e}_i, i=1,\cdots,n\}$ が，規格化

$$\langle \boldsymbol{e}_i, \boldsymbol{e}_i \rangle = 1 \tag{5}$$

されており，しかも互いに直交

$$\langle \boldsymbol{e}_i, \boldsymbol{e}_j \rangle = 0 \qquad (i \neq j) \tag{6}$$

しているとき，これを**正規直交基底**と呼ぶ．(3)も(4)もどちらも正規直交基底である．もし $\{\boldsymbol{e}_i\}$ が正規直交基底ならば，ベクトル $\boldsymbol{a}$ の展開

$$\boldsymbol{a} = \alpha_1 \boldsymbol{e}_1 + \alpha_2 \boldsymbol{e}_2 + \cdots + \alpha_n \boldsymbol{e}_n \tag{7}$$

の係数は，次の式から求まる．

$$\alpha_i = \langle \boldsymbol{e}_i, \boldsymbol{a} \rangle \tag{8}$$

▶ベクトル自身の内積が1となるようにすることを規格化という．

▶(5)と(6)をまとめて，$\langle \boldsymbol{e}_i, \boldsymbol{e}_j \rangle = \delta_{ij}$ と表わす．δ_{ij} は**クロネッカーの δ** と呼ばれる記号で，$i=j$ のとき1，$i \neq j$ のとき0と定義される．

▶あるベクトルを基底の一次結合で表現することをベクトルの展開という．

▶(8)は(7)の両辺の $\boldsymbol{e}_i$ との内積を取り，(5)と(6)を使えば求まる．

■エルミート行列

n 行 n 列の行列 M に対して

$$M\boldsymbol{a} = \lambda \boldsymbol{a} \tag{9}$$

という関係が成り立つ n 次元ベクトル $\boldsymbol{a}$ を，M の**固有ベクトル**と呼び，λ をその**固有値**と呼ぶ．たとえば，

$$M = \begin{pmatrix} 0 & 1 \\ 1 & 0 \end{pmatrix} \tag{10}$$

とすると，2つの固有ベクトル $\begin{pmatrix} 1 \\ 1 \end{pmatrix}, \begin{pmatrix} 1 \\ -1 \end{pmatrix}$ が存在し，固有値はそれぞれ1と -1 である．

$$\begin{pmatrix} 0 & 1 \\ 1 & 0 \end{pmatrix}\begin{pmatrix} 1 \\ 1 \end{pmatrix} = +\begin{pmatrix} 1 \\ 1 \end{pmatrix}, \qquad \begin{pmatrix} 0 & 1 \\ 1 & 0 \end{pmatrix}\begin{pmatrix} 1 \\ -1 \end{pmatrix} = -\begin{pmatrix} 1 \\ -1 \end{pmatrix}$$

▶固有ベクトルを何倍しても，同じ固有値に対する固有ベクトルであるが，これは同じものとして勘定することにする．

行列 $M=(m_{ij}: i,j=1,\cdots,n)$ に対して，各要素の複素共役をとり，さらに転置した $M'=(m_{ij}'=m_{ji}^*)$ という行列を，M の**エルミート共役**と呼び，$M^\dagger$ と書く．また，エルミート共役が自分と一致する行列($M=M^\dagger$)を，**エルミート行列**と呼ぶ．(10)はエルミート行列である．

▶$\begin{pmatrix} a & b \\ c & d \end{pmatrix}$ のエルミート共役は $\begin{pmatrix} a^* & c^* \\ b^* & d^* \end{pmatrix}$ となる．

(n 次元)エルミート行列は，次の性質をもつ．

[1]　すべての固有値は実数である．

そして，もしすべての固有値が異なるならば

[2]　固有ベクトルは n 個あり，それらは互いに直交する．

等しい固有値がある場合は，[2]を次のように言い換える．

[2′]　互いに直交する固有ベクトルを n 個選ぶことができる．

固有ベクトルの長さは自由に調節できるのだから，いずれにしろ，エルミート行列の固有ベクトルは，正規直交基底にすることができるということを意味する．次の性質も重要である．

▶[2′]の例として $M=\begin{pmatrix} 1 & 0 \\ 0 & 1 \end{pmatrix}$ のときは，すべてのベクトルが固有値1の固有ベクトルである．その中から(3)のように直交する2つを選ぶことができる．

[3]　2つのエルミート行列 M_1 と M_2 が交換する．

$$M_1 M_2 = M_2 M_1 \qquad ([M_1, M_2] \equiv M_1 M_2 - M_2 M_1 = 0)$$

のときは，n 個の固有ベクトルを両者に共通に選ぶことができる．

▶[3]の例は章末問題8.1参照．

8.2 関数空間

ぽいんと

前節で，ベクトル空間とエルミート行列に関して述べたことは，ほとんどそのままの形で，量子力学における波動関数と演算子に関する性質として通用する．ただし，そのことを理解するには，無限次元ベクトル空間である，関数空間という概念を使わなければならない．

キーワード：関数空間，直交，フーリエ展開

■関数空間

1 次元空間の周期 $2L$ の関数 $f(x)$ を考える．$f(x)$ は次の条件を満たす．

$$f(x) = f(x \pm 2L) = f(x \pm 4L) = \cdots \tag{1}$$

このような関数が 2 つあれば，その和も明らかに(1)の条件を満たす．また，(1)を満たす関数を定数倍しても，やはり(1)を満たす．これは前節の(1)に対応しており，数学の用語を使えば，(1)を満たす関数の集合(**関数空間**)はベクトル空間であるということになる．

▶周期関数ではない，2 乗可積分関数の関数空間というのも重要である．8.5 節参照．

▶ただし，無限次元ベクトル空間である．

周期が $2L$ なのだから，幅 $2L$ の領域を考えれば関数の性質は決まる．そこでこれからは，$-L<x<L$ の範囲に限って話を進めることにしよう．まず，(1)を満たす関数 f, g の内積を $\langle f|g\rangle$ と書き

$$\langle f|g\rangle \equiv \int_{-L}^{L} f^*(x)g(x)dx \tag{2}$$

というように定義する．f と g の内積がゼロのとき，この 2 つの関数は**直交**しているという．また $\langle f|f\rangle=1$ のとき，f は規格化されているという．

▶8.8 節で $\langle f|$, $|g\rangle$ というものを個別に定義するが，ここでは $\langle f|g\rangle$ で内積を表わすと思えばよい．

(1)を満たす例として

$$e_n \equiv \frac{1}{\sqrt{2L}} e^{ik_n x}, \qquad k_n \equiv \frac{\pi n}{L} \qquad (n \text{ は任意の整数}) \tag{3}$$

という関数がある．(1)の条件より，k_n の値が離散的(跳び跳び)になることに注意しよう．(3)は，n が異なれば直交している．

▶8.6 節で $L\to\infty$ の極限(すなわち k の値が連続的になる)の取り扱いを説明する．

$$\langle e_n|e_{n'}\rangle = \frac{1}{2L}\int_{-L}^{L} e^{i(k_n - k_{n'})x} dx = 0 \qquad (n \neq n')$$

また，規格化もされており，一般的に

$$\langle e_n|e_{n'}\rangle = \delta_{nn'} \tag{4}$$

▶$\delta_{nn'}$ はクロネッカーの δ．前節参照．

と書ける．さらに(3)は，このベクトル空間の完全系でもある．つまり(3)は，この空間の基底になり，(1)を満たすすべての関数は，(3)の一次結合で表わされる(証明は右ページ)．

$$f(x) = \sum_{n=-\infty}^{\infty} F_n e_n(x) = \frac{1}{\sqrt{2L}} \sum_{n=-\infty}^{\infty} F_n e^{ik_n x} \tag{5}$$

▶e^{ikx}，あるいは $\cos kx$，$\sin kx$ での展開を**フーリエ展開**と呼ぶ．

そして(3)は直交しているのだから，係数 F_n は

$$F_n = \langle e_n | f \rangle = \frac{1}{\sqrt{2L}} \int_{-L}^{L} e^{-ik_n x} f(x) dx \tag{6}$$

というように表わせる．これは前節の(8)に対応している．

■完 全 性

(3)が完全系であること，つまりこの関数空間の基底(正規直交基底)であることを示すには，$-L<x<L$ で定義されているあらゆる関数 f が，(5)と(6)のように表わされることを示せばよい．(6)を(5)に代入して

▶変数を混同しないように，(6)の x を y に置き換えてから代入している．

$$f(x) = \int_{-L}^{L} \left\{ \lim_{N\to\infty} D_N(x-y) \right\} f(y) dy, \qquad D_N(x-y) \equiv \frac{1}{2L} \sum_{n=-N}^{N} e^{ik_n(x-y)} \tag{7}$$

であることを示そう．D_N を計算すると

$$2LD_N = \frac{e^{i\left(N+\frac{1}{2}\right)\frac{\pi}{L}(x-y)} - e^{-i\left(N+\frac{1}{2}\right)\frac{\pi}{L}(x-y)}}{e^{i\frac{\pi}{2L}(x-y)} - e^{-i\frac{\pi}{2L}(x-y)}} = \frac{\sin\left\{\left(N+\frac{1}{2}\right)\frac{\pi}{L}(x-y)\right\}}{\sin\left\{\frac{\pi}{2L}(x-y)\right\}}$$

▶分母の $\sin\left\{\frac{\pi}{2L}(x-y)\right\}$ も振動するが，分子に比べれば振動はゆるやかである．

となる．これは $1/\sin\left\{\frac{\pi}{2L}(x-y)\right\}$ を振幅とし，($N\to\infty$ の極限では)無限の速さで振動する関数である．このような関数に，有限の速さでしか変化しない関数を掛けて積分すれば，プラスの部分とマイナスの部分が打ち消しあってゼロになってしまう．実際，部分積分により

$$\int \sin\left\{\left(N+\frac{1}{2}\right)\frac{\pi}{L}(x-y)\right\} \frac{f(y)}{\sin\left\{\frac{\pi}{2L}(x-y)\right\}} dy$$

$$= \frac{1}{N+\frac{1}{2}} \frac{L}{\pi} \left\{ -\cos\left\{\left(N+\frac{1}{2}\right)\frac{\pi}{L}(x-y)\right\} \frac{f(y)}{\sin\left\{\frac{\pi}{2L}(x-y)\right\}} + \int (\cdots) dy \right\}$$

であるから，$(\cdots)$の中が有限である限り，$N\to\infty$ の極限では右辺はゼロになる．ゼロにならないのは，$\sin\{\pi(x-y)/2L\}=0$ となる $x=y$ が積分領域に含まれている場合である．つまり(7)の積分は，$[x-\varepsilon, x+\varepsilon]$ $(\varepsilon \ll 1)$ という微小な領域だけを考えればよい．$\sin z \simeq z$ $(z\ll 1)$ の式を使い，

▶いま x が $-L<x<L$ としているが，この領域外のときもほぼ同様に計算できる(章末問題参照)．

▶$x-\varepsilon<y<x+\varepsilon$，$\varepsilon\ll 1$ だから

$$f(y) \to f(x)$$

とした．

$$(7)\text{の積分} = \frac{1}{2L} \lim_{N\to\infty} \int_{x-\varepsilon}^{x+\varepsilon} \frac{\sin\left\{\left(N+\frac{1}{2}\right)\frac{\pi}{L}(x-y)\right\}}{\frac{\pi}{2L}(x-y)} f(y) dy$$

$$\simeq \frac{f(x)}{\pi} \lim_{N\to\infty} \int_{-\left(N+\frac{1}{2}\right)\frac{\pi}{L}\varepsilon}^{\left(N+\frac{1}{2}\right)\frac{\pi}{L}\varepsilon} \frac{\sin X}{X} dX \quad \left(X \equiv \left(N+\frac{1}{2}\right)\frac{\pi}{L}(x-y) \right)$$

ε は小さいとしても $N\to\infty$ なのだから，この積分領域は $-\infty<x<\infty$ だとしてよい．そして

$$\int_{-\infty}^{\infty} \frac{\sin X}{X} dX = \pi$$

という積分公式を使えば，(7)の右辺の積分は左辺 $f(x)$ に一致する．

8.3 演 算 子

ぽいんと

関数空間で，線形代数の行列に対応するものは，演算子である．エルミート行列に対応する，エルミート演算子というものの性質が特に重要である．

キーワード：演算子，エルミート共役，エルミート演算子，縮退

■固有関数

ベクトルの一次結合に行列 M を作用させると

$$M(\alpha \boldsymbol{a}+\beta \boldsymbol{b}) = \alpha M\boldsymbol{a}+\beta M\boldsymbol{b} \tag{1}$$

となる．一方，微分という操作を考えると

$$\frac{d}{dx}\{\alpha f(x)+\beta g(x)\} = \alpha\frac{df}{dx}+\beta\frac{dg}{dx}$$

というように，(1)と同じ関係が成り立っていることがわかる．このような性質をもつものを，(関数空間における)**演算子**と呼ぶ．微分のみならず，座標 x も，また2階微分を含むハミルトニアンも演算子である．

▶正確には線形演算子だが，以下，演算子と言えば線形演算子を意味することにする．

▶$x(\alpha f+\beta g)=\alpha xf+\beta xg$

演算子を一般的に O と表わす．関数 f に対して

$$Of = \lambda f \qquad (\lambda\text{は定数}) \tag{2}$$

という関係が成り立っているとき，この f を O の固有関数と呼び，λ を f の固有値と呼ぶ((8.1.9)に対応)．たとえば，運動量演算子は $-i\hbar d/dx$ であるが，前節の(3)はその固有関数となっている(固有値は $\hbar k_n$)．

$$-i\hbar\frac{d}{dx}e_n(x) = \hbar k_n e_n(x)$$

■エルミート演算子

任意の関数 f と g に対して，次のような関係

$$\langle f|Og\rangle = \langle O^\dagger f|g\rangle \tag{3}$$

つまり

$$\int f^*(Og)dx = \int (O^\dagger f)^* g dx$$

が成り立つ演算子 $O^\dagger$ を，O の**エルミート共役**と呼ぶ．

▶$(O^\dagger)^\dagger=O$，あるいは $(O_1O_2)^\dagger=O_2{}^\dagger O_1{}^\dagger$ などの性質がある(章末問題参照)．すべて行列の公式に対応する．

また，エルミート共役がもとの演算子と一致する場合，つまり

$$O = O^\dagger \qquad (\iff \langle f|Og\rangle=\langle Of|g\rangle)$$

であるとき，O を**エルミート演算子**であるという．座標 x も，また x の任意の実数関数も，エルミート演算子である．また，運動量演算子もエルミート演算子である．実際，部分積分をすれば，

▶これは f や g が無限遠で 0 になる関数の場合に，章末問題 5.1 ですでに証明したことである．f や g が前節で登場した周期関数の場合は，この式を $-L$ から L までの定積分だとする．すると部分積分をしたときの $x=\pm L$ からの寄与は，周期性により相殺する．任意の関数に対しては，部分積分をしたとき両端からの寄与が残るので，運動量演算子はエルミートとは言えない．つまりエルミート性とは，どのような関数空間で考えているかに依存する概念である．

$$\int f^*\left(-i\hbar\frac{d}{dx}g\right)dx = \int\left(i\hbar\frac{d}{dx}f^*\right)gdx = \int\left(-i\hbar\frac{d}{dx}f\right)^* gdx$$

運動量の 2 乗，運動エネルギーの演算子もエルミート演算子である．しかし運動量と座標の積はエルミート演算子ではない．

エルミート行列同様，エルミート演算子についても，次の定理が成り立つ．

定理　[1] 固有値はすべて実数である．

[2] 異なる固有値に属する固有関数は直交する．

[3] 固有関数から，正規直交基底が作れる．

[4] 2 つのエルミート演算子が交換する．

$$O_1O_2 = O_2O_1 \qquad ([O_1, O_2]=0)$$

このとき，双方に共通の固有関数で正規直交基底が作れる．

[証明]　[1] $Of=\lambda f$ だとすると，

$$\langle f|Of\rangle = \lambda\langle f|f\rangle, \qquad \langle Of|f\rangle = \lambda^*\langle f|f\rangle$$

O がエルミートならば，この 2 つは等しいのだから $\lambda=\lambda^*$.

[2] $Of_1=\lambda_1 f_1$, $Of_2=\lambda_2 f_2$ とすると，

$$\langle f_2|Of_1\rangle = \lambda_1\langle f_1|f_2\rangle, \qquad \langle Of_2|f_1\rangle = \lambda_2\langle f_1|f_2\rangle$$

O がエルミートならば，この 2 つは等しいが，$\lambda_1 \neq \lambda_2$ ならば

$$(\lambda_1-\lambda_2)\langle f_1|f_2\rangle = 0 \quad \Rightarrow \quad \langle f_1|f_2\rangle = 0$$

でなければならない．つまり f_1 と f_2 は直交している．

▶[3]を示すには，[2]の他に，固有関数の集合が完全系を作ることを示さなければならないが，かなり数学的な議論を必要とするので，ここでは省略する．具体例は後で示す．

[3] 証明略

[4] まず，O_1 の固有値がすべて異なる(つまり，固有値が等しい 2 つの固有関数があれば，それは定数係数を除いて等しい)とする．すると，$O_1 f=\lambda f$ ならば

$$O_1O_2f = O_2O_1f \quad \Rightarrow \quad O_1(O_2f) = \lambda(O_2f) \tag{4}$$

なので，O_2f も，固有値 λ の O_1 の固有関数である．したがって仮定より，$O_2f \propto f$. つまり f は O_2 の固有関数でもある．したがって，O_1 の固有関数で作った正規直交基底は，O_2 の固有関数から作ったものともいえる．

▶同じ固有値をもつ一次独立な固有関数が複数あるとき，**縮退**があるという．縮退の例は，演算子がハミルトニアンの場合にすでに登場している(5.6 節)．

同じ固有値に属する(一次独立な)固有関数が複数ある場合は，少し複雑になるが，話の概略だけを述べておこう．まず，固有値 λ に属する一次独立な固有関数の集合を $\{f_i, i=1, \cdots, n\}$ とする．つまり，固有値 λ の固有関数の集合は n 次元のベクトル空間になる．このベクトル空間を V と書こう．

(4)から，O_2f_i も固有値 λ の O_1の固有関数であり，V に属している．したがって，O_2 は V 内での演算子(しかもエルミート)となり，[3]を認めれば，その固有関数で V 内の正規直交基底が作れる．V 内の関数はすべて O_1 の固有関数でもあるのだから，結局，共通の固有関数で正規直交基底が作れることになる．

8.4　演算子と観測値

ぽいんと

量子力学では，位置，運動量，角運動量，エネルギーなど，物理量にはすべてそれに対応する演算子がある．そして各演算子の固有関数が，その物理量が特定の値をもつ状態になる．また固有関数以外の一般の関数は，固有関数の一次結合で表わされる．物理的に言えば，それらは，その物理量がさまざまな値をもつ共存状態である．物理量の観測値の分布は，固有関数で展開したときの展開係数で表わされる．

キーワード：観測値，δ 関数

■演算子と観測値

まず，一般の演算子と観測値との関係をまとめておこう．ある物理量 A に対する演算子が $\hat{A}$ であったとする．そしてその(規格化された)固有関数および固有値を (ψ_n, λ_n) と表わす．つまり，

▶ある量が演算子であることを強調したいときは，＾を付ける．

$$\hat{A}\psi_n = \lambda_n \psi_n$$

これは物理量 A を測定すれば，その固有値 λ_n が観測されることを示す．つまり ψ_n は，この物理量が λ_n である状態を表わしている．

一般の状態の波動関数は，$\hat{A}$ の固有関数に一致するとは限らない．しかし前節の定理[3]により，固有関数で展開することができる．

$$\psi(x) = \sum_n a_n \psi_n(x) \qquad (a_n \text{は定数}) \tag{1}$$

この状態の物理量を測ったとしよう．λ_n 以外の値をもつ状態は存在しないのだから，観測される値は λ_n のいずれかである．しかし，どの λ_n が観測されるかはわからない．

量子力学でわかるのは，同じ状態をもつ系を何度も測定したとき，その結果がどのように分布するかということである．量子力学の主張によれば，「展開(1)の係数の 2 乗，$|a_n|^2$ は，λ_n という値が測定される相対頻度(頻度の比)を表わす」となる．

この主張を，量子力学の公理と考えるか，それとも他のもっと根本的な原理から導かれる定理と考えるかは，まだ専門家の意見は一致していない．しかしその議論に立ち入ると話が面倒になるので，ここでは，これが量子力学の主張であると認めてもらうことにし，詳しくは付録で解説する．

以下，立場の違いには依らない注意点を述べる．

［1］　相対頻度とは，相対確率(確率の比)といってもよい．もし波動関数が規格化されている場合には，$\{\psi_n\}$ が正規直交基底であるということから，(1)より

$$\langle\psi|\psi\rangle = \sum_n |a_n|^2 = 1$$

という式が求まる．和が1になるようになっているのだから，$|a_n|^2$は「相対」という言葉を除いて，確率そのものだと考えてよい．

▶確率といっても，あくまでも測定結果の分布の話であって存在確率ではない．ψ_nという状態のどれかが$|a_n|^2$という確率で存在していると考えてはいけない．第1章でも注意したが，どれか1つの状態が存在しているのではなく，複数の状態が，a_nという共存度で同時に「共存」しているのである．

［2］ 粒子の位置を観測したとき，xという位置に発見される確率は$|\psi(x)|^2$であると，すでに第1章で説明した．実はこれも，上の主張の一例である．$A=x$のときは波動関数$\psi(x)$自身が，xの固有関数の展開係数だと解釈できるからだが，そのことは，この節の最後に説明する．

［3］ ある粒子がxという位置に発見される確率が$|\psi(x)|^2$であるならば，xの平均値$\bar{x}$は

$$\textbf{平均値}\quad \bar{x} = \int x|\psi(x)|^2 dx$$

と表わせる．一般に，物理量Aの測定結果の平均値を$\bar{A}$とすれば

$$\bar{A} = \int \psi^* \hat{A} \psi dx \tag{2}$$

である（ψは規格化されているとする）．実際，前ページの主張から

$$\bar{A} = \sum_n \lambda_n |a_n|^2$$

であるが，これが(2)に等しいことは，(1)を(2)に代入すればわかる．

■位置xの固有関数

xを座標変数，そしてx_0をある定数だとする．$x=x_0$となる状態の波動関数$\psi_{x_0}(x)$はどのような関数だろうか．ψ_{x_0}は固有値x_0の固有関数だから

$$x\cdot\psi_{x_0}(x) = x_0\cdot\psi_{x_0}(x) \quad\Rightarrow\quad (x-x_0)\cdot\psi_{x_0}(x) = 0 \tag{3}$$

という式を満たすので，2番目の式より，$x \neq x_0$のときは$\psi_{x_0}=0$でなければならない．つまりψ_{x_0}は，$x=x_0$のときのみゼロでない関数である．そこで

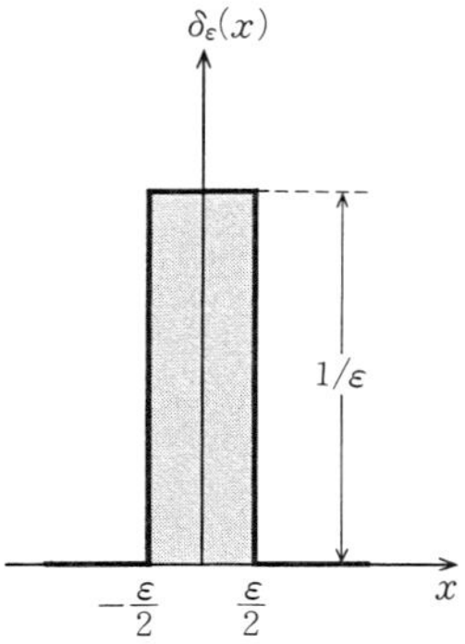

図1 関数$\delta_\varepsilon(x)$
$\varepsilon\to 0$の極限がディラックのδ関数

$$\delta_\varepsilon(x) \equiv \begin{cases} 1/\varepsilon & -\dfrac{\varepsilon}{2} < x < \dfrac{\varepsilon}{2} \\ 0 & \text{それ以外の } x \end{cases}$$

とし，$\delta_\varepsilon(x)$の$\varepsilon\to 0$の極限を$\delta(x)$と表わそう．$\delta(x)$を（**ディラックの）$\boldsymbol{\delta}$関数**と呼ぶ（図1）．これをx_0だけずらしたのが$\delta(x-x_0)$である．この関数が(3)を満たしていることは明らかだろう（$x=x_0$のときにのみゼロでないのだから）．同様に，任意の関数ψに対して

▶ディラックのδ関数とは8.1節で定義したδ_{ij}（クロネッカーのδ）で，iやjが連続的に変わる変数の場合に拡張したようなものである．

▶$\delta(x-x_0)$を$x=x_0$を含む領域で積分すれば1になる．

$$\int\delta(x-x_0)dx_0 = \int\delta(x-x_0)dx = 1$$

$$\psi(x) = \int \psi(x_0)\delta(x-x_0)dx_0 \tag{4}$$

という式が成り立つ．右辺の$\psi(x_0)$は$\psi(x)$に置き換えてよく，積分の外に出せるから，残った積分は1になり左辺が求まる．(4)は，$\psi(x)$という関数をxの固有関数$\delta(x-x_0)$で展開すれば，その展開係数が$\psi(x_0)$になることを意味している．これが上の[2]で述べたことである．

▶δ関数の規格化には，今までとは異なる注意が必要である（8.6節参照）．

8.5 具体例

ぽいんと

演算子および観測値に関して説明してきた一般論を，具体的な物理量にあてはめて説明する．

キーワード：2 乗可積分

■スピン

電子のスピン角運動量(以下，スピンという)の演算子は行列で表わされ，その形は 6.3 節で説明したように

$$S_x = \frac{\hbar}{2}\begin{pmatrix} 0 & 1 \\ 1 & 0 \end{pmatrix}, \quad S_y = \frac{\hbar}{2}\begin{pmatrix} 0 & -i \\ i & 0 \end{pmatrix}, \quad S_z = \frac{\hbar}{2}\begin{pmatrix} 1 & 0 \\ 0 & -1 \end{pmatrix}$$

である．z 成分 S_z の固有値は $\pm\hbar/2$ であり，固有ベクトルは

$$\frac{\hbar}{2}\begin{pmatrix} 1 & 0 \\ 0 & -1 \end{pmatrix}\begin{pmatrix} 1 \\ 0 \end{pmatrix} = \frac{\hbar}{2}\begin{pmatrix} 1 \\ 0 \end{pmatrix}, \quad \frac{\hbar}{2}\begin{pmatrix} 1 & 0 \\ 0 & -1 \end{pmatrix}\begin{pmatrix} 0 \\ 1 \end{pmatrix} = -\frac{\hbar}{2}\begin{pmatrix} 0 \\ 1 \end{pmatrix} \quad (1)$$

▶予想通り，この 2 つの固有ベクトルは直交する．

で示されるように $\begin{pmatrix} 1 \\ 0 \end{pmatrix}, \begin{pmatrix} 0 \\ 1 \end{pmatrix}$ である．一般の状態 (ψ_1, ψ_2) では，この 2 つが共存しており，

$$\begin{pmatrix} \psi_1 \\ \psi_2 \end{pmatrix} = \psi_1\begin{pmatrix} 1 \\ 0 \end{pmatrix} + \psi_2\begin{pmatrix} 0 \\ 1 \end{pmatrix}$$

というように展開できる．つまり，この状態のスピンの z 成分を測定すれば，その結果が $\pm\hbar/2$ となる確率は，それぞれ $|\psi_1|^2$ と $|\psi_2|^2$ である．

x 成分の固有値も $\pm\hbar/2$ であるが，その固有ベクトルは

$$\frac{\hbar}{2}\begin{pmatrix} 0 & 1 \\ 1 & 0 \end{pmatrix}\begin{pmatrix} 1 \\ 1 \end{pmatrix} = \frac{\hbar}{2}\begin{pmatrix} 1 \\ 1 \end{pmatrix}, \quad \frac{\hbar}{2}\begin{pmatrix} 0 & 1 \\ 1 & 0 \end{pmatrix}\begin{pmatrix} 1 \\ -1 \end{pmatrix} = -\frac{\hbar}{2}\begin{pmatrix} 1 \\ -1 \end{pmatrix}$$

▶この 2 つの固有ベクトルも直交する．

のように $\begin{pmatrix} 1 \\ 1 \end{pmatrix}, \begin{pmatrix} 1 \\ -1 \end{pmatrix}$ となる．これは S_z の固有ベクトルとは異なる．$[S_z, S_x] = i\hbar S_y \neq 0$ であるから，このことは 8.3 節の[4]より予想されることである．たとえば，x 成分の固有値が $+\hbar/2$ となる固有ベクトル $\begin{pmatrix} 1 \\ 1 \end{pmatrix}$ を(規格化した上で) S_z の固有ベクトル $\begin{pmatrix} 1 \\ 0 \end{pmatrix}, \begin{pmatrix} 0 \\ 1 \end{pmatrix}$ で展開すると，

$$\frac{1}{\sqrt{2}}\begin{pmatrix} 1 \\ 1 \end{pmatrix} = \frac{1}{\sqrt{2}}\begin{pmatrix} 1 \\ 0 \end{pmatrix} + \frac{1}{\sqrt{2}}\begin{pmatrix} 0 \\ 1 \end{pmatrix}$$

となる．つまり，x 成分を測定したら $\hbar/2$ となった状態に対し，第二の測定として z 成分を測定すると，$\pm\hbar/2$ のどちらになるかは 1 対 1 の確率だということになる．

また，スピン演算子ベクトルの 2 乗は，

$$\boldsymbol{S}^2 = S_x{}^2 + S_y{}^2 + S_z{}^2 = \frac{3}{4}\hbar^2\begin{pmatrix} 1 & 0 \\ 0 & 1 \end{pmatrix}$$

となる．これは単位行列に比例しているから，あらゆるベクトルが固有ベ

クトルになる．したがって，たとえば(1)の z 成分に対する固有ベクトルを選べば，$\boldsymbol{S}^2$ と S_z に共通の正規直交基底になるが，これは $[\boldsymbol{S}^2, S_z]=0$ と，8.3節の[4]を考えれば当然だろう．

■軌道角運動量

軌道角運動量は，球座標で表わせば(5.2.6)，(5.2.7)であり，2つの角度変数 θ と ϕ で書ける．そして $\boldsymbol{L}^2$ および L_z の固有関数が，球関数 $Y_{lm}(\theta, \phi)$ で表わされ，その固有値は

$$\boldsymbol{L}^2 Y_{lm} = \hbar^2 l(l+1) Y_{lm}, \qquad L_z Y_{lm} = \hbar m Y_{lm}$$

であることは，すでに5.4節で説明した．このように書けるのは，もちろん $[\boldsymbol{L}^2, L_z]=0$ の結果である．$\boldsymbol{L}^2$ あるいは L_z の片方だけでは，固有関数が決まらないことに注意しよう．同じ l をもつ固有関数は複数個ある(縮退している)ので，L_z の値も決めることにより初めて状態が指定される．

▶球座標では，r＝一定の球面の座標が θ と ϕ である．

5.4節の Y_{lm} はすでに規格化されており，量子数(l と m)のいずれかが異なれば直交する(ただし，規格化の計算にともなう球面上の積分では，$\sin\theta$ が掛かることに注意)．

$$\int Y_{l'm'}{}^*(\theta, \phi) Y_{lm}(\theta, \phi) \sin\theta d\theta d\phi = \delta_{ll'}\delta_{mm'}$$

一般の θ と ϕ の関数 $Y(\theta, \phi)$ は

$$Y(\theta, \phi) = \sum_{l,m} a_{lm} Y_{lm}(\theta, \phi) \qquad (a_{lm} \text{ は定数})$$

というように，球関数で展開できる．

▶関数 $f(\boldsymbol{r})$ を全空間で積分すれば，

$$\int f \cdot r^2 \sin\theta dr d\theta d\phi$$

特に球面 $r=r_0$ に限って積分すれば，

$$r_0{}^2 \int f \sin\theta d\theta d\phi$$

■水素原子の波動関数

水素原子の波動関数が $R_{nl} Y_{lm}$ というように表わされることは5.6節で説明した．これは水素原子のハミルトニアン H および軌道角運動量 $\boldsymbol{L}^2$，そして L_z の固有関数である．ただし，R_{nl} という関数は，ハミルトニアンそのものではなく，そこに $\boldsymbol{L}^2$ の値 $\hbar^2 l(l+1)$ を代入した演算子($H(l)$ と書く，5.5節参照)の固有関数である．そしてもちろん，$[H(l), \boldsymbol{L}^2] = [H(l), L_z]=0$ となっている．

波動関数は，

$$\int \{R_{n'l'}(r) Y_{l'm'}(\theta, \phi)\}^* R_{nl}(r) Y_{lm}(\theta, \phi) r^2 \sin\theta dr d\theta d\phi = \delta_{nn'}\delta_{ll'}\delta_{mm'}$$

という関係を満たす．関数の集合 $\{R_{nl} Y_{lm}\}$ は，全空間で2乗可積分(左の注を参照)な関数からなるベクトル空間の正規直交基底となる．

▶1次元で説明すると，関数 $\psi(x)$ が $-\infty<x<\infty$ で**2乗可積分**であるとは，

$$\int_{-\infty}^{\infty} \psi^* \psi dx = \text{有限}$$

であることを意味する(必要条件として，$\psi(x\to\pm\infty)\to 0$)．2乗可積分な関数の一次結合はやはり2乗可積分であるから，2乗可積分な関数の集合は，無限次元のベクトル空間となる．量子力学の立場からいえば，無限遠で粒子が見つかる確率がゼロであることを意味し，束縛状態の波動関数に対応する．

8.6 座標と運動量・表示の変換

ぽいんと

前節で調べた演算子の固有値は，離散的(跳び跳び)であった．一方，位置 x の固有値は，空間が滑らかにつながっている限り連続的である．したがって，関数を x の固有関数で展開するときも，和ではなく積分で表わさなければならなかった．このように，固有値が連続的であるときは，固有関数の規格化にも，今までと違った定義をしなければならない．また，固有関数による展開という立場から，波動関数という概念を一般化する．

キーワード：δ関数による規格化，座標表示，運動量表示，変換公式

■δ関数による規格化

固有値が離散的である場合の固有関数(ψ_n と書く)は，

$$\int \psi_{n'}^*(x)\psi_n(x)dx = \delta_{nn'} \tag{1}$$

という関係を満たす．ただし固有関数が規格化されていて，$n=n'$ の場合，(1)の右辺は1になるとした．一方，位置 x を演算子と考えたときの固有値は連続的に変化する．固有値 x_0 の固有関数は $\delta(x-x_0)$ と書けるから，(1)と同様にこれの直交性を調べると

$$\int \delta(x-x_0')\delta(x-x_0)dx = \delta(x_0-x_0') \tag{2}$$

▶これは(8.4.4)で $\psi=\delta(x-x_0)$ である場合を考えればよい．ただし，δ のような極限でしか定義できない関数を計算に使うのが気持ち悪ければ，$\delta_\varepsilon(x-x_0)$ で考えたのち，$\varepsilon\to 0$ の極限をとればよい．

$x_0 \neq x_0'$ ならば $\delta(x_0-x_0')=0$ だから，期待どおり固有関数は直交している．しかし $x_0=x_0'$ のときは，この δ 関数は無限大になってしまうから，通常の規格化はできない．このような場合，つまり固有値が連続的なときは，固有関数を1に規格化することはできないので，むしろ(2)をこのまま採用する．つまり，クロネッカーの δ ではなく，δ 関数によって規格化するのである．

■運動量の固有関数

このような事情は，運動量演算子の場合にも現われる．運動量の固有関数を周期関数に限定していれば，運動量演算子の固有値は離散的である((8.2.3)参照)が，実際には $L\to\infty$ の極限を考えなければならず，そのときは固有値の間隔は0になってしまう．その極限で8.2節で示した式がどうなるかを調べてみよう．(8.2.5)と(8.2.6)は

▶(8.2.5)，(8.2.6)の n を k で，和を積分で書き直した．$F(k)\equiv F_n$，$dn=\dfrac{L}{\pi}dk$．

$$f(x) = \lim_{L\to\infty}\frac{L}{\pi}\sqrt{\frac{1}{2L}}\int_{-L}^{L}F(k)e^{ikx}dk$$

$$F(k) = \lim_{L\to\infty}\frac{1}{\sqrt{2L}}\int_{-L}^{L}f(x)e^{-ikx}dx$$

となる．このままでは $L\to\infty$ の極限で $F=0$ になってしまうが，

$$\psi(x)\equiv\sqrt{\hbar}f(x),\quad \Psi(p)\equiv\sqrt{\frac{L}{\pi}}F(k)\qquad(p\equiv\hbar k：運動量)$$

というように定義すると，

$$\psi(x)=\frac{1}{\sqrt{2\pi\hbar}}\int\Psi(p)e^{ipx/\hbar}dp \tag{3}$$

$$\Psi(p)=\frac{1}{\sqrt{2\pi\hbar}}\int\psi(x)e^{-ipx/\hbar}dx \tag{4}$$

というように，ψ と Ψ が対称な形になる．(3)は，$\psi(x)$ という関数を

$$e_p(x)\equiv\frac{1}{\sqrt{2\pi\hbar}}e^{ipx/\hbar} \tag{5}$$

という基底で展開したら，その係数が $\Psi(p)$ になったということを意味している．(5)は，運動量演算子の固有値 p の固有関数であるが，その規格化と直交性を調べるために，(3)を(4)に代入すると

▶逆に(4)は，Ψ を(5)で展開したら，その係数が ψ であることを意味する．ただし，そのとき(5)は変数 p の関数であり，x は関数を指定する添字とみなされる．

$$\Psi(p')=\int D(p,p')\Psi(p)dp,\qquad D(p,p')\equiv\int_{-\infty}^{\infty}e_{p'}{}^*(x)e_p(x)dx$$

となる．これと，δ 関数の一般的性質(8.4.4)と比較すれば

$$\int e_{p'}{}^*(x)e_p(x)dx=\delta(p-p')$$

であることがわかる．つまりここでも，固有関数が δ 関数で規格化されていることがわかる．

■表示の変換

(3)と(4)の ψ と Ψ は，互いに他の展開係数となっているという意味で，数学的には対等なものである．一方，物理的に考えても，ψ がある状態を表わす波動関数だとすれば，$|\psi|^2$ が，粒子の位置が x であると観測される相対頻度を表わすのに対し，$|\Psi|^2$ は，粒子の運動量が p であると観測される相対頻度である．つまり x と p の役割が替わっただけで，対等なものであるといえる．しかも単に対等であるばかりでなく，$\psi(x)$ と $\Psi(p)$ のどちらか片方がわかれば他方も計算できるのだから，同等でもある．

この同等性を量子力学的に表現すれば，$\psi(x)$ は「状態を位置の関数として表わしたときの波動関数」，$\Psi(p)$ は「状態を運動量の関数として表わしたときの波動関数」ということができる．つまり ψ は状態の x 表示(**座標表示**)，Ψ は状態の p 表示(**運動量表示**)ということになる．そして(3)と(4)は，一方の表示を他方の表示に移す**変換公式**である．

▶A 表示 a_n から x 表示 ψ を求める変換公式が(8.4.1)の $\psi=\sum a_n\psi_n$ であり，その逆が
$$a_n=\int\psi_n{}^*(x)\psi(x)dx$$

これは，任意の物理量 A に対しても一般化できる．その固有関数(離散的とする) $\psi_n(x)$ で波動関数 $\psi(x)$ を(8.4.1)のように展開すれば，その係数 a_n が，この物理量 A で表示した波動関数ということになる．

8.7 不確定性関係

ぽいんと

交換しない2つの演算子には，一般に共通の固有関数がない．したがって，一方の物理量の値が決まっているときは，他方の物理量は決まらない．たとえば座標と運動量がその例である．我々の日常感覚では，少なくともマクロな物体に対しては，その座標と運動量が同時に決まっているように見える．しかしそれは，量子力学と矛盾するわけではない．座標と運動量が同時に決められないといっても，それはミクロの精度の問題だからである．どの程度の精度で両者を同時に決められるか，その限界を決めるのが，この節で示す不確定性関係である．

キーワード：不確定性関係

■不確定性関係

物理量 A と B に対応する演算子 $\hat{A}$ と $\hat{B}$ が

$$[\hat{A}, \hat{B}] = i\hat{C} \qquad (1)$$

という交換関係を満たしているとする．$\hat{C}\psi=0$ となる特別な状態以外は，$\hat{A}$ と $\hat{B}$ 双方の固有関数は存在しない．特に $\hat{A}=x$，$\hat{B}=p_x=-i\hbar\partial/\partial x$ の場合は

$$[x, p_x] = i\hbar \qquad (2)$$

であり $\hat{C}$ は定数($\neq 0$)となるから，x と p_x 双方の固有関数は存在しない．

▶このことは，すでに6.1節で証明してある．また $\hat{A}, \hat{B}$ がエルミートならば，$\hat{C}$ もエルミート演算子になることに注意．

A, B 双方に対して特定の値をとれないので，A や B を測定すれば，少なくともそのどちらかは測定値がばらつく．そのばらつきを示すために，平均値($\bar{A}, \bar{B}$)からのずれ

$$\Delta A \equiv \hat{A}-\bar{A}, \qquad \Delta B \equiv \hat{B}-\bar{B}$$

を考えよう．$(\Delta A)^2$ の平均値 $\overline{(\Delta A)^2}$ と，$(\Delta B)^2$ の平均値 $\overline{(\Delta B)^2}$ の関係を求めるのが目的である．

まず，状態が ψ という波動関数で表わされるとしよう．そして

$$\Psi_\alpha \equiv (\Delta A + i\alpha\Delta B)\psi \qquad (\alpha \text{は実数の定数})$$

とし，

$$0 \leqq \int \Psi_\alpha{}^* \Psi_\alpha dx = \int \psi^* (\Delta A - i\alpha\Delta B)(\Delta A + i\alpha\Delta B)\psi dx$$

という不等式を考える(ΔA と ΔB がエルミートであることを使った)．この式で$(\Delta A - i\alpha\Delta B)(\Delta A + i\alpha\Delta B)$の部分は ΔA と ΔB の交換関係を使うと

▶O がエルミートならば
$$\int (O\psi_1)^* \psi_2 dx = \int \psi_1{}^* O\psi_2 dx$$

▶(1)と，$\bar{A}$ や $\bar{B}$ は定数であることから，$[\Delta A, \Delta B]=i\hat{C}$

$$(\Delta A - i\alpha\Delta B)(\Delta A + i\alpha\Delta B) = (\Delta A)^2 + \alpha^2(\Delta B)^2 - \alpha\hat{C}$$

となる．したがって上の不等式は，

$$\begin{aligned} 0 &\leqq \overline{(\Delta A)^2} + \alpha^2\overline{(\Delta B)^2} - \alpha\bar{C} \\ &= \overline{(\Delta B)^2}\left\{\alpha - \frac{\bar{C}}{2\overline{(\Delta B)^2}}\right\}^2 + \overline{(\Delta A)^2} - \frac{\bar{C}^2}{4\overline{(\Delta B)^2}} \end{aligned}$$

となるが，右辺を最小にするため，{…}の中がゼロになるようにαをとれば

$$\overline{(\Delta A)^2}\cdot\overline{(\Delta B)^2} \geqq \frac{\bar{C}^2}{4} \tag{3}$$

となる．これが，A と B の値がどの程度ばらつくかを決める条件式であり，**不確定性関係**と呼ばれる．

■位置と運動量の場合

$A=x$，$B=p$ とすれば(2)より，

$$\overline{(\Delta x)^2}\cdot\overline{(\Delta p)^2} \geqq \frac{\hbar^2}{4} \tag{4}$$

となる．この式からすぐわかることは，$\Delta x=0$（つまり x が特定の値を取る場合）ならば $\Delta p=\infty$ であり，その逆も成り立つということである．これは，前節の(3)と(4)からもすぐわかる．たとえば $x=x_0$ と決まっているならば

$$\psi(x) = \delta(x-x_0)$$

であるが，そのときは

$$F(p) \propto e^{-ipx_0/\hbar}$$

つまり，$|F|^2$ は p に依存しない定数となり，p はまったく決まらない．つまり $\Delta p=\infty$ である．逆に p の値が p_0 と決まっているときは $F=\delta(p-p_0)$ であり，そのときは $|\psi|^2$ が x に依存しない定数となる．つまり x はまったく決まらない．

もっともこれらは極端なケースであり，実際の物体は，その位置も運動量もある程度の精度で決まっている．そのような波動関数の例が，3.4 節で議論した波束である．実際，章末問題 3.3 で計算したように，(3.4.5)は

$$\overline{(\Delta x)^2}\cdot\overline{(\Delta p)^2} = \frac{\hbar^2}{4}$$

という等式を満たす．ただし，この波束も(3.4.6)で示したように，時間が経過すると幅が広がり，等号は成り立たなくなる．

不確定性関係を使えば，水素原子が安定である理由，つまり電子が原子の中心に落ち込んでしまわない理由を，直観的に理解できる．実際，電子を原子の中心に閉じ込めようとすると $\Delta x=0$ となるが，(4)の結果，運動量が無限大になり，すぐに電子はそこから飛び出してしまう．

水素中の電子のエネルギーをできるだけ減らすには，その位置の中心からのずれと運動量双方を，できるだけ減らさなければならない．(4)の制限の範囲内でそれを最もうまくやった状態が，基底状態である（章末問題 5.9 参照）．

8.8 表示と行列要素

ぽいんと

8.6 節で，状態には座標表示の他にもさまざまな表示があることを説明した．ここではまず，特定の表示にとらわれない，状態の一般的な表記法を説明する．また，演算子もさまざまな表示で表わせることを示す．

キーワード：ブラベクトル，ケットベクトル，行列要素

■ブラとケット

波動関数というのは，状態の1つの表示法に過ぎない．そこで，波動関数で表わせば $\psi(x)$ となる状態を，抽象的に $|\psi\rangle$ と表わす．この状態が運動量表示で $\Psi(p)$ ならば，$|\Psi\rangle$ と書いてもよい．また量子数を指定して状態を決めることもよくある．一般には複数の量子数が必要となるので，その集合を $\{n_i\}$ と書こう．そして，それにより決まる状態も抽象的に $|\{n_i\}\rangle$ と書く．とにかく状態を指定できる記号を $|\ \rangle$ の中に入れて，表示法とは無関係に，抽象的に状態を表わすのである．

また，$|\psi_1\rangle$ および $|\psi_2\rangle$ できまる状態の内積を $\langle\psi_1|\psi_2\rangle$ と表わす．そして $\langle\cdots|$ を**ブラベクトル**，$|\cdots\rangle$ を**ケットベクトル**と呼ぶ．

▶ブラケット(＝括弧)という単語を分解して作った造語．

この内積を具体的に計算するには，やはり特定の表示法が必要となる．たとえば，それぞれの座標表示での波動関数を $\psi_1(x)$，$\psi_2(x)$ とすれば

▶この書き方はすでに 8.2 節で導入した．

$$\langle\psi_1|\psi_2\rangle = \int \psi_1{}^*\psi_2 dx$$

である．あるいは運動量表示で $\Psi_1(p)$，$\Psi_2(p)$ である場合は

$$\langle\psi_1|\psi_2\rangle = \langle\Psi_1|\Psi_2\rangle = \int \Psi_1{}^*\Psi_2 dp \tag{1}$$

粒子が x という位置にある状態は，x を量子数と考えれば，抽象的に $|x\rangle$ と書ける．これと，一般の状態 $|\psi\rangle$ との内積は

▶$|x_0\rangle$ の座標表示は $\delta(x-x_0)$．

$$\langle x|\psi\rangle = \int \delta(x'-x)\psi(x')dx' = \psi(x)$$

つまり $\langle x|\psi\rangle$ を x の関数とみなせば，それは状態 $|\psi\rangle$ の座標表示のことに他ならない．同様に，運動量が p である状態を $|p\rangle$ とすれば，$|\psi\rangle$ (＝$|\Psi\rangle$) の運動量表示は $\langle p|\psi\rangle$ となる．

■演 算 子

O をある演算子とするとき，抽象的に $\langle\psi_1|O|\psi_2\rangle$ と書いて，座標表示の

$$\langle\psi_1|O|\psi_2\rangle = \int \psi_1{}^* O\psi_2 dx$$

という量を意味するものとする．以前は $\langle\psi_1|O\psi_2\rangle$ と書いた量である．上

のように書くと，O がブラベクトルとケットベクトルに同等に関わった形になるが，演算子がスピンの場合のように行列ならば自然な表記法といえる．実際 O が行列(M とする)，状態が(通常の意味での)ベクトル($\boldsymbol{a}$ および $\boldsymbol{b}$ とする)で表わされる場合，O をはさんだ内積は

▶ ${}^t\boldsymbol{a}$ とは，$\boldsymbol{a}$ の要素を横並びにしたという意味．

$$ {}^t\boldsymbol{a}M\boldsymbol{b} = (a_1, a_2, \cdots)\begin{pmatrix} m_{11} & m_{12} & \cdots \\ m_{21} & m_{22} & \\ \vdots & & \ddots \end{pmatrix}\begin{pmatrix} b_1 \\ b_2 \\ \vdots \end{pmatrix} $$

となるが，これは，${}^t\boldsymbol{a}M$ と $M\boldsymbol{b}$ のどちらを先に計算してもよい．つまり M は $\boldsymbol{a}$ に付いているとも，$\boldsymbol{b}$ に付いているとも考えられる．数学的に立ち入った説明は避けるが，上記の表記も同じ発想だと考えればよい．

■行列要素

ある演算子の各固有関数を，量子数 $\boldsymbol{n}$ で表わしたとする．これらは互いに直交する．規格化もされているとすれば，

$$ n \text{ が離散的な場合} \quad \langle n_1 | n_2 \rangle = \delta_{n_1 n_2} $$
$$ n \text{ が連続的な場合} \quad \langle n_1 | n_2 \rangle = \delta(n_1 - n_2) \tag{2} $$

一般の状態はこれらの共存状態であり

▶ (3)に左から $\langle n'|$ を掛け(2)を使えば(4)が求まる．

$$ |\psi\rangle = \sum_n a_n |n\rangle \qquad \left(\text{あるいは} \int a_n |n\rangle dn\right) \tag{3} $$

とすれば，その係数は

$$ a_n = \langle n|\psi\rangle \tag{4} $$

である．これを(3)に代入すれば，以下で使いやすいように a_n を後ろに書いて，

▶ (5)が任意の $|\psi\rangle$ に対して成り立つのだから，
$\sum_n |n\rangle\langle n| = 1$

$$ |\psi\rangle = \sum_n |n\rangle\langle n|\psi\rangle \tag{5} $$

次に，一般の演算子 O と一般の状態 $|\psi\rangle$ に対して $O|\psi\rangle$ という状態を考え，これを $\boldsymbol{n}$ 表示してみよう．(5)を使うと

▶ 以下，固有値は離散的だとし，$n = 1, 2, \cdots$ とする．

$$ O|\psi\rangle = \sum_n O|n\rangle\langle n|\psi\rangle $$

という形に書ける．この式に左から $\langle n|$ を掛ければ，

$$ \langle n|O|\psi\rangle = \sum_{n'} \langle n|O|n'\rangle\langle n'|\psi\rangle $$
$$ \Rightarrow \begin{pmatrix} \langle 1|O|\psi\rangle \\ \langle 2|O|\psi\rangle \\ \vdots \end{pmatrix} = \begin{pmatrix} \langle 1|O|1\rangle & \langle 1|O|2\rangle & \cdots \\ \langle 2|O|1\rangle & \langle 2|O|2\rangle & \\ \vdots & & \ddots \end{pmatrix} \cdot \begin{pmatrix} \langle 1|\psi\rangle \\ \langle 2|\psi\rangle \\ \vdots \end{pmatrix} $$

▶ この行列を，O の $\boldsymbol{n}$ **表示**と呼ぶ．

▶ 対角線上の要素以外はゼロの行列を対角行列という．

が得られる．これは $|\psi\rangle$ の $\boldsymbol{n}$ 表示 $\langle n|\psi\rangle$ に対する O の作用が行列で表わされることを意味する．一般に $\langle n|O|n'\rangle$ という量を演算子 O の**行列要素**と呼ぶが，上式の行列を念頭に置いているのである．特に，正規直交基底 $|n\rangle$ が O 自身の固有関数である場合，この行列は対角行列になる．

8.9 角運動量の合成

ぽいんと

この章で説明してきたことの応用として，角運動量の一般的性質に関する計算を行なう．特に，2つの角運動量の合成という問題を考える．6.5節では，スピンと軌道角運動量の合成の計算をしたが，これはその一般化である．

キーワード：角運動量の行列要素，角運動量の合成

■角運動量の行列要素

一般の角運動量演算子を $\boldsymbol{J}$ と書く．そして $\boldsymbol{J}$ が $\hbar^2 j(j+1)$，J_z が $\hbar j_z$ という値をもつ状態を，2つの量子数 j と j_z を使って $|j,j_z\rangle$ と書く．

$$J_+|j,j_z\rangle = a_{jj_z}|j,j_z+1\rangle, \qquad J_-|j,j_z+1\rangle = b_{jj_z}|j,j_z\rangle \tag{1}$$

(a, b は定数)となることは6.2節で示した．まずここでは，a や b の値を求めておこう．

▶$\boldsymbol{J}$ は，軌道角運動量 $\boldsymbol{L}$ であってもスピン $\boldsymbol{S}$ であっても構わない．

まず一般的に $\langle n|O|n'\rangle^* = \langle n'|O^\dagger|n\rangle$ であることに注意すると，$(J_+)^\dagger = J_-$ より，

$$\langle j,j_z+1|J_+|j,j_z\rangle^* = \langle j,j_z|J_-|j,j_z+1\rangle \quad \Rightarrow \quad a_{jj_z}{}^* = b_{jj_z} \tag{2}$$

となる．次に(6.2.7)の2番目の式(ただし $\boldsymbol{L}\to\boldsymbol{J}$ とする)を両側から $|j,j_z\rangle$ ではさむと

$$\begin{aligned}\hbar^2 j(j+1) &= \langle j,j_z|J_-J_+|j,j_z\rangle + \hbar^2 j_z{}^2 + \hbar j_z \\ &= \langle j,j_z|J_-|j,j_z+1\rangle\langle j,j_z+1|J_+|j,j_z+1\rangle + \hbar^2 j_z{}^2 + \hbar j_z\end{aligned} \tag{3}$$

▶(3)の1行目から2行目へ移るときは，前節の $1=\sum|n\rangle\langle n|$ という関係に対応する
$$1 = \sum_{j',j_z'}|j',j_z'\rangle\langle j',j_z'|$$
という関係を J_+ と J_- の間にはさむ．$J_\pm$ の性質より，$j'=j$，$j_z'=j_z+1$ の項のみがきく．

したがって，(1)と(2)より

$$\begin{aligned}|a_{jj_z}|^2 &= \hbar^2\{j(j+1)-j_z(j_z+1)\} = \hbar^2(j-j_z)(j+j_z+1) \\ \Rightarrow \quad a_{jj_z} &= b_{jj_z}{}^* = \hbar\sqrt{(j-j_z)(j+j_z+1)}\end{aligned} \tag{4}$$

▶a には絶対値1の係数を掛けても構わないが，$|j,j_z\rangle$ にも絶対値1の係数を掛けて定義しなおしても構わないので，そちらを調節することにより a は正の実数とすることができる．5.4節の Y_{lm} は，そのように調節してある．

■角運動量の合成

▶この角運動量の合成は，6.5節の議論の一般化である．

次に，$\boldsymbol{J}_1$ と $\boldsymbol{J}_2$ という2つの角運動量があったとしよう．その演算子の和を $\boldsymbol{J}=\boldsymbol{J}_1+\boldsymbol{J}_2$ と書く．互いに交換する演算子としては，$\boldsymbol{J}_1{}^2$，J_{1z}，$\boldsymbol{J}_2{}^2$，J_{2z} の4つがある．その4つが同時に特定の値をもつ(規格化された)状態を，$|j_1,j_{1z}\rangle|j_2,j_{2z}\rangle$ と書くことにしよう．また別の組合せとして $\boldsymbol{J}^2, J_z, \boldsymbol{J}_1{}^2, \boldsymbol{J}_2{}^2$ というのも考えられる(章末問題参照)．この4つが同時に特定の値をもつ(規格化された)状態を $|j,j_z\,;\,j_1,j_2\rangle$ と書く．どちらにしろ正規直交基底なので，互いに他の状態を展開することができる．たとえば，後者を前者により展開すると，

$$|j,j_z\,;\,j_1,j_2\rangle = \sum_{j_z=j_{1z}+j_{2z}} C^{jj_z}_{j_1j_{1z},\,j_2j_{2z}}|j_1,j_{1z}\rangle|j_2,j_{2z}\rangle \tag{5}$$

▶$J_z = J_{1z}+J_{2z}$ なので，$j_{1z}+j_{2z} = j_z$ でなければならない．

となる．C は展開係数で，**クレブシ・ゴルダン係数**と呼ばれる．

(5)の展開を具体的に求める手順を説明しよう．j がとり得る値を考える．まず j_z の最大値は j_1+j_2 なので，j の最大値も j_1+j_2 である．つまり

$$|j=j_1+j_2, j_z=j_1+j_2\,;\,j_1,j_2\rangle = |j_1,j_1\rangle|j_2,j_2\rangle \tag{6}$$

$j=j_1+j_2$ に対しては，$j_z=j_1+j_2$ から $j_z=-j_1-j_2$ までの $2j+1$ 個の状態がある．それらは(6)の両辺に演算子 J_- を掛ければよい．つまり

$$J_-\cdot(\text{左辺}) = \hbar\sqrt{2j}\,|j_1+j_2, j_1+j_2-1\,;\,j_1,j_2\rangle$$

$$(J_{1-}+J_{2-})\cdot(\text{右辺}) = \hbar\{\sqrt{2j_1}\,|j_1,j_1-1\rangle|j_2,j_2\rangle+\sqrt{2j_2}\,|j_1,j_1\rangle|j_2,j_2-1\rangle\}$$

であるから，

▶(7)の右辺の係数がクレブシ・ゴルダン係数である．

$$|j_1+j_2, j_1+j_2-1\,;\,j_1,j_2\rangle = \sqrt{\frac{j_1}{j}}\,|j_1,j_1-1\rangle|j_2,j_2\rangle+\sqrt{\frac{j_2}{j}}\,|j_1,j_1\rangle|j_2,j_2-1\rangle \tag{7}$$

となる．以下，J_- を次々に掛けていけば，$j_z=-j_1-j_2$ までの状態が求まる．

しかし，これだけでは，$|j_1,j_{1z}\rangle|j_2,j_{2z}\rangle$ という状態すべてをつくしていない．たとえば，$j_z=j_1+j_2-1$ という状態は

$$|j_1,j_1-1\rangle|j_2,j_2\rangle,\qquad |j_1,j_1\rangle|j_2,j_2-1\rangle \tag{8}$$

の 2 つがあるが，$j=j_1+j_2$ の中にはその 1 つの組合せしか入っていない．もう 1 つは $j=j_z=j_1+j_2-1$ の状態に対応するが，それを求めるには

[1] (8)の組合せのうち，(7)に直交するものを求める．

[2] (8)の組合せのうち，J_+ を掛けるとゼロになるものを求める．

どちらでも結果は同じである(章末問題参照)．後は J_- を次々と掛けることにより，$j=j_1+j_2-1$ の状態すべてが求まる．

▶$|j_1,j_1-2\rangle|j_2,j_2\rangle$
$|j_1,j_1-1\rangle|j_2,j_2-1\rangle$
$|j_1,j_1\rangle|j_2,j_2-2\rangle$
の 3 つの組合せで作る．

次にやることは，$j=j_z=j_1+j_2-2$ に対応する状態を求めることであるが，やはり上の[1]あるいは[2]の方法で計算できる．

そして，この手順は，$j=|j_1-j_2|$ を計算し終えたところで終了する．実際，j_z を j_1+j_2 から 1 つずつ減らしていくと，その j_z をもつ状態は 1 つずつ増し，$j_z=j_1-j_2$ ($j_1>j_2$ とする)となる状態は

$$(j_{1z},\ j_{2z})=(j_1,-j_2),\quad (j_1-1,-j_2+1),\quad \cdots,\quad (j_1-2j_2,\ j_2)$$

と，$2j_2+1$ 個になる．しかし $j_{2z}<-j_2$ の状態はないのだから，これ以上 j_z を減らしても状態は増えない．したがって，$j=j_1-j_2$ で状態が尽きてしまうことになる．つまり全角運動量は

$$j_1+j_2 \geqq j \geqq |j_1-j_2| \tag{9}$$

という範囲になければならない(図 1)．(9)は 3 角形の 3 辺の長さが満たす不等式である．$j_2=1/2$ ならば，6.5 節ですでに示したように $j=j_1\pm1/2$ である．

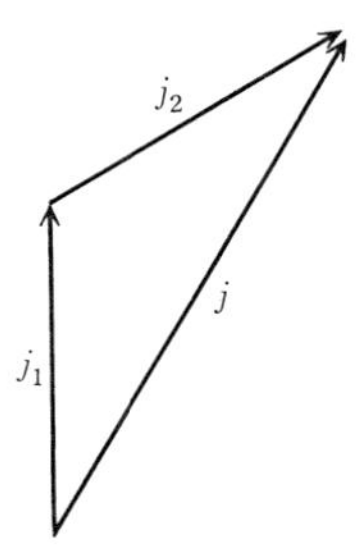

図 1 全角運動量の大きさ

章末問題

[8.1 節]

8.1 $\begin{pmatrix} 0 & 1 \\ 1 & 0 \end{pmatrix}$ と $\begin{pmatrix} 1 & 1 \\ 1 & 1 \end{pmatrix}$ は交換し，固有ベクトルが共通であることを示せ.

[8.2 節]

8.2 x が $[-L, L]$ の領域以外のとき，(8.2.7)はどう変更されるか.（ヒント：x が $[nL, (n+2)L]$ の範囲にあるとして考えよ．ただし n は正負の奇数.）

[8.3 節]

8.3 一般の演算子に対して，(1) $(O^\dagger)^\dagger = O$，(2) $(O_1O_2)^\dagger = O_2^\dagger O_1^\dagger$ を証明せよ．また，O_1 と O_2 がエルミートであるとき，$i[O_1, O_2]$ もエルミートになることを示せ.

[8.4 節]

8.4

$$\lim_{\alpha \to \infty} \sqrt{\frac{\alpha}{\pi}} e^{-\alpha(x-y)^2} = \delta(x-y)$$

であることを示せ.

[8.6 節]

8.5 無限の壁をもつ井戸型ポテンシャル(2.4 節)の，エネルギー一定の状態の波動関数から，正規直交基底を作れ．それを使って，$x = a/2$ に局在する粒子の波動関数 $\delta(x - a/2)$ を展開せよ.

[8.7 節]

8.6 $\chi \equiv \alpha\chi_\uparrow + \beta\chi_\downarrow$ $(|\alpha|^2 + |\beta|^2 = 1)$ という状態に対して，$[S_z, S_x] = i\hbar S_y$ から導かれる不確定性関係を確かめよ.

▶ただし↑や↓は z 方向のスピンの向きを表わしている.

[8.8 節]

8.7 O という演算子がエルミートであるとき，その n 表示はエルミート行列になることを示せ.

8.8 軌道角運動量 L の行列表示を $l=1$ の場合に求めよ．ただし $|n\rangle$ として，(1) Y_{lm} $(l=1, m=\pm 1$ と $0)$，(2) $\{x/r, y/r, z/r\}$ の 2 通りに対して求めよ.

8.9

$$\sum_{n=-\infty}^{\infty} e_n(x) e_n{}^*(y) = \delta(x-y)$$

を示せ．ただし e_n は(8.2.3)で定義したものである.

▶これは，正規直交基底に対する一般的な式 $\sum_n |n\rangle\langle n| = 1$ の一例である(問題解答参照).

[8.9 節]

8.10 8.9 節の角運動量の合成の中で，$\boldsymbol{J}^2, J_z, \boldsymbol{J}_1{}^2, \boldsymbol{J}_2{}^2$ がすべて互いに交換することを示せ.

8.11 8.9 節で説明した 2 通りの方法で，$j = j_z = j_1 + j_2 - 1$ の状態を求めよ.

9

近似計算

ききどころ

　調和振動子とか，クーロンポテンシャルだけを考えたときの水素原子の問題など，比較的簡単な問題では，シュレディンガー方程式を厳密に解くことができる．しかし，厳密に解ける問題はむしろまれで，実際にはさまざまな近似方法を工夫して問題を解かなければならない．この章では近似法として，摂動論，変分法，そして半古典近似という3つのものを説明し，基本的な応用例を紹介する．また半古典近似と関係して，量子力学完成前に提唱されていた前期量子論，および波動関数と古典力学的な粒子の軌道との関係を説明する．

9.1 摂 動 論(縮退のない場合)

ぽいんと

系のハミルトニアンが $H=H_0+gH'$ (g は定数)という形をしており，シュレディンガー方程式は解けないが，もし第2項がなければ(つまり $g=0$ ならば)厳密に解けるとしよう．その場合，$H=H_0$ の場合の解をもとにして，gH' の効果を完全にではないが段階的に取り入れていくという近似計算が考えられる．この計算法を，摂動論と呼ぶ．

キーワード：摂動

■ g による展開

▶この章で議論するのは，エネルギー準位を求める方法である．時間に依存したシュレディンガー方程式の摂動論は，第10章で説明する．

ハミルトニアンが $H=H_0+gH'$ (g は定数)という形をしているとする．すると，H の固有値も固有関数も g の関数になるだろうから，(時間に依存しない)シュレディンガー方程式を

$$(H_0+gH')\psi_n(g) = E_n(g)\psi_n(g) \tag{1}$$

と書く．この方程式が解ければ問題はないが，gH' という項があるために，問題が複雑になっていて解けないという状況が，実際に頻繁に起きる．しかし(1)が解けなくても，もし gH' の効果が小さいのなら，解はもっと単純な式

$$H_0\psi_n{}^{(0)} = E_n\psi_n{}^{(0)} \tag{2}$$

▶たとえばクーロンポテンシャルだけから求めた水素原子のエネルギー準位に，弱い電場や磁場をかけたり，スピン—軌道相互作用の効果を取り入れることを考えればよい．

の解とそれほどは違いないだろう((0)という添字を付けて，(1)で $g=0$ としたときの解であることを示した)．そこで，(2)の解を基本とし，それが小さな効果 gH' (**摂動**と呼ぶ)によってどれだけずれるかを考えてみよう．

まず，求めたい固有関数 ψ_n と固有値 E_n を g で

$$\psi_n = \psi_n{}^{(0)}+g\psi_n{}^{(1)}+\cdots$$

$$E_n = E_n{}^{(0)}+gE_n{}^{(1)}+\cdots$$

というように展開する．そして，この展開式を(1)に代入する．(1)の両辺は g のベキの無限級数となるが，g に関して，各ベキの係数が両辺等しいとすると

$$g^0 \qquad H_0\psi_n{}^{(0)} = E_n{}^{(0)}\psi_n{}^{(0)} \tag{3}$$

$$g^1 \qquad H'\psi_n{}^{(0)}+H_0\psi_n{}^{(1)} = E_n{}^{(1)}\psi_n{}^{(0)}+E_n{}^{(0)}\psi_n{}^{(1)} \tag{4}$$

$$g^2 \qquad H'\psi_n{}^{(1)}+H_0\psi_n{}^{(2)} = E_n{}^{(2)}\psi_n{}^{(0)}+E_n{}^{(1)}\psi_n{}^{(1)}+E_n{}^{(0)}\psi_n{}^{(2)} \tag{5}$$

$$\vdots$$

といった，無限個の方程式が求まる．

もし，この一連の式が解け，$\psi_n{}^{(i)}$ や $E_n{}^{(i)}$ が求まれば，(1)も解けたことになる．実際(3)，(4)，(5)は，順番に解くことができる．以下，その方法を説明しよう．ただし，計算するエネルギー準位 E_n に対応する固有関数 ψ_n は1つしかないとする．つまり準位 n が縮退していない場合である．

▶縮退がある場合の摂動論は別に議論しなければならない(次節参照)．

■計算の手順

まず(3)は，(1)で $g=0$ としたもの，つまり(2)に他ならないから，解はわかるとしよう．次に $\psi_n^{(1)}$ であるが，これをまず $\{\psi_n^{(0)}\}$ で展開する．

▶ $\{\psi_n^{(0)}\}, \cdots$ は H_0 の固有関数のセットだから，正規直交基底になっているので，このような展開は必ずできる．

$$\psi_n^{(1)} = \sum_{m=1}^{\infty} a_{nm}^{(1)} \psi_m^{(0)}$$

これを(4)に代入すれば，(3)を使って

$$H'\psi_n^{(0)} + \sum_m (E_m^{(0)} - E_n^{(0)}) a_{nm}^{(1)} \psi_m^{(0)} = E_n^{(1)} \psi_n^{(1)} \qquad (6)$$

となる．次に，(6)と ψ_n との内積を取れば，$\langle n|m\rangle = \delta_{nm}$ であることから

$$E_n^{(1)} = \langle n|H'|n\rangle \qquad (7)$$

という式が求まる．ただしここで，8.8節で導入したブラケット表示を使った．この表示では一般に，演算子 O に対して

$$\langle n|O|m\rangle = \int \psi_n^* O \psi_m dx$$

である．また，(6)と ψ_m $(m \neq n)$ との内積を取れば

$$a_{nm}^{(1)} = \frac{\langle m|H'|n\rangle}{E_n^{(0)} - E_m^{(0)}} \qquad (8)$$

が得られ，係数も $m=n$ を除き決まる．最後に ψ の規格化条件から

▶厳密には $a_{nn}^{(1)}$ は虚数になる．しかし，それは $\psi_n^{(0)}$ の位相に吸収できる（章末問題参照）．

$$a_{nn}^{(1)} = 0 \qquad (9)$$

と求まる．

(5)の計算も，やや複雑になるが手順は同じである．

$$\psi_n^{(2)} = \sum_{m=1}^{\infty} a_{nm}^{(2)} \psi_m^{(0)}$$

というように展開し，(5)に代入すると

$$\sum_m a_{nm}^{(1)} H'\psi_m^{(0)} + \sum_m a_{nm}^{(2)} E_m^{(0)} \psi_m^{(0)}$$
$$= E_n^{(2)} \psi_n^{(0)} + E_n^{(1)} \sum_m a_{nm}^{(1)} \psi_m^{(0)} + E_n^{(0)} \sum_m a_{nm}^{(2)} \psi_m^{(0)} \qquad (10)$$

▶(10)の左辺第2項と右辺第3項の寄与は相殺し，右辺第2項の寄与は(9)よりゼロとなる．

となる．$\psi_n^{(0)}$ との内積を取れば，左辺第1項と右辺第1項のみが残り

$$E_n^{(2)} = \sum_{m \neq n} a_{nm}^{(1)} \langle n|H'|m\rangle$$

が得られる．H' がエルミートならば，$\{\langle m|H'|n\rangle\}$ はエルミート行列，つまり $\langle m|H'|n\rangle = \langle n|H'|m\rangle^*$ だから（章末問題8.7），(8)より

$$E_n^{(2)} = \sum_{m \neq n} \frac{|\langle n|H'|m\rangle|^2}{E_n^{(0)} - E_m^{(0)}} \qquad (11)$$

となる．摂動によってエネルギーが大きい $(E_m^{(0)} > E_n^{(0)})$ 状態は E_n を下げるように，また小さい状態は E_n を上げるように働くことに注意．

9.2 摂 動 論(縮退のある場合)

ぽいんと

前節の(8)は，$E_n^{(0)}=E_m^{(0)}$ だったら分母がゼロになってしまうので，$E_n^{(0)}$ と同じエネルギーをもつ準位がある場合，つまり $E_n^{(0)}$ という準位に縮退があったら使えない．そのようなときの計算法を考えよう．原子のエネルギー準位は一般に縮退しているので，応用上も重要な問題である．また，縮退はないが，エネルギーがきわめて近い準位がある場合の計算法も説明する．

■縮退のある場合

$E_1^{(0)}=E_2^{(0)}(\equiv E)$ という縮退があるとする．前節(8)で，$n=1$ または2とすると，右辺に分母がゼロとなる項がでてきてしまう．この困難を回避するには，分子もゼロ，つまり

$$\langle 1|H'|2\rangle = 0 \tag{1}$$

とする必要がある．

もちろん，一般には(1)は成り立たないが，適当に固有関数を選び直すと(1)が成り立つようにできることを示そう．実際，$|1\rangle$ と $|2\rangle$ が同じエネルギーをもっているならば，

$$|a\rangle \equiv a_1|1\rangle + a_2|2\rangle \qquad (a_i \text{ は定数}) \tag{2}$$

という一次結合も同じエネルギーをもつ．そこで，このような一次結合をもう1つ考え

$$|b\rangle \equiv b_1|1\rangle + b_2|2\rangle \qquad (b_i \text{ は定数})$$

として，H' の行列要素を計算すると，$H_{mn}'\equiv\langle m|H'|n\rangle$ という記号を使えば，

$$\langle b|H'|a\rangle \equiv b_1^*a_1H_{11}'+b_1^*a_2H_{12}'+b_2^*a_1H_{21}'+b_2^*a_2H_{22}' \tag{3}$$

となる．これを書き直すと

$$\langle b|H'|a\rangle = (b_1^*, b_2^*)\begin{pmatrix} H_{11}' & H_{12}' \\ H_{21}' & H_{22}' \end{pmatrix}\begin{pmatrix} a_1 \\ a_2 \end{pmatrix} \tag{4}$$

▶物理量に対応する演算子は，エルミートでなければならない．

▶$\boldsymbol{a}$ が固有ベクトルならば，$H'\boldsymbol{a} \propto \boldsymbol{a}$

となる．ところで H' はエルミート演算子なのだから，$\{H_{mn}'\}$ という行列はエルミート行列になる．すると必ず，互いに直交する固有ベクトルが2つあり，それを (a_1, a_2)，(b_1, b_2) に選べば

$$(4) \propto (b_1^*,\ b_2^*)\begin{pmatrix} a_1 \\ a_2 \end{pmatrix} = 0$$

となり，(3)はゼロとなる．つまり $|1\rangle$ と $|2\rangle$ をうまく選べば，必ず(1)を成り立たせることができるのである．

このようにしておけば，後の計算は前節と変わらない．1次のエネルギーのずれは(9.1.7)で表わされるが，$|n\rangle$ とは $\{H_{mn}'\}$ の固有ベクトルだから，$E_n^{(1)}$ は，$\{H_{mn}'\}$ の固有値に等しくなる．また前節(10)では，たと

えば $n=1$ のときは $m=2$ の項を，分子がゼロになるので除く．

■準位が接近している場合

エネルギー準位が縮退していなくても，きわめて接近している場合は注意が必要である．$E_1^{(0)}$ と $E_2^{(0)}$ がきわめて近く

$$|E_1^{(0)}-E_2^{(0)}| \ll \langle 1|H'|2\rangle$$

であるとしよう．すると前節(8)で，a_{12} あるいは a_{21} という量が大きくなる．しかしこれでは，gH' の効果が小さいとして g で展開した精神とは反してしまう．そこで少なくとも，$|1\rangle$ と $|2\rangle$ の混合については，g で展開しない厳密な取り扱いをすることを考えてみよう．

まず(2)で $|a\rangle$ を定義し，これがシュレディンガー方程式

$$(H_0+gH')(a_1|1\rangle+a_2|2\rangle) = E(a_1|1\rangle+a_2|2\rangle)$$

を(できるだけ)満たすように係数 a_i を決める．2項だけの和がこの方程式を厳密に満たすことはありえないが，少なくともこの式の，$|1\rangle$ および $|2\rangle$ との内積は成り立つとしよう．すると，

$$\begin{pmatrix} E_1^{(0)}+gH_{11}' & gH_{12}' \\ gH_{21}' & E_2^{(0)}+gH_{22}' \end{pmatrix}\begin{pmatrix} a_1 \\ a_2 \end{pmatrix} = E\begin{pmatrix} a_1 \\ a_2 \end{pmatrix} \tag{5}$$

▶特に $E_1^{(0)}=E_2^{(0)}$ であれば，これは左ページの H' の固有値問題と同じになる．

となる．これは，左辺の行列の固有値および固有ベクトルを求める問題に他ならない．解は2つあり，固有値は行列式の公式を使って

$$E_\pm = \frac{1}{2}(H_{11}+H_{22})\pm\frac{1}{2}\sqrt{(H_{11}-H_{22})^2+4g^2|H_{12}'|^2} \qquad (H_{ii}\equiv E_i^{(0)}+gH_{ii}')$$

と求まる．もし準位があまり接近しておらず $|E_1^{(0)}-E_2^{(0)}|>|gH_{12}'|$ だったら，上の式を展開して

▶$H_{11}>H_{22}$ とする．

$$E_+ \simeq H_{11}+\frac{g^2|H_{12}'|^2}{H_{11}-H_{22}} \simeq E_1^{(0)}+gH_{11}+\frac{g^2|H_{12}'|^2}{E_1^{(0)}-E_2^{(0)}}+O(g^3)$$

$$E_- \simeq H_{22}+\frac{g^2|H_{12}'|^2}{H_{22}-H_{11}} \simeq E_2^{(0)}+gH_{22}+\frac{g^2|H_{12}'|^2}{E_2^{(0)}-E_1^{(0)}}+O(g^3)$$

となる．これは $|1\rangle$ と $|2\rangle$ の関連に関する限り，摂動論の2次までの補正項に等しい．

(5)によって決まる2つの $|a\rangle$ から出発すれば，前節の公式(11)はそのまま使える．ただし，$n=1$ のときは和の中から $m=2$ の項は除く．その効果は上の組み替えによって，すでに取り入れられているからである．

9.3 摂動論を使った計算

ぽいんと

前2節の公式を使った計算をしてみよう.

キーワード：非調和振動子，シュタルク効果

▶ポテンシャルがxからずれるので，**非調和振動子**と呼ぶ.また[2]は小さいxでのポテンシャルの歪みだと解釈する.$x\to-\infty$まで広げるとポテンシャルが$-\infty$になるので，束縛状態はできなくなる.

［例］ **非調和振動子**

調和振動子

$$H_0 = -\frac{\hbar^2}{2m}\frac{d^2}{dx^2}+\frac{m\omega^2}{2}x^2$$

に以下の摂動

［1］ $gH' = gx^4$ 　　　［2］ $gH' = gx^3$

がある場合のエネルギー変化を求めてみよう．計算は，生成・消滅演算子$a^\dagger, a$（4.4節)を使うと簡単になる.

まず，H_0の固有関数は量子数n（$n=0,1,2,\cdots$)で表わされる．それを$|n\rangle$と書くと

$$H_0|n\rangle = \hbar\omega\left(n+\frac{1}{2}\right)|n\rangle$$

$$a^\dagger|n\rangle = \sqrt{n+1}|n+1\rangle, \qquad a|n\rangle = \sqrt{n}\,|n-1\rangle \tag{1}$$

の関係が成り立つことは，4.5節で示した．また摂動項も

$$x = \sqrt{\frac{\hbar}{2m\omega}}(a^\dagger+a) \tag{2}$$

を使って，$a^\dagger, a$で表わされる．まず[1]の場合は，(2)と(9.1.7)より，

$$E_n{}^{(1)} = \langle n|gx^4|n\rangle = g\left(\frac{\hbar}{2m\omega}\right)^2\langle n|(a^\dagger+a)^4|n\rangle$$

▶$a^\dagger$やaは，nの値を1ずつ上下するが，最後にnに戻らないと$|n\rangle$を掛けたときにゼロになってしまうから同数含まれる項だけが残る.

であるが，4乗を展開したとき，この行列要素に寄与するのは，$a^\dagger$とaが同数含まれているものだけである．これは全部で6項あるが，(1)を使ってそれをすべて足せば，

$$E_n{}^{(1)} = g\left(\frac{\hbar}{2m\omega}\right)^2(6n^2+6n+3) \tag{3}$$

であることがわかる．また[2]の場合は，xの奇数乗なので，1次の摂動は必ずゼロになる．ゼロでない結果を求めるには2次の摂動(9.1.11)を考えなければならない．その中でゼロにならないのは

$$① = |\langle n+3|a^{\dagger 3}|n\rangle|^2 = (n+1)(n+2)(n+3)$$

$$② = |\langle n+1|a^{\dagger 2}a+a^\dagger aa^\dagger+aa^{\dagger 2}|n\rangle|^2 = 9(n+1)^3$$

$$③ = |\langle n-1|a^2a^\dagger+aa^\dagger a+a^\dagger a^2|n\rangle|^2 = 9n^3$$

$$④ = |\langle n-3|a^3|n\rangle|^3 = n(n-1)(n-2)$$

であるから，2 次の摂動項は次のようになる．

$$E_n^{(2)} = g^2\left(\frac{\hbar}{2m\omega}\right)^3\left(-\frac{①}{3\hbar\omega}-\frac{②}{\hbar\omega}+\frac{③}{\hbar\omega}+\frac{④}{3\hbar\omega}\right)$$

$$= -g^2\frac{\hbar^2}{8m^3\omega^4}(30n^2+30n+11) \qquad (4)$$

▶ (3) も (4) も n が大きくなると，摂動の効果が増す．これは，高い励起状態では $|x|\to\infty$ の影響が大きくなるためで，このとき H' が大きくなるので摂動計算は信頼できなくなる．

■シュタルク効果

水素原子に，一様な電場 E (z 方向とする) をかけたときの，電子のエネルギー準位のずれを計算しよう．摂動項は

$$gH' = eEz = eEr\cos\theta \qquad (5)$$

というように表わせる．まず，基底状態 ($n=1$) に対しては

$$\int \psi^* gH'\psi d^3\boldsymbol{r} \propto \int \cos\theta\sin\theta d\theta d\phi = 0$$

となるので，2 次の摂動を計算しなければならない．しかしこれは，正確には計算できない無限の項の和になってしまう．それは，別の解法を章末問題で紹介することにし，ここでは第一励起状態 ($n=2$) について考えてみよう．第一励起状態は 4 重に縮退しており，状態を $|nlm\rangle$ と表わせば，

$$2s \quad |200\rangle, \qquad 2p \quad |211\rangle, \quad |210\rangle, \quad |21-1\rangle$$

となる．これらの状態に対する (5) の行列要素は，

$$\langle 210|gH'|200\rangle = \langle 200|gH'|210\rangle$$

$$= eE\int R_{20}R_{21}r^3dr\int Y_{00}Y_{10}\cos\theta\sin\theta d\theta d\phi$$

$$= -3a_0eE \qquad (6)$$

▶ R_{20}, R_{21} は 5.6 節，Y_{00}, Y_{10} は 5.4 節に与えられている．

となる．これ以外の行列要素はすべてゼロになり前節 (4) に対応する行列は

$$\begin{array}{c|cccc} & |200\rangle & |210\rangle & |211\rangle & |21-1\rangle \\ \hline |200\rangle & 0 & -3a_0eE & 0 & 0 \\ |210\rangle & -3a_0eE & 0 & 0 & 0 \\ |211\rangle & 0 & 0 & 0 & 0 \\ |21-1\rangle & 0 & 0 & 0 & 0 \end{array} \qquad (7)$$

と書ける．これより，明らかに，$|211\rangle$ と $|21-1\rangle$ は摂動により影響を受けないが，$|200\rangle$ と $|210\rangle$ は混合し，準位は結局 3 つに分裂する．これを**シュタルク効果**と呼ぶ．具体的には (7) の固有ベクトルと固有値を求めればよい．固有ベクトルとそれぞれの摂動エネルギーは以下の通り．

$$(|200\rangle+|210\rangle)/\sqrt{2} \quad \rightarrow \quad -3a_0eE$$

$$(|200\rangle-|210\rangle)/\sqrt{2} \quad \rightarrow \quad 3a_0eE$$

$$|211\rangle, \ |21-1\rangle \quad \rightarrow \quad 0$$

9.4 変分法

ぽいんと

変分法という方法は，すでに7.2節でヘリウム原子の基底状態を計算するときに使ったが，ここでは，励起状態の計算法も含め，少し詳しく解説しよう．

キーワード：変分法による励起状態の計算

■基底状態と励起状態

7.2節の議論を復習しよう．ハミルトニアンHをもつ系に対して，まず

$$I(\psi) \equiv \int \psi^* H\psi dx \tag{1}$$

▶規格化：$\int |\psi|^2 dx = 1$.

という量を考える．ただし，ψは規格化されている任意の関数だとし，Iはψの形により変わる量なので，$I(\psi)$と書いた．そして，$I(\psi)$の値を最小にするような関数ψが，この系の基底状態であるというのが，7.2節での主張であった．ただし厳密な証明はしていなかったので，ここで，その証明を述べておこう．

まず，任意の関数は，ハミルトニアンHの固有関数$\{\psi_n : H\psi_n = E_n\psi_n\}$によって展開できる．

$$\psi = \sum_{n=0}^{\infty} a_n \psi_n \qquad (a_n \text{は定数}) \tag{2}$$

▶ここでは，エネルギーが最小の状態(基底状態)というものがあることを前提にしている．エネルギーが$-\infty$になってしまうようなハミルトニアンも考えられるが，そのような系は有限のエネルギー状態にとどまっていられないので，現実には存在しえない．

ただしここでψ_nは，エネルギーE_nの小さい順に並べられており，規格化もされているとする．ψも規格化されているとしたので，固有関数の直交性より$\sum_{n=0} |a_n{}^2| = 1$という関係が成り立っている．次に(2)を(1)に代入し，$E_n > E_0$ $(n \neq 0)$を使うと

$$I(\psi) = \sum_{n=0} (|a_n{}^2| E_n) \geqq \Bigl(\sum_{n=0} |a_n{}^2|\Bigr) E_0 = E_0$$

という式が求まる．そしてここで等号が成り立つのは，$a_n = 0$ $(n \neq 0)$の場合のみである．つまりIが最小値E_0を取るのは，ψが基底状態の波動関数ψに一致する場合であることがわかる．この原理を使って，できるだけIを小さくするψを見つけだそうとしたのが，7.2節の計算であった．

以上の考え方は，励起状態を求めるのにも使うことができる．まず，基底状態の波動関数ψ_0は正確にわかっているとする．そして，やはり(1)のIを最小にする関数ψを求めるのだが，そのときに，基底状態とは直交している，つまり

$$\int \psi_0{}^* \psi dx = 0 \tag{3}$$

という条件をつける．一般の関数(2)で，この条件を満たすには $a_0=0$ であればよい．そこで $a_0=0$ とした上で(1)に代入すると，こんどは

$$I(\psi) = \sum_{n=1}(|a_n{}^2|E_n) \geqq E_1 \qquad (E_n>E_1,\ n\neq 1)$$

という式が求まる．そして，ここで等号が成り立つのは $a_n=0\ (n\neq 1)$ の場合であるから，I が(3)の条件の下で最小値を取るのは，ψ が第一励起状態の波動関数 ψ_1 に一致する場合であることがわかる．つまり，第一励起状態を求めるということは，(3)および規格化条件の下で，I をできるだけ小さくする関数 ψ を探すことに等しい．よりエネルギーの高い励起状態も，同様の考え方で，原理的には次々と求めていくことができる．

▶ここでは，縮退はないとして議論をしたが，縮退があっても，このようにして励起状態が1つずつ求められることには変わりはない．

現実の問題としては，すべての関数に対して I を計算して大小を比較することは不可能である．そこで任意のパラメータをいくつか含む関数(試行関数)を選び，I を最小にするようにパラメータの値を決める．したがって，変分法の計算がうまくいくかどうかはこの試行関数の選び方に依る．

［例］ **調和振動子**

例題 調和振動子のハミルトニアン

$$H = -\frac{\hbar^2}{2m}\frac{d^2}{dx^2}+\frac{m\omega^2}{2}x^2$$

に対して，基底状態，および第一励起状態の試行関数を，それぞれ

$$\psi_0 = Ae^{-\frac{1}{2}Bx^2}, \qquad \psi_1 = (C+Dx)e^{-\frac{1}{2}Fx^2}$$

とし，変分法を使って任意定数 $A,\cdots,F$ とエネルギーを決めよ．

［解法］ 基底状態：まず規格化条件より

$$\int \psi_0{}^*\psi_0 dx = 1 \quad\Rightarrow\quad A^2 = \sqrt{\frac{B}{\pi}}$$

また I は $\int \psi^* H\psi dx$ より

$$I = A^2\int e^{-Bx^2}\left\{-\frac{\hbar^2}{2m}(-B+Bx^2)+\frac{m\omega^2}{2}x^2\right\}dx = \frac{1}{4}\left(\frac{\hbar^2 B}{m}+\frac{m\omega^2}{B}\right)$$

▶$\displaystyle\int_{-\infty}^{\infty} e^{-\alpha x^2}dx = \sqrt{\frac{\pi}{\alpha}}$

$\displaystyle\int_{-\infty}^{\infty} x^2 e^{-\alpha x^2}dx = \frac{1}{2\alpha}\sqrt{\frac{\pi}{\alpha}}$

これを最小にするには $B=m\omega/\hbar$，$I=\hbar\omega/2$．

第一励起状態：直交条件(3)より $C=0$ (Dx の項は，奇関数なので積分すると自動的にゼロになる)．また規格化条件より

$$D^2 = 2F\sqrt{F/\pi}$$

次に I は

$$I = \frac{3}{4}\left(\frac{\hbar^2 F}{m}+\frac{m\omega^2}{F}\right)$$

これを最小にするには，$F=m\omega/\hbar$，$I=3\hbar\omega/2$．

9.5 半古典近似(WKB 近似)

ぽいんと

量子力学でも，波束という状態を作ると，それは古典力学における物体の運動のように振舞うことを3.4節で説明した．その一方で，水素原子など量子力学の波動関数は，古典力学的描像とはかけ離れたものに見える．しかしそれでも波動関数の構造をよく見ると，数学的に密接な関係があることがわかる．この関係を利用した近似的計算法が，半古典近似，あるいはWKB近似と呼ばれるものである．

キーワード：$\hbar$ 展開，半古典近似(WKB 近似)

■ $\hbar$ 展開

量子力学を特徴づける量はプランク定数 $\hbar$ である．たとえば調和振動子のエネルギー準位は，$\hbar\omega$ という間隔で並んでいる．古典力学のように準位を連続的にするには，$\hbar\to 0$ の極限を考えなければならない．

あるいは，位置と運動量の関係を考えてみよう．量子力学で位置と運動量が同時に決められない(不確定性関係)のは，

$$[x, p] = i\hbar$$

というように，2つの演算子が交換しないからである．しかしこの場合にも，$\hbar\to 0$ の極限を考えれば交換するようになる．そこで，$\hbar$ が小さいという極限で量子力学を考え，古典力学との関係を調べてみよう．

まず，波動関数の中に $\hbar$ がどのように含まれているかを見てみよう．たとえば単純な運動量一定の状態の波動関数は

$$\psi \propto \exp(ipx/\hbar)$$

である．また角運動量(z 成分)が一定($l_z = \hbar m$)の状態の波動関数は

$$\psi \propto \exp(il_z\phi/\hbar) \quad (= \exp(im\phi))$$

となる．これらとの類推から，一般的に波動関数を

$$\psi(x) \propto \exp(iS(x)/\hbar) \tag{1}$$

▶S という記号を使ったのは，古典力学における作用という量と密接な関係があるからだが，それについては後で説明する．3.7節も参照．

と書く．そしてこの式を，シュレディンガー方程式

$$-\hbar^2 \frac{d^2\psi}{dx^2} = 2m(E-U)\psi$$

に代入し，全体を $\exp(iS/\hbar)$ で割ると

$$\left(\frac{dS}{dx}\right)^2 - i\hbar\frac{d^2S}{dx^2} = 2m(E-U) \tag{2}$$

を得る．次に S を

$$S \equiv S_0 + \hbar S_1 + \hbar^2 S_2 + \cdots \tag{3}$$

というように展開して(2)に代入し，$\hbar$ の同じベキの係数を取り出すと

$$\hbar^0 \text{ の項} \qquad \left(\frac{dS}{dx}\right)^2 - 2m(E-U) = 0 \tag{4}$$

$\hbar^1$ の項 $$2\frac{dS_1}{dx}\frac{dS_0}{dx}-i\frac{d^2S_0}{dx^2}=0 \tag{5}$$

$\hbar^2$ の項 $$\left(\frac{dS_1}{dx}\right)^2+2\frac{dS_0}{dx}\frac{dS_2}{dx}-i\frac{d^2S_1}{dx^2}=0 \tag{6}$$

■半古典近似の波動関数

(4)と(5)を解いてみよう．まず(4)は

▶$E=\frac{1}{2m}p^2+U$．この p は演算子ではなく x の関数である．

$$\frac{dS_0}{dx}=\pm\sqrt{2m\{E-U(x)\}}\equiv\pm p(x)$$

である．したがって，

$$S_0(x)=\pm\int^x\sqrt{2m\{E-U(x')\}}\,dx'=\pm\int^x p(x')dx' \tag{7}$$

次に(5)は，

▶(8)で $\log(\pm1)$ は，x で微分するのだから考えなくてよい．

$$\frac{dS_1}{dx}=\frac{i}{2}\frac{d}{dx}\left(\log\frac{dS_0}{dx}\right)=\frac{i}{2}\frac{d}{dx}\log p \tag{8}$$

$$\Rightarrow\quad S_1=i\log\sqrt{p}+\text{定数}$$

である．そして S_0 と S_1 だけで(1)を近似すれば，

$$\psi=\frac{C}{\sqrt{p}}e^{\frac{i}{\hbar}\int^x pdx'}+\frac{C'}{\sqrt{p}}e^{-\frac{i}{\hbar}\int^x pdx'}\qquad(C,C'\text{は定数}) \tag{9}$$

となる．ただし，(7)の ＋ の解と － の解の一次結合をとった．波動関数をこのように表わすことを，**半古典近似**，あるいは **WKB 近似**と呼ぶ．

▶WKB は Wentzel, Kramers, Brillouin の頭文字．古典力学との関係は，9.8 節でさらに議論する．

特に p が一定のときは，$\psi\propto e^{ipx/\hbar}$ または $e^{-ipx/\hbar}$ という，よく知られた形になる．(9)は，その一般化である．

■半古典近似の有効性

半古典近似がどのような場合に有効であるか，つまり，どのような場合に，(3)の S_2 以下が無視できるかを考えてみよう．(6)を使って

$$\hbar|dS_2/dx|\ll|dS_1/dx|$$

という条件を調べてみると(S の変化率が重要なのだから，微分で比較すればよい)，

▶$\left|\hbar\frac{d^2p}{dx^2}\Big/p\frac{dp}{dx}\right|\ll1$ という条件も出てくるが，p が単調に変化しているのなら，これは(10)から導かれる．

$$\left|\frac{\hbar}{p^2}\frac{dp}{dx}\right|\ll1 \tag{10}$$

という条件が出てくる．これは，運動量の大きさに比べてその変化率が小さいという条件であり，運動量が大きくポテンシャルの変化率が小さければよいことがわかる．

9.6 接続公式とトンネル効果

ぽいんと

古典力学では，ポテンシャルエネルギーが全エネルギーに一致する所で，粒子は運動の向きを変える．その点を**転回点**と呼ぶ．転回点の片側が，古典的許容領域，その反対側が古典的禁止領域である(4.2 節参照)．量子力学では，古典的禁止領域でも波動関数は値をもつが，半古典近似の公式も前節の条件(10)が成り立っている限り使うことができる．しかし転回点では運動量がゼロになるので，この条件が成り立たない．したがって転回点の両側の波動関数の関係を調べるには，注意が必要である．これを解の接続の問題という．本節で，かなり一般的な状況で成り立つ接続公式というものを導く．また半古典近似の応用として，トンネル効果について議論する．

キーワード：転回点，接続公式，トンネル効果

■接　続

古典的禁止領域では $U>E$ だから p は虚数となり，前節(9)は

$$\psi=\frac{\tilde{C}}{\sqrt{|p|}}e^{-\frac{1}{\hbar}\int^x|p|dx'}+\frac{\tilde{C}'}{\sqrt{|p|}}e^{\frac{1}{\hbar}\int^x|p|dx'} \tag{1}$$

と書ける．たとえば U が一定のときは，これは指数関数的に増大および減少する関数で，(4.1.2)の形になる．

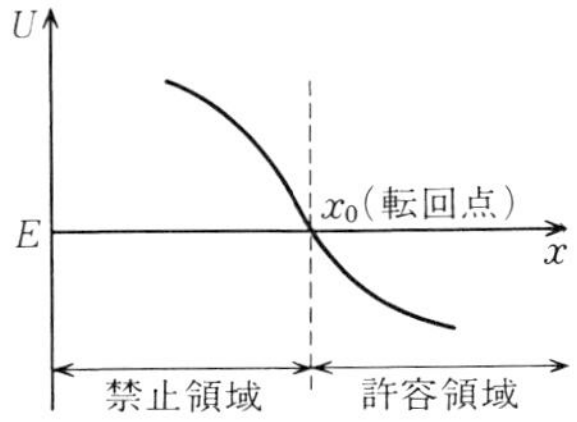

図 1　粒子の運動の範囲

古典的禁止領域でも，ポテンシャルの変化が急激でなければ前節(10)は成り立つので，上の(1)は使える．問題なのは転回点付近であり，許容領域の波動関数が禁止領域にどのようにつながっていくのかが，WKB 近似だけを考えていてはわからない．これを，解の接続の問題という(図 1)．

まず，最も一般的に言えることから考えてみよう．許容領域の波動関数が前節(9)，禁止領域の波動関数が上の(1)という形であったとする．するとまず，$|C|, |C'|$ のうちの大きいほうと，$|\tilde{C}|, |\tilde{C}'|$ のうちの大きいほうは，ほぼ同程度の大きさだと推察できる．ほぼ定数だと思われる解の係数が，転回点の両側で大幅に変わるとは考えにくいからである．

▶ただし，波動関数の計算に必要な積分の下限はすべて，転回点またはその付近の共通の位置であるとする．

ただし，C と C' のどちらが，$\tilde{C}$ あるいは $\tilde{C}'$ に関係しているのかがわからないので，どちらか大きいほうを比較した．実際には互いに両方に関係しているので，一般的にはどちらかの係数だけが大きくなってしまうことはない．したがって，片方だけが大きいという物理的要請があると，それにより波動関数の形に強い制限がつくことになる．

これ以上のことを厳密に言うことはできないのだが，ポテンシャルが滑らかに変わっている場合に成り立つ，よく知られた公式がある．まず，転回点付近のポテンシャルを直線で近似し，シュレディンガー方程式を

▶$U-E \fallingdotseq c(x-x_0)$.

$$-\frac{\hbar^2}{2m}\frac{d^2\psi}{dx^2}+c(x-x_0)\psi=0 \qquad (c \text{ は負の定数}) \tag{2}$$

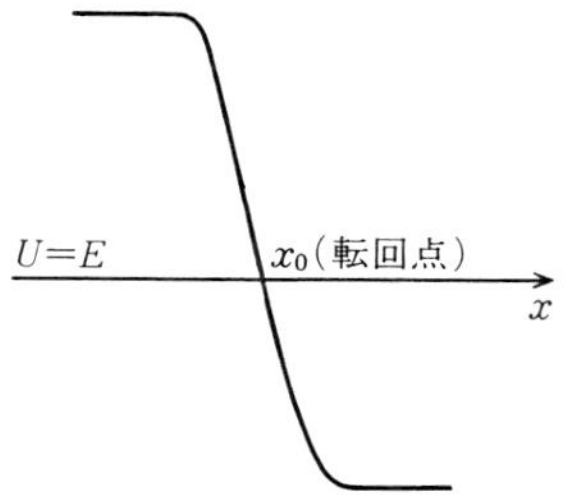

図2 接続公式が成り立たない例

▶図2のような場合は，(2)が成り立つ領域とWKB近似が成り立つ領域が重ならないので，この接続公式は成り立たない．

▶禁止領域での第2項は$x \to -\infty$で急激に減少してしまう解なので，$\sin\theta=0$のときにのみ意味をもつことに注意．また許容領域で$\exp\left(\frac{i}{\hbar}\int p dx'\right)$である場合の接続公式は$e^{i\theta}=\cos\theta+i\sin\theta$を使えばこの式から導ける．

と表わす．そしてこの式が成り立つ領域が，その両側のWKB近似が成り立つ領域と重なり合うと仮定しよう．

ここでは詳しい説明は省略するが，(2)の解の振舞いは，ベッセル関数の理論によりわかっている．そしてその解の許容領域側での振舞いを前節(9)と比較し，また禁止領域側での振舞いを上の(1)と比較すれば，(2)の解を通して両側のWKB近似の式が結びつく．そして，両側での係数の関係がわかるのである．このような議論の結果は，WKB近似の**接続公式**と呼ばれており，それぞれの領域での波動関数が与えられる．

$$\textbf{許容領域}\quad \frac{C}{\sqrt{p}}\sin\left(\frac{1}{\hbar}\int_{x_0}^{x} p dx'+\frac{\pi}{4}+\theta\right)$$
$$\Rightarrow\quad \textbf{禁止領域}\quad \frac{C\sin\theta}{2\sqrt{|p|}}e^{\frac{1}{\hbar}\int_x^{x_0}|p|dx'}+\frac{C\cos\theta}{2\sqrt{|p|}}e^{-\frac{1}{\hbar}\int_x^{x_0}|p|dx'} \qquad (3)$$

■トンネル効果

WKB近似の重要な応用例の1つが，トンネル効果である．**トンネル効果**とは，古典力学的には粒子が通り抜けられない障壁も，量子力学では透過の可能性があるというもので，簡単な場合の計算は4.2節で行なった．WKB近似を使うと，一般の障壁に対する計算が可能となる．

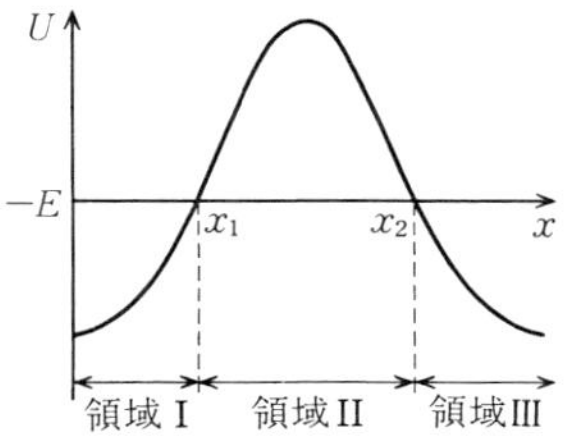

図3 トンネル効果

図3で，左から粒子がやってくるときの透過率を考える．領域IIIでは透過した粒子の運動が右向きなので

$$\psi_{\rm III}=\frac{C_{\rm III}}{\sqrt{p}}e^{\frac{i}{\hbar}\int_{x_2}^{x}pdx'}$$

となる．次に，領域IIで

$$\psi_{\rm II}=\frac{C_{\rm II}}{\sqrt{|p|}}e^{\frac{1}{\hbar}\int_x^{x_2}|p|dx'}+\frac{C_{\rm II}'}{\sqrt{|p|}}e^{-\frac{1}{\hbar}\int_x^{x_2}|p|dx'}$$

とすれば，前ページの議論により，$|C_{\rm III}|, |C_{\rm II}|, |C_{\rm II}'|$はすべて同程度だと推察される．次に，$B\equiv\frac{1}{\hbar}\int_{x_1}^{x_2}|p|dx'\ (>0)$として，上式を

$$\psi_{\rm II}=\frac{C_{\rm II}e^B}{\sqrt{|p|}}e^{-\frac{1}{\hbar}\int_{x_1}^{x}pdx'}+\frac{C_{\rm II}'e^{-B}}{\sqrt{|p|}}e^{\frac{1}{\hbar}\int_{x_1}^{x}pdx'}$$

と書き直す．この形にすれば，領域Iの

$$\psi_{\rm I}=\frac{C_{\rm I}}{\sqrt{p}}e^{-\frac{i}{\hbar}\int_x^{x_1}pdx'}+\frac{C_{\rm I}'}{\sqrt{p}}e^{\frac{i}{\hbar}\int_x^{x_1}pdx'}$$

と比較でき，その係数$|C_{\rm I}|, |C_{\rm I}'|$は，$|C_{\rm II}|e^B$と$|C_{\rm II}'|e^{-B}$のうちの大きいほう(明らかに$|C_{\rm II}|e^B$)と同程度だと推察される．以上より，透過率は

$$\text{透過率}=\left|\frac{C_{\rm III}}{C_{\rm I}}\right|^2\sim\left|\frac{C_{\rm III}}{C_{\rm II}e^B}\right|^2\sim e^{-2B} \qquad (4)$$

となる．かなり大雑把な議論ではあるが，透過率の大きさを評価する上で重要な公式である．

▶以下，「推察される」という部分はすべて，(3)を使えば証明できる．

▶$\int_{x_1}^{x_2}|p|dx'\gg\hbar$である状況を考えている．現実には透過率≪1の場合がほとんどなので，e^{-B}が小さいと考えるのは辻褄があっている．

9.7 ボーア・ゾンマーフェルトの量子化条件と前期量子論

ぽいんと

WKB 法のもう 1 つの応用例として，束縛状態のエネルギー準位を決める公式を求める．これはボーア・ゾンマーフェルト量子化条件と呼ばれ，量子力学が定式化される前に，水素原子のエネルギー準位を決めるためボーアたちにより仮説として提唱されていた公式である．量子力学黎明期の理論，つまり前期量子論における，中心的な仮説であった．

キーワード：ボーア・ゾンマーフェルトの量子化条件，前期量子論

■束縛状態のエネルギー準位

井戸型ポテンシャル，調和振動子，水素原子など，粒子が有限の領域に閉じ込められる状態，つまり束縛状態のエネルギー準位は，すべて離散的である．閉じ込められる領域の両側で，波動関数の振舞いに制限がつくことが，準位が離散的になる原因であった．

特に，閉じ込められる領域(古典的許容領域)の外側に古典的禁止領域があるときは，そこで波動関数が指数関数的に減少することが条件になる．したがって，前節の許容領域と禁止領域の間の接続の議論を使えば WKB 法によるエネルギー準位の計算ができるはずである．それを実行しよう．

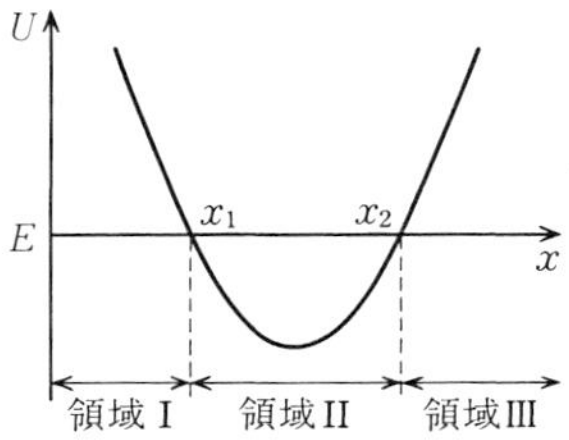

図 1　粒子の運動領域

図 1 のような状況を考える．転回点 x_1 での接続には，前節の(2)が($x_0 \to x_1$ として)使える．また x_2 のような右側に禁止領域がある場合は

$$\frac{C}{\sqrt{p}}\sin\left\{\frac{1}{\hbar}\int_x^{x_2} p\,dx' + \frac{\pi}{4} + \theta\right\} \quad \to \quad \frac{C\sin\theta}{2\sqrt{|p|}}e^{\frac{1}{\hbar}\int_{x_2}^{x} p\,dx'} + \frac{C\cos\theta}{2\sqrt{|p|}}e^{-\frac{1}{\hbar}\int_{x_2}^{x} p\,dx'} \qquad (1)$$

を使う．

まず $x \to -\infty$ (領域 I)で波動関数は指数関数的に減少しなければならないから，前節(2)で $\theta = 0$ とし，領域 II で

$$\psi_{\rm II} = \frac{C}{\sqrt{p}}\sin\left\{\frac{1}{\hbar}\int_{x_1}^{x} p\,dx' + \frac{\pi}{4}\right\} \qquad (2)$$

となる．また $x \to \infty$ (領域 III)で波動関数は指数関数的に減少しなければならないから，上の(1)で $\theta = 0$ とし，領域 II で

$$\psi_{\rm II} = \frac{C'}{\sqrt{p}}\sin\left\{\frac{1}{\hbar}\int_x^{x_2} p\,dx' + \frac{\pi}{4}\right\} = \frac{-C'}{\sqrt{p}}\sin\left\{\frac{1}{\hbar}\int_{x_1}^{x} p\,dx' - \frac{1}{\hbar}\int_{x_1}^{x_2} p\,dx' - \frac{\pi}{4}\right\} \qquad (3)$$

となる．そして(2)と(3)は一致しなければならないので，

$$\frac{1}{\hbar}\int_{x_1}^{x_2} p\,dx' + \frac{\pi}{4} = -\frac{\pi}{4} + n\pi \qquad (n \text{ は整数})$$

となる．古典的な粒子の運動の場合は，x_1 と x_2 の間を 1 往復して 1 周期なので

$$\int_{1\text{周期}} p(x')dx' = 2\int_{x_1}^{x_2} p dx' = 2\pi\hbar\left(n+\frac{1}{2}\right) \tag{4}$$

となる．これが(**ボーア・ゾンマーフェルトの**)**量子化条件**と呼ばれているものである．ただし彼らが最初に提案したときは，1/2 の部分はなかった．この部分は，かなり一般的ではあるが必ずしも成り立つとは限らない，前節(2)を使用した結果なので，場合によっては信頼できない．

▶もともと WKB 近似が成り立つのは，運動量の大きくなる量子数 n が大きいケースなので，その点からも 1/2 の部分まで，この式が厳密に成り立つ保証はない．

■量子化条件の意味

1/2の部分はともかくとして，(4)の基本的な幾何学的意味ははっきりしている．波動関数の波長を $\lambda=2\pi\hbar/p$ として(4)に代入すれば，

▶ただし，この λ は，場所によって変わる変数である．

$$2\int\frac{1}{\lambda}dx = n+\frac{1}{2}$$

となる．これは，波長単位で x_1 と x_2 の距離の 2 倍を測れば，$n(+1/2)$ になるということである．つまり 1 周期の中に入る波の数が $n(+1/2)$ であり，量子数 n が 1 つずつ増えるにつれて波の数も 1 つ増えるという，波の描像に一致している．

▶1/2 の部分は，ポテンシャルの境界が斜めになっている効果であり，井戸型ポテンシャルのように垂直になっていれば変わる．たとえば無限の壁の場合は，壁の間隔の 2 倍に，波長の整数倍がぴったりと入るので，1/2 はいらない．

■前期量子論

まだシュレディンガー方程式が知られていなかった頃，水素原子のエネルギー準位が離散的であることを説明するのに，(4)が使われていた．古典力学で導かれる連続的に変化する無限個の電子の軌道の中から，(1/2 の部分のない)(4)を満たすものだけが現実に実現するという仮説である．電子が波として表わされるという描像が背景にあった．この仮説からエネルギー準位がどう求まるかを説明しよう．

まず，球座標 r,θ,ϕ に対する(一般化された)運動量を，p_r, p_θ, p_ϕ $(=l_z)$ とすると，エネルギーは次式で表わせる．

▶一般化された運動量という言葉の意味は，力学の巻参照．

$$E = \frac{1}{2m}\left(p_r{}^2+\frac{\lambda^2}{r^2}\right)-\frac{e^2}{r}, \qquad \lambda^2 \equiv p_\theta{}^2+\frac{p_\phi{}^2}{\sin^2\theta}$$

また E,λ,p_ϕ は古典的な運動において一定な量である．そこで

$$\int p_r dr = 2\pi\hbar n_1, \qquad \int p_\theta d\theta = 2\pi\hbar n_2, \qquad \int p_\phi d\phi = 2\pi\hbar n_3$$

$$(n_1, n_2, n_3 = 0, 1, 2, \cdots)$$

▶r 積分と θ 積分は，転回点間の運動の 1 周期で行なう．また，ϕ 積分は 0 から 2π まで行なう．

という 3 つの積分を E,λ,p_ϕ の関数として計算し，E,λ,p_ϕ を 3 つの量子数 n_1,n_2,n_3 で表わす(章末問題参照)．その結果は，

$$p_\phi = l_z = \hbar n_3, \quad \lambda = \hbar(n_1+n_2), \quad E = -\frac{me^4}{2\hbar^2}\frac{1}{(n_1+n_2+n_3)^2} \tag{5}$$

となり，角運動量の大きさを意味する λ 以外は，正しい結果が求まる．

▶正しい結果は
$$\Lambda = \lambda^2 = \hbar^2 l(l+1)$$
$$(l=0,1,2,\cdots)$$

9.8 半古典近似と古典軌道

ぽいんと

半古典近似に登場した$S(x)$という量は，古典力学における作用と密接な関係がある．また$S(x)$の満たす方程式は，古典力学のハミルトン・ヤコビの方程式に等しい．このような観点から，古典力学における粒子の軌道と半古典近似の関係を考えよう．

キーワード：作用，ハミルトン・ヤコビの方程式

■ハミルトン・ヤコビの方程式

▶$T=p^2/2m$であるとする．また前節までのSと区別するために$\tilde{S}$と書いた．

古典力学では$L=T-U$をラグランジアンという．そして，これに適当な軌道$x(t)$を代入し積分したものを**作用**（または作用積分）と呼ぶ．

$$\tilde{S}[x(t)] = \int_{t_0}^{t} L[x(t)]dt \tag{1}$$

▶この条件を満たす軌道は1つに決まる．

$\tilde{S}$は任意の軌道に対して計算できるが，特に，時刻t_0で位置がx_0，また時刻tで位置がxとなるような古典力学の運動方程式を満たす軌道を代入したとしよう．t_0とx_0の値を固定しておけば，$\tilde{S}$はtとxの関数だとみなせる．すると，この$\tilde{S}$は，

$$\frac{\partial \tilde{S}}{\partial t}+\frac{1}{2m}\left(\frac{\partial \tilde{S}}{\partial x}\right)^2+U(x) = 0 \tag{2}$$

という微分方程式を満たすことが知られている．また，

▶$\tilde{S}[x]$は，xに到達する運動方程式を満たす軌道から計算できるが，そのときxを変えてもエネルギーが一定の軌道ばかり選べば(3)の形になる．

$$\tilde{S}(x, t) \equiv S_0(x)-Et \tag{3}$$

とすれば，S_0は

$$\frac{1}{2m}\left(\frac{dS_0}{dx}\right)^2+U = E \tag{4}$$

という方程式を満たす．(2)あるいは(4)を，**ハミルトン・ヤコビの方程式**と呼ぶ．

(3)は，ラグランジアンとハミルトニアン($H=T+U$)との関係

$$L = 2T-H = p\frac{dx}{dt}-H$$

を考えればわかりやすい．ハミルトニアンに，運動方程式を満たす軌道を代入すればエネルギーとなるのだから，それをEとすれば

▶$\tilde{S}=\int^x pdx-\int^t Edt$より，積分の上限を微分すれば$\frac{\partial \tilde{S}}{\partial x}=p, \frac{\partial \tilde{S}}{\partial t}=E$となるから(2)が導ける．ただし，この議論が正しいのは，軌道が運動方程式を満たしている場合に限る．詳しくは力学の巻参照．

$$\tilde{S} = \int^t\left(p\frac{dx}{dt}-H\right)dt = \int pdx-Et \tag{5}$$

となる．つまり

$$S_0(x) = \int pdx$$

であり，S_0は半古典近似のS_0と一致することがわかる．つまり，古典力

学での粒子の軌道がわかればS_0が求まるという意味で，半古典近似の公式は古典力学と数学的に密接な関係がある．

■経路積分と古典軌道

▶以下では，左ページの$\tilde{S}$のことを，普通にSと書く．

こんどは物理的な関係を考えておこう．それには3.7節の経路積分で量子力学を考えるとわかりやすい．経路積分とは，2つの時間(t_0およびtとする)における波動関数を結びつける公式で，

$$\psi(x,t)=\int dx_0\Bigl(\sum_{x(t)}e^{iS[x(t)]/\hbar}\Bigr)\psi(x_0,t_0) \tag{6}$$

となる．ただし$x(t)$とは，t_0ではx_0，tではxとなる任意の粒子の軌道であり，$S[x(t)]$とはその軌道の作用である．

$x(t)$は古典力学の運動方程式を満たしている必要はないが，実際にどの軌道が(6)の和に大きく寄与するかを考えると，古典力学との関係がわかる．経路積分は(t_0からtまでの)各時刻t'での粒子の位置$x'(t')$に関する積分の繰り返しだが，その積分を1つ取り出すと

$$\int dx' e^{if(x')/\hbar} \tag{7}$$

という形をしている．そしてもし$f(x')\gg\hbar$ならば，fが変わると指数関数は激しく振動するので，この積分はほとんどゼロになる．しかし，もしあるx付近でfがあまり変化しなかったら事情は異なる．たとえば$x=x_c$で$df/dx=0$であったとしよう．すると$x=x_c$付近では

$$f(x)\simeq f(x_c)+\frac{1}{2}\frac{d^2f}{dx^2}(x-x_c)^2+\cdots$$

と近似できる．そしてこれを(7)に代入すれば

▶$\int e^{i\alpha x^2}dx\propto\frac{1}{\sqrt{\alpha}}$

$$(7)\sim|d^2f/dx^2|^{-1/2}e^{if(x_c)/\hbar} \tag{8}$$

となる．作用Sに対して，あらゆる時刻t'において$dS/dx'=0$が成り立つのが，古典力学の運動方程式を満たす軌道$x_c(t)$である(**最小作用の原理**)．つまり(8)を(6)に適用すれば，$f(x_c)$を$S[x_c(t)]$に置き換えて，

▶実際にψが(9)の形で近似できるかどうかは場合による．また(9)の形になるとしてもSが複素数，つまり$x_0(t)$が複素数になり，現実の古典軌道にはならないこともある．

$$\psi(x,t)\sim\int dx_0 C e^{iS[x_c(t)]/\hbar}\cdot\psi(x_0,t_0) \tag{9}$$

となる．軌道の出発点として，どのx_0がどの程度寄与するかを決めるのが$\psi(x_0,t_0)$である．

$S[x_c]$は，軌道の到達点(x,t)の関数として見たとき(2)の解である．そして半古典近似のS_0は，(2)の解の特殊な場合(エネルギー一定)なのだから，(9)が半古典近似の公式の(エネルギー一定とは限らない状態への)一般化であることも想像できるだろう．

章末問題

［9.1 節］

9.1 $a_{nn}^{(1)}$ が虚数であることを示せ．また ψ の定義を（規格化条件を保ったまま）変えることにより，（9.1.9）のようにしてよいことを示せ．

9.2 $a_{nm}^{(2)}$ を決める公式を導け．

［9.2 節］

9.3 6.6 節では，スピンと軌道角運動量の相互作用があるとき，$j=l+1/2$ の状態と $j=l-1/2$ の状態とにエネルギー準位が分離することを前提とした上で，その効果を調べた．9.2 節の議論を使い，その前提を証明せよ．

［9.3 節］

▶エネルギーが aB^2 という形になれば，これは $-aB$ の磁気モーメントが生じているということになる．そのときの磁化率は $-a$．問題 9.6 の分極率も同様．

9.4 基底状態の水素原子に z 方向の磁場 B をかけたときの，エネルギーの変化（B の 2 次まで）と磁化率を求めよ．（6.7.9）のハミルトニアンを使う．

［9.4 節］

9.5 変分法を用いて，水素原子の基底状態を求めよ．ただし試行関数としては，$\psi=Ae^{-\alpha r}$ を用いよ．（A, α がパラメータ．）

9.6 基底状態の水素原子に z 方向の電場 E をかけたときの，エネルギーの変化（E の 2 次まで）と分極率を変分法で求めよ．試行関数としては $A(1+Bz)\times\psi_0$ を用いよ．ただし ψ_0 とは基底状態の波動関数．

▶変分計算についての詳しいことは，力学の巻参照．

9.7 $\int\psi^* H\psi d^3\boldsymbol{r}\Big/\int\psi^*\psi a^3\boldsymbol{r}$ が極値をとる（変分がゼロ）という条件は，（時間に依存しない）シュレディンガー方程式と同値であることを示せ．（ヒント：ψ が ψ から $\psi+\delta\psi$ へと微小に変化したときの上式の変化分をゼロとする．）

［9.6 節］

9.8 トンネル効果の透過率の公式（9.6.4）が 4.2 節の結果と一致していることを示せ．

［9.7 節］

9.9 ボーア・ゾンマーフェルトの量子化条件（9.7.4）を使って，調和振動子のエネルギー準位を計算せよ．

9.10 前期量子論を使って，水素原子の角運動量とエネルギー（9.7.5）を導け．

［9.8 節］

9.11 質量 m の粒子がポテンシャルがない領域を動いているとし，古典力学の軌道に対する作用 $S[x_c(t)]$ を計算せよ．またそれを使い，$\psi(x_0, t_0)=e^{ipx_0/\hbar}$ として（9.8.9）を計算せよ．速度が p/m にほぼ等しい軌道が積分に主に寄与していることを示せ．（（9.8.9）の C は定数だと考えてよい．）

10

電磁波の量子力学・ハイゼンベルグ方程式

ききどころ

今までは，電子のことを中心に量子力学を解説してきた．第1章でも述べたように，量子力学の建設においては，原子中の電子の振舞いを理論化するという動機が重要な働きをした．しかし，もう1つ重要だったのは，電磁波の問題である．

原子中で電子のエネルギー準位が変わる(遷移と呼ぶ)と，それに応じて電磁波が吸収または放出される．エネルギー保存則を考えれば当然のことだが，重要なのは，各遷移において吸収または放出される電磁波の振動数が決まっているということである．この事実を理論的に説明するには，電磁波というのは何らかの粒子から構成されており，その粒子1つ1つのエネルギー(E)は，電磁波の振動数(ν)で決まると考えればよい．つまり，遷移1回ごとに，エネルギー準位の差に対応するエネルギーをもつ光子が1つ，吸収または放出されるのである．それも $E=h\nu$ だとすれば，エネルギー保存則が満たされることがわかった．

しかし従来の電磁気の理論，つまりマクスウェル理論では，電磁波は単に電場と磁場の波であり，粒子像は出てこない．そこで電磁気学を量子論に書き替えるという作業が必要となる．この章では，まずそれを行ない，そして電子の遷移の計算方法を説明しよう．

また，量子力学の数学的な構造に関するいくつかの側面について指摘する．古典力学でのポワソン括弧と，量子力学での交換関係の対応を通じて，両者における運動方程式や種々の保存則の間に密接な関係がつくことを説明する．

10.1 電磁波の古典理論

ぽいんと

最初に，古典力学的な電磁気学(**古典電磁気学**と呼ぶ)の下での電磁波のハミルトニアンを説明しよう．古典電磁気学の基本方程式，マクスウェル方程式により，電磁波のハミルトニアンは，ベクトルポテンシャルという1つのベクトル関数で表わせることがわかる．次に，そのハミルトニアンをフーリエ変換を使って変形すると，無限個の調和振動子の和になっていることがわかる．この形が，次節で電磁波の量子論を考えるときの基本になる．

キーワード：古典電磁気学，マクスウェル方程式，ベクトルポテンシャル，電磁波のハミルトニアン

■ベクトルポテンシャル

まず，古典電磁気学での電磁波を議論しよう．電磁波は電場と磁場という2つのベクトル関数(ベクトル場)からできた波であり，ベクトルであるから合計6つの成分がある．これらには**マクスウェル方程式**という4つの制限があるので，互いに独立ではない．通常，まずスカラーポテンシャル(電位のこと)ϕと**ベクトルポテンシャル**$\boldsymbol{A}$の，合計4成分で書き直す．

▶これらの問題は，電磁気学および振動・波動の巻に詳しく説明されている．

しかし，これらのポテンシャルは一意的には決まらない．適当に変えても同じ電磁波を表わせることがわかっている．そして，この任意性を利用すれば，電磁波の理論をわかりやすい形にすることができる．一般にポテンシャルと，電場$\boldsymbol{E}$および磁場$\boldsymbol{B}$との関係は

▶この任意性とは，**ゲージ不変性**と呼ばれるものである．

$$\boldsymbol{E} = -\frac{1}{c}\frac{\partial \boldsymbol{A}}{\partial t} - \nabla\phi, \qquad \boldsymbol{B} = \nabla\times\boldsymbol{A} \tag{1}$$

▶MKSA単位系では，
$$\boldsymbol{E} = -\frac{\partial \boldsymbol{A}}{\partial t} - \nabla\phi$$

であるが，ここでまず，ϕはクーロン電場(クーロンの法則で表わされる，電荷を発生源とする電場)のみによるポテンシャルだとし，電磁波を考えるときはϕを除く．また，これでも$\boldsymbol{A}$に任意性があるので，さらに

$$\nabla\cdot\boldsymbol{A} = 0 \tag{2}$$

という制限をつける．このようにすると，4つのマクスウェル方程式は次のようになる(電磁波だけを考えているので，電荷，電流は無視する)．

$$\nabla\boldsymbol{E}=0, \quad \nabla\boldsymbol{B}=0, \quad \nabla\times\boldsymbol{E}=-\partial\boldsymbol{B}/c\partial t, \quad \nabla\times\boldsymbol{B}=\partial\boldsymbol{E}/c\partial t$$

▶MKSA単位系では
$$\nabla\times\boldsymbol{E} = -\frac{\partial \boldsymbol{B}}{\partial t},$$
$$\nabla\times\boldsymbol{B} = \frac{1}{c^2}\frac{\partial \boldsymbol{E}}{\partial t}$$

最初の3式は(1),(2)より自明である(章末問題)が，第4式が重要で，$\boldsymbol{A}$で書き直すと

$$\frac{1}{c^2}\frac{\partial^2 \boldsymbol{A}}{\partial t^2} - \Delta\boldsymbol{A} = 0 \qquad (\Delta\equiv\nabla\cdot\nabla \text{ はラプラシアン}) \tag{3}$$

となる．古典電磁気学ではこの式を解いて，実際の電磁波を決める．量子力学では，これをシュレディンガー方程式に書き替えることにより，電磁波に対する波動関数を求めることになる．

▶(3)を導くには，公式$\nabla\times(\nabla\times\boldsymbol{A})=\nabla(\nabla\cdot\boldsymbol{A})-\Delta\boldsymbol{A}=-\Delta\boldsymbol{A}$を使う．

■フーリエ展開

(3)にしろ，またシュレディンガー方程式にしろ，$\boldsymbol{A}$ そのものではなく，これをフーリエ展開したものを考えると便利である．(8.2.5)を3次元に拡張すると，$(2L)^3=V$(体積)として

$$\boldsymbol{A}(x,t)=\frac{1}{\sqrt{V}}\sum_{\boldsymbol{k}}\sum_{\alpha=1}^{2}\boldsymbol{\varepsilon}_\alpha A_{\boldsymbol{k}\alpha}(t)e^{i\boldsymbol{k}\cdot\boldsymbol{r}}$$

$$\left(k_x=\frac{\pi n_x}{L},\ \text{ただし } n_x \text{ は任意の整数．} k_y, k_z \text{ も同様}\right) \tag{4}$$

となる．(8.2.5)に比べていくつかの点で複雑になっている．まず $\boldsymbol{\varepsilon}_\alpha A_{\boldsymbol{k}\alpha}$ がフーリエ展開の係数であるが，$\boldsymbol{A}$ が時間にも依存するので $A_{\boldsymbol{k}\alpha}$ も時間に依存する．また $\boldsymbol{A}$ はベクトルなので，$\boldsymbol{A}$ の方向を向く $\boldsymbol{\varepsilon}$ という単位長さの定ベクトル(t にも $\boldsymbol{r}$ にも依らないベクトル)をつけた．(2)，(4)より

$$\boldsymbol{k}\cdot\boldsymbol{\varepsilon}_\alpha=0 \tag{5}$$

でなくてはならないが，これには独立な解が2つあるので，それを $\boldsymbol{\varepsilon}_1, \boldsymbol{\varepsilon}_2$ とする．長さは1とし，直交するとする(図1)．

$$|\boldsymbol{\varepsilon}_\alpha|=1 \qquad (\alpha=1,2), \qquad \boldsymbol{\varepsilon}_1\cdot\boldsymbol{\varepsilon}_2=0$$

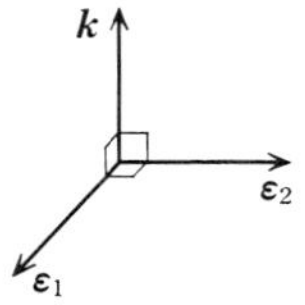

図1　$\boldsymbol{k}$ と単位ベクトルの関係

また，ベクトルポテンシャルは実数なので，次の条件がつく．

$$A_{\boldsymbol{k}\alpha}=A_{-\boldsymbol{k}\alpha}{}^* \qquad (A_{\boldsymbol{k}\alpha}\text{ は複素数}) \tag{6}$$

▶ $\boldsymbol{A}^*=\dfrac{1}{\sqrt{V}}\sum\sum\boldsymbol{\varepsilon}_\alpha A_{\boldsymbol{k}\alpha}{}^*e^{-i\boldsymbol{k}\cdot\boldsymbol{r}}$
$=\boldsymbol{A}$
とし $e^{i\boldsymbol{k}\cdot\boldsymbol{r}}$ の係数を比較すれば(6)が求まる．

フーリエ展開が有用なのは，(4)を(3)に代入し(8.2.4)を使うと

$$\frac{1}{c^2}\frac{d^2A_{\boldsymbol{k}\alpha}}{dt^2}+\boldsymbol{k}^2A_{\boldsymbol{k}\alpha}=0 \tag{7}$$

という簡単な形になるからである．(3)には空間座標に対する $\boldsymbol{A}$ の変化率が出てくるが，(7)には $A_{\boldsymbol{k}\alpha}$ の $\boldsymbol{k}$ に対する変化率は出てこない．つまり各 $\boldsymbol{k}$ に対する $A_{\boldsymbol{k}\alpha}$ を，個別に考えればよい．また，量子力学ではハミルトニアンが問題となるが，それも同じ意味で簡単な形になる．実際，**電磁波のハミルトニアン**は

▶MKSA単位系でハミルトニアンは
$H=\dfrac{1}{2}\left(\varepsilon_0\boldsymbol{E}^2+\dfrac{1}{\mu_0}\boldsymbol{B}^2\right)$

$$H=\frac{1}{8\pi}\int(\boldsymbol{E}^2+\boldsymbol{B}^2)d^3\boldsymbol{r}=\frac{1}{8\pi}\int\left[\frac{1}{c^2}\left(\frac{\partial\boldsymbol{A}}{\partial t}\right)^2+(\nabla\times\boldsymbol{A})^2\right]d^3\boldsymbol{r}$$

$$=\sum_{\boldsymbol{k}}\sum_{\alpha=1}^{2}\left(\frac{1}{8\pi c^2}\frac{dA_{\boldsymbol{k}\alpha}}{dt}\frac{dA_{-\boldsymbol{k}\alpha}}{dt}+\frac{1}{8\pi}\boldsymbol{k}^2A_{\boldsymbol{k}\alpha}A_{-\boldsymbol{k}\alpha}\right) \tag{8}$$

▶(8)や(9)は
$$\frac{1}{V}\int e^{i\boldsymbol{k}\cdot\boldsymbol{r}}e^{i\boldsymbol{k}'\cdot\boldsymbol{r}}d^3\boldsymbol{r}=\begin{cases}1 & \boldsymbol{k}+\boldsymbol{k}'=0\text{ のとき}\\ 0 & \boldsymbol{k}+\boldsymbol{k}'\neq0\text{ のとき}\end{cases}$$

というように，各 $\boldsymbol{k}$ に対する項の和の形に書ける．また，電磁波の運動量を表わす量 $\boldsymbol{P}$ は

$$\boldsymbol{P}=\int\boldsymbol{S}d^3\boldsymbol{r}=\frac{1}{4\pi c^2}\int(\boldsymbol{E}\times\boldsymbol{B})d^3\boldsymbol{r}=\frac{i}{8\pi c^2}\sum_{\boldsymbol{k}}\sum_{\alpha=1}^{2}\boldsymbol{k}\left(\frac{dA_{\boldsymbol{k}\alpha}}{dt}A_{-\boldsymbol{k}\alpha}-A_{\boldsymbol{k}\alpha}\frac{dA_{-\boldsymbol{k}\alpha}}{dt}\right) \tag{9}$$

と書ける．

10.2 電磁場の量子化

ぽいんと

前節で求めた，フーリエ変換したハミルトニアンを使って，電磁場の量子化をする．ハミルトニアンが無限個の調和振動子の積分になっていることを考えれば，量子論での電磁場の解がすぐわかり，光子という，電磁波に対する粒子像が導かれる．

キーワード：光子

■調和振動子

電磁場を量子化するという問題は，今までの，粒子を量子化するという問題とは物理的には異なっている．しかし形式的にはまったく同じなので，対応をつけながら説明していく．

まず，1次元の調和振動子のハミルトニアン

▶ω は調和振動子の角振動数．

$$H=\frac{1}{2m}\left(\frac{dx}{dt}\right)^2+\frac{1}{2}m\omega^2x^2=\frac{p^2}{2m}+\frac{1}{2}m\omega^2x^2 \quad (1)$$

を考える．x は粒子の位置座標であり，p はこの粒子の運動量である．これを量子力学にするには，p を x の微分で置き換えてシュレディンガー方程式にすればよい．しかし，その解は，むしろ数表示(4.5節)のほうがわかりやすく，一般解を $|n\rangle$ $(n=0,1,\cdots)$ とすれば

▶生成・消滅演算子と x,p の関係は

$$x=\sqrt{\frac{\hbar}{2m\omega}}(a+a^\dagger),$$

$$p=-i\sqrt{\frac{m\omega\hbar}{2}}(a-a^\dagger)$$

$$H|n\rangle=\hbar\omega\left(n+\frac{1}{2}\right)|n\rangle, \qquad H=\hbar\omega\left(a^\dagger a+\frac{1}{2}\right)$$
$$a^\dagger|n\rangle=\sqrt{n+1}\,|n+1\rangle, \qquad a|n\rangle=\sqrt{n}\,|n-1\rangle \quad (2)$$

■場の量子化

まず(1)と，前節(8)の各項の類似性に注目しよう．(1)の量子化では，粒子の位置 x および運動量 p を演算子とみなした．電磁場を量子化するという意味は，$A_{\boldsymbol{k}\alpha}$ およびその運動量 $P_{\boldsymbol{k}\alpha}$((4)参照)を演算子とみなすということである．つまり粒子の量子化は，現実の空間の粒子の座標 x についての量子力学であるのに対し，電磁場の量子化は，$\boldsymbol{A}(\boldsymbol{r})$ あるいは $A_{\boldsymbol{k}\alpha}$ という，場の大きさについての量子力学である．

▶この「$A_{\boldsymbol{k}\alpha}$ に対する運動量 $P_{\boldsymbol{k}\alpha}$」というのは，前節(9)の，電磁波が運ぶ運動量 $\boldsymbol{P}$ とは別のものである．

前節(8)の量子化を行なうには，まず $A_{\boldsymbol{k}\alpha}$ に対する運動量 $P_{\boldsymbol{k}\alpha}$ というものを定義しなければならない．これは

$$P_{\boldsymbol{k}\alpha}=\frac{1}{4\pi c^2}\frac{dA_{-\boldsymbol{k}\alpha}}{dt} \quad (3)$$

▶(3)は，ハミルトン方程式
$$\frac{dP_{\boldsymbol{k}\alpha}}{dt}=-\frac{\partial H}{\partial A_{\boldsymbol{k}\alpha}}$$
が，前節(7)と一致するという条件より決まる(章末問題)．

であり，これを前節(8)に代入すれば

$$H=\frac{1}{2}\sum_{\boldsymbol{k}}\sum_{\alpha}\left(4\pi c^2P_{\boldsymbol{k}\alpha}P_{-\boldsymbol{k}\alpha}+\frac{\boldsymbol{k}^2}{4\pi}A_{\boldsymbol{k}\alpha}A_{-\boldsymbol{k}\alpha}\right) \quad (4)$$

となる．そして量子力学の基本原理により，$P_{\boldsymbol{k}\alpha}$を$A_{\boldsymbol{k}\alpha}$による微分に置き換えれば，電磁場に対するシュレディンガー方程式が求まる．しかし，ここでも，生成・消滅演算子を考えたほうがわかりやすい．ただし今の場合，$A_{\boldsymbol{k}\alpha}$が複素数であることと，$A_{\boldsymbol{k}\alpha}$および$A_{-\boldsymbol{k}\alpha}$がまざっているために，若干の工夫が必要である．まず$A_{\boldsymbol{k}\alpha}=A_{-\boldsymbol{k}\alpha}{}^{\dagger}$という条件も考えて，

▶係数については，(3)や(4)からわかるように$m\to 1/8\pi c^2$, $\omega\to ck$という対応がある．

$$A_{\boldsymbol{k}\alpha}=\sqrt{\frac{2\pi c\hbar}{k}}(a_{\boldsymbol{k}\alpha}+a_{-\boldsymbol{k}\alpha}{}^{\dagger}),\qquad A_{-\boldsymbol{k}\alpha}=\sqrt{\frac{2\pi c\hbar}{k}}(a_{-\boldsymbol{k}\alpha}+a_{\boldsymbol{k}\alpha}{}^{\dagger}) \qquad (5)$$

▶量子力学の基本原理により
$P_{\boldsymbol{k}\alpha}=-i\hbar\partial/\partial A_{\boldsymbol{k}\alpha}$
なので，$[A_{\boldsymbol{k}\alpha},P_{\boldsymbol{k}\alpha}]=i\hbar$となる．

とする．また運動量は$[A_{\boldsymbol{k}\alpha},P_{\boldsymbol{k}\alpha}]=i\hbar$という交換関係が生成・消滅演算子が満たすべき条件$[a_{\boldsymbol{k}\alpha},a_{\boldsymbol{k}\alpha}{}^{\dagger}]=1$を意味するように決めれば

$$P_{\boldsymbol{k}\alpha}=-i\sqrt{\frac{\hbar k}{8\pi c}}(a_{-\boldsymbol{k}\alpha}-a_{\boldsymbol{k}\alpha}{}^{\dagger}) \qquad (6)$$

となる．このように生成・消滅演算子を定義すると(4)は

$$H=\sum_{\boldsymbol{k}}\sum_{\alpha}\hbar\omega_k\left(a_{\boldsymbol{k}\alpha}{}^{\dagger}a_{\boldsymbol{k}\alpha}+\frac{1}{2}\right) \qquad (\omega_k\equiv|\boldsymbol{k}|c) \qquad (7)$$

となる．したがってシュレディンガー方程式の一般解は，各$a_{\boldsymbol{k}\alpha}$に対するnの集合($\{n_{\boldsymbol{k}\alpha}\}$と書く)で表わされる．

▶E_0は無限項の和だから無限大であるが，定数なのでエネルギーの基準点を取り直すと考えれば無視してもよい．しかし残りの部分は有限でなければならないので，$\{n_{\boldsymbol{k}\alpha}\}$のうちゼロでないものは有限個でなければならない．

$$H|\{n_{\boldsymbol{k}\alpha}\}\rangle=\left\{\sum_{\boldsymbol{k}}\sum_{\alpha}\hbar\omega_k n_{\boldsymbol{k}\alpha}+E_0\right\}|\{n_{\boldsymbol{k}\alpha}\}\rangle \qquad \left(E_0=\sum_{\boldsymbol{k}}\sum_{\alpha}\frac{1}{2}\right) \qquad (8)$$

■光　子

(8)の解は，電磁波は光子という粒子の集合であるという立場で解釈できることを説明しよう．まず，粒子はそのエネルギーで区別できるように，光子も$\boldsymbol{k}$(正確に言えば$\boldsymbol{k}$およびα)で区別する．すると(8)より，$\boldsymbol{k}$という光子のエネルギーは$\hbar\omega_k$ ($=\hbar kc$)であり，また$|\{n_{\boldsymbol{k}\alpha}\}\rangle$という状態は，$\boldsymbol{k}$という光子が$n_{\boldsymbol{k}\alpha}$個ある状態だと解釈できる．ところで$\boldsymbol{k}$という光子は，振動数が$\nu=kc/2\pi$の電磁波に対応している．これにより，光子のエネルギーと振動数の関係$E=h\nu$が求まる(アインシュタインの光量子説である)．

▶質量mの粒子に対する，相対性理論の式
$E=\sqrt{(mc^2)^2+(pc)^2}$
と比べれば，光子は質量がゼロの粒子であることもわかる．

この解釈は，運動量を考えるとさらにはっきりする．電磁波の運動量は(10.1.9)で表わされるが，これを計算すると

$$\boldsymbol{P}=\sum_{\boldsymbol{k}}\sum_{\alpha}\hbar\boldsymbol{k}\,a_{\boldsymbol{k}\alpha}{}^{\dagger}a_{\boldsymbol{k}\alpha} \qquad (9)$$

となる．これは，$\boldsymbol{k}$という光子が運動量$\hbar\boldsymbol{k}$をもっていることを意味する．kは電磁波の波長と$k=2\pi/\lambda$という関係にあるので，結局，$p=h/\lambda$という，粒子の量子力学における基本的な関係式に一致する．

10.3 時間に依存する摂動論

ぽいんと

原子中の励起状態にある電子は，光子を放出することにより，よりエネルギーの低い状態に移る．また光子を吸収して，よりエネルギーの高い状態に移ることもある．このような過程が起こる確率の計算方法を説明する．

キーワード：時間に依存する摂動論，始状態，終状態

■光子と電子の相互作用

光子と電子双方がある系のハミルトニアンは，(6.7.5)と(10.2.7)の和

$$
\begin{aligned}
H &= H_0+H_1+H_2 \\
H_0 &= \sum_{\boldsymbol{k}}\sum_{\alpha}\hbar\omega_k\left(a_{\boldsymbol{k}\alpha}{}^{\dagger}a_{\boldsymbol{k}\alpha}+\frac{1}{2}\right)+\frac{1}{2m}\boldsymbol{p}^2+e\phi(\boldsymbol{r}) \\
H_1 &= -\frac{e}{2mc}\{\boldsymbol{A}(\boldsymbol{r})\cdot\boldsymbol{p}+\boldsymbol{p}\boldsymbol{A}(\boldsymbol{r})\}, \qquad H_2 = \frac{e^2}{2mc^2}\boldsymbol{A}^2(\boldsymbol{r})
\end{aligned} \tag{1}
$$

▶$\boldsymbol{r}$ は，電子の位置ベクトル．また $\boldsymbol{A}$ は $\boldsymbol{r}$ の関数だから $\boldsymbol{p}$ とは交換しない．

である．H_0 の第1項の固有状態はすでに前節で求めた．また H_0 の残りの部分はクーロンポテンシャルだけを考えたハミルトニアンで，原子中の電子の波動関数を計算するときに使ったものである．たとえば水素原子ならば，その固有状態は完全にわかっている．H_1 や H_2 の意味を考えるために，まず(10.2.5)を(10.1.4)に代入して

$$
\boldsymbol{A}(\boldsymbol{r}) = \sum_{\boldsymbol{k}}\sum_{\alpha}\sqrt{\frac{2\pi c\hbar}{kV}}\{a_{\boldsymbol{k}}\boldsymbol{\varepsilon}_{\alpha}e^{i\boldsymbol{k}\cdot\boldsymbol{r}}+a_{\boldsymbol{k}}{}^{\dagger}\boldsymbol{\varepsilon}_{\alpha}e^{-i\boldsymbol{k}\cdot\boldsymbol{r}}\} \tag{2}
$$

と書く．つまり $\boldsymbol{A}$ は，光子を1つ吸収($a_{\boldsymbol{k}}$ の項)または放出($a_{\boldsymbol{k}}{}^{\dagger}$ の項)する効果をもつ．したがって H_1 は，光子が吸収または放出され，そのエネルギーに応じて電子のエネルギー準位も変わるという過程を表わすことになる．また H_2 は光子が2つからんだ過程である(具体的な計算は次節)．

■時間に依存する摂動論

上の例では，H_0 の解はわかっているが，H_1 と H_2 まで含めた場合の解はわからない．このような場合は，前者の解をまず基本にし，それが後者により，どれだけ変更を受けるかという問題として考える．前章で議論した摂動論に似た発想だが，光子がある時刻に吸収または放出されるという現象を扱うので，時間に依存するシュレディンガー方程式を考えなければならない．これを**時間に依存する摂動論**と呼ぶ．この節ではその一般的解法を説明しておこう．

▶前章では，固有関数がどれだけ変更を受けるかを調べたが，今の場合は，H_0 だけで決まる解が，H_1 や H_2 の影響により時間とともにどのように変化するかということを計算しなければならない．

摂動を表わす H_1 や H_2 をまとめて H' と書く．そして，時間に依存するシュレディンガー方程式

$$i\hbar\frac{\partial}{\partial t}\psi = (H_0+H')\psi \tag{3}$$

を考えよう．H_0 に対しては，その固有状態は完全にわかっているとする．それを ψ_n（$=|n\rangle$）と書き，そのエネルギーを E_n とする．H' を無視したときの ψ_n の時間依存性は，

$$i\hbar\frac{\partial}{\partial t}\psi_n(t) = H_0\psi_n(t) = E_n\psi_n(t) \quad \Rightarrow \quad \psi_n(t) = e^{-iE_n t/\hbar}\psi_n \quad (t=0)$$

である．次に，H' まで含めたときの1つの解を $\psi(t)$ と書く．これは各時刻で $\{\psi_n\}$ で展開できる．

▶以下，$\psi_n(t=0)$ のことを単に $|n\rangle$ と書く．また展開係数 a_n は時間に依存するが，$H'=0$ の場合は定数である．

$$\psi(t) = \sum a_n(t)e^{-iE_n t/\hbar}\psi_n(t=0) \tag{4}$$

これを(3)に代入し $\psi_m{}^*$ を掛けて内積をとれば，$\langle m|n\rangle=\delta_{mn}$, $\langle m|H_0|n\rangle=\delta_{mn}E_n$ より

$$e^{-iE_m t/\hbar}(i\hbar)\frac{da_m(t)}{dt} = \sum_n \langle m|H'|n\rangle a_n(t)e^{-iE_n t/\hbar} \tag{5}$$

という，各係数に対する連立微分方程式が求まる．

この式を，摂動という考え方で解いてみよう．まずある時刻（$t=0$ とする）で状態は，H_0 のある特定の固有状態（$n=i$ とする）であったとしよう．これを**始状態**と呼ぶ．つまり

$$a_i(t=0) = 1, \quad a_n(t=0) = 0 \text{（ただし，} n=i \text{ を除く）} \tag{6}$$

そして，H' が小さいので，この a_n の値はあまり変化せず，(5)の右辺に(6)をそのまま代入していいとしよう．すると

▶(7)では H' が時間に依らないとして積分した．

$$i\hbar\frac{da_m}{dt} = \langle m|H'|i\rangle e^{i(E_m-E_i)t/\hbar}$$
$$\Rightarrow \quad a_m(t) = \langle m|H'|i\rangle(1-e^{i(E_m-E_i)t/\hbar})/(E_m-E_i) \tag{7}$$

となる．したがって，時間 T が経過したときに，系が $m=f$ という状態（**終状態**と呼ぶ）に発見される確率は

$$|a_f(T)|^2 = a_f{}^*(T)a_f(T) = |\langle f|H'|i\rangle|^2\left\{\frac{\sin((E_f-E_i)T/2\hbar)}{E_f-E_i}\right\}^2$$

で与えられる．単位時間の遷移確率 $P_{i\to f}$ は，これを T で割る．$T\to\infty$ のとき（つまり充分時間が経過したのち）には，

▶(8)は，$E_f \neq E_i$ のときにゼロ，$E_f=E_i$ のときは無限大になるから $\delta(E_f-E_i)$ に比例する．その係数は
$$\int_{-\infty}^{\infty}\left(\frac{\sin x}{x}\right)^2 dx = \pi$$
を使って(8)の左辺を E_f で積分したときの値を求めればわかる．

$$\lim_{T\to\infty}\frac{1}{T}\left\{\frac{\sin((E_f-E_i)T/2\hbar)}{E_f-E_i}\right\}^2 = \frac{2\pi}{\hbar^2}\delta(E_f-E_i) \tag{8}$$

を使って

$$P_{i\to f} = \frac{2\pi}{\hbar^2}|\langle f|H'|i\rangle|^2\delta(E_f-E_i) \tag{9}$$

となる．δ 関数は，始状態と終状態の（放出あるいは吸収された光子を含めての）エネルギーが等しいという，当然のことを表わしている．

10.4 光子の吸収・放出

ぽいんと

前節の公式を使って，原子による光子の吸収・放出の問題を考える．光子の吸収は，存在する光子数に比例する．また放出は，周囲の光子には無関係な項(自然放出)と周囲の光子数に比例する項(誘導放出)がある．
また，原子中の電子のエネルギー準位の遷移には，起こりやすいもの(許容遷移)と起こりにくいもの(禁止遷移)があることを説明する．

キーワード：誘導放出，自然放出，電気双極子遷移，選択則，許容遷移，禁止遷移

■吸収と放出

原子と光子の系に前節の議論を適用する場合は，H_1+H_2 が H' に対応する．つまり基本となるのは，電子のエネルギー準位と，存在する光子数が決まっている状態 $\{n_{\boldsymbol{k}\alpha}\}$ であり，それが H' の効果により，時間の経過とともにどのように変わるかという問題を考えることになる．ただし，存在する光子数があまり多くない限り，$\boldsymbol{A}^2$ に比例する H_2 の効果は小さいので，以後，H_1 だけを考えることにする．

始状態 $|i\rangle$ が終状態 $|f\rangle$ へ変わるとき，電子の状態は $|a\rangle$ から $|b\rangle$ へ，また光子数 $n_{\boldsymbol{k}\alpha}$ が ±1 増減したとしよう．すると前節(1),(2)より

▶座標表示で書けば
$\langle b|e^{i\boldsymbol{k}\cdot\boldsymbol{r}}\boldsymbol{\varepsilon}\cdot\boldsymbol{p}|a\rangle$
$=\int\psi_b{}^*(\boldsymbol{r})e^{i\boldsymbol{k}\cdot\boldsymbol{r}}\boldsymbol{\varepsilon}\cdot(-i\hbar\cdot\nabla)$
$\times\psi_a(\boldsymbol{r})d^3\boldsymbol{r}$

$$|\langle f|H'|i\rangle|^2=\left(\frac{e}{2mc}\right)^2\left(\frac{2\pi c\hbar}{kV}\right)|\langle b|e^{i\boldsymbol{k}\cdot\boldsymbol{r}}\boldsymbol{\varepsilon}\cdot\boldsymbol{p}+\boldsymbol{\varepsilon}\cdot\boldsymbol{p}e^{i\boldsymbol{k}\cdot\boldsymbol{r}}|a\rangle|^2K$$

ただし最後の因子 K は

$$K=\begin{cases}\langle n_{\boldsymbol{k}\alpha}-1|a_{\boldsymbol{k}\alpha}|n_{\boldsymbol{k}\alpha}\rangle^2=n_{\boldsymbol{k}\alpha} & \text{吸収}\\ \langle n_{\boldsymbol{k}\alpha}+1|a_{\boldsymbol{k}\alpha}{}^\dagger|n_{\boldsymbol{k}\alpha}\rangle^2=n_{\boldsymbol{k}\alpha}+1 & \text{放出}\end{cases}\tag{1}$$

である．当然予想されることだが，吸収の確率は，周囲にある光子数 $n_{\boldsymbol{k}\alpha}$ に比例している．また放出のほうも周囲の光子数に依存しており，$n_{\boldsymbol{k}\alpha}$ に比例する項(**誘導放出**と呼ぶ)と $n_{\boldsymbol{k}\alpha}$ に無関係な項(**自然放出**と呼ぶ)があることがわかる

この事情は，物質と電磁波との間に熱平衡が成り立つことと密接な関係がある．閉じた容器の内部では，容器から放出される光子と，容器に吸収される光子が平衡状態にある．つまり，光子数が $n_{\boldsymbol{k}\alpha}$ から $n_{\boldsymbol{k}\alpha}+1$ になる(放出)確率と，$n_{\boldsymbol{k}\alpha}+1$ から $n_{\boldsymbol{k}\alpha}$ になる(吸収)確率は等しくなければならない．(1)はまさにこの条件を満たしている．

■電気双極子遷移

▶$x\ll1$ のとき
$e^x=1+x+\cdots\simeq1$

次に，$\langle b|\cdots|a\rangle$ について考えよう．まず，近似的には $e^{i\boldsymbol{k}\cdot\boldsymbol{r}}$ は1と考えてよい．なぜなら，原子の大きさは 10^{-8} cm 程度であり，また放出される光子のエネルギーは，電子のエネルギー準位の間隔から考えて

$$c\hbar k \simeq 10^{-12}\,\text{erg} \qquad (\text{つまり，} |\boldsymbol{k}| \simeq 10^5\,\text{cm}^{-1})$$

の程度なので，$\boldsymbol{k}\cdot\boldsymbol{r} \fallingdotseq 10^{-3}$ となるからである．また電子の運動量と H_0 は

$$[\boldsymbol{r}, H_0] = \left[\boldsymbol{r}, \frac{1}{2m}\boldsymbol{p}^2\right] = \frac{i\hbar}{m}\boldsymbol{p} \qquad (2)$$

という交換関係を満たすことも使い，結局

$$\langle b|\cdots|a\rangle \simeq 2\frac{m}{i\hbar}\boldsymbol{\varepsilon}\langle b|[\boldsymbol{r}, H_0]|a\rangle = 2\frac{m}{i\hbar}(E_a - E_b)\boldsymbol{\varepsilon}\langle b|\boldsymbol{r}|a\rangle \qquad (3)$$

▶ある系の双極子モーメントとは，電荷分布を各点の位置ベクトルに掛けて積分したもの．ここでは，$\boldsymbol{r}$ が原子の中心を原点とした位置ベクトルであり，$|\psi(\boldsymbol{r})|^2$ を電荷分布とみなして，双極子という言葉を使う．

となる．$\langle a|\boldsymbol{r}|a\rangle$ は，$|a\rangle$ という状態の双極子モーメントなので，それとの類推で $\langle b|\boldsymbol{r}|a\rangle$ を遷移 $a\rightarrow b$ の電気双極子モーメントと呼ぶ．そして，(3)(つまり $e^{i\boldsymbol{kr}} \simeq 1$ という近似を使った式)で表わされる遷移を，**電気双極子遷移**と呼ぶ．

$\langle b|\boldsymbol{r}|a\rangle$ がゼロでないためには，つまり電気双極子遷移が起こるためには，$|a\rangle$ と $|b\rangle$ の間に特別な関係がなければならない．このことは，角運動量の合成ということから理解できる．たとえば $\boldsymbol{\varepsilon}$ が z 方向を向いているときは，

▶$\boldsymbol{\varepsilon}$ が x, y 方向を向いているときは，$\boldsymbol{\varepsilon}\cdot\boldsymbol{r} \propto Y_{1\pm1}$．

$$\boldsymbol{\varepsilon}\cdot\boldsymbol{r} = z \propto rY_{10}(\theta)$$

である．したがって，(3)の行列要素の計算では，座標表示で

$$\int Y_{l'm'}{}^* \, Y_{10}\, Y_{lm} \sin\theta\, d\theta d\phi \qquad (4)$$

という積分をすることになる．ただし lm および $l'm'$ は，始状態および終状態の電子の角運動量である．そして，この積分がゼロにならないためには，この3つの Y を合成したときに，全角運動量がゼロになる成分がなければならない．このことより，次の制限(選択則と呼ぶ)が求まる．

▶$l=m=0$ でない限り，
$$\int Y_{lm} \sin\theta d\theta d\phi = 0$$
つまり(4)では，Y_{lm}, Y_{10}, $Y_{l'm'}{}^*$ を合成したときに Y_{00} という成分が出てこない限り，(4)＝0．また，$\boldsymbol{\varepsilon}$ が x 方向，または y 方向を向いている場合は，$\boldsymbol{\varepsilon}\cdot\boldsymbol{r} \sim Y_{1\pm1}$ なので，$m'=m\pm1$ も許される．

電気双極子遷移の選択則 $\quad l' = l\pm1,\ m' = m \quad$ または $\quad m\pm1 \qquad (5)$

この条件を満たす遷移を，**許容遷移**，満たされていない遷移を**禁止遷移**と呼ぶ．禁止遷移であっても

$$e^{i\boldsymbol{k}\cdot\boldsymbol{r}} = 1 + i\boldsymbol{k}\cdot\boldsymbol{r} + \cdots$$

の第2項以下を考えれば，行列要素がゼロにはならないので，遷移は起こるが，その確率は許容遷移に比べると何桁も小さくなる．たとえば第2項は，たとえば $\boldsymbol{k}$ が x 方向，$\boldsymbol{\varepsilon}$ が y 方向を向いているとすれば

▶ $L_z = -i\hbar\left(x\frac{\partial}{\partial y} - y\frac{\partial}{\partial x}\right)$

▶電気4重極遷移をおこす電気4重極モーメント(6成分ある)とは，電荷分布と x^2, xy 等々とを掛けて積分したもの．磁気双極子と角運動量との関係については6.7節参照．

$$\begin{aligned}(\boldsymbol{k}\cdot\boldsymbol{r})(\boldsymbol{\varepsilon}\cdot\boldsymbol{p}) &= -\frac{i\hbar}{2}\left(x\frac{\partial}{\partial y} + y\frac{\partial}{\partial x}\right) - \frac{i\hbar}{2}\left(x\frac{\partial}{\partial y} - y\frac{\partial}{\partial x}\right) \\ &= \frac{m}{2i\hbar}[xy, H_0] + \frac{1}{2}L_z\end{aligned} \qquad (6)$$

となる(章末問題)．この第1項で表わされる遷移を**電気4重極遷移**，第2項で表わされる遷移を，**磁気双極子遷移**と呼ぶ．

10.5 系の移動・ハイゼンベルグ方程式・ポワソン括弧

ぽいんと

運動量や角運動量などの演算子がもつ幾何学的性質を指摘し，その類推から，ハイゼンベルグ方程式という，今までのシュレディンガー方程式とは異なった量子力学の見方を紹介する．この見方は，古典力学から量子力学をいかに作り出すかという，1つの指針を与える．

キーワード：平行移動，回転，ユニタリ演算子，ハイゼンベルグ方程式，ハイゼンベルグ表示，ポワソン括弧と交換関係

■平行移動と回転

x という位置での波動関数と，そこから無限小 Δx だけ平行にずれた位置での波動関数の差は

▶(1)より，(演算子としての)運動量は平行移動の無限小演算子である，あるいは運動量は平行移動を「生成する」と表現する．

$$\Delta\psi \equiv \psi(x+\Delta x)-\psi(x) \simeq \Delta x\frac{\partial\psi}{\partial x} = \frac{i}{\hbar}\Delta x p_x\psi \qquad (1)$$

である．また無限小ではなく x_0 だけの有限の移動に対しては，テーラー展開を使えば

$$\psi(x+x_0) = \psi(x)+x_0\frac{\partial\psi}{\partial x}(x)+\frac{x_0{}^2}{2}\frac{\partial^2\psi}{\partial x^2}(x)+\frac{x_0{}^3}{3!}\frac{\partial^3\psi}{\partial x^3}(x)+\cdots \qquad (2)$$

となる．一般に，微分演算子 O の指数関数を

$$e^O \equiv 1+O+\frac{1}{2}O^2+\frac{1}{3!}O^3+\cdots \qquad (3)$$

と，テーラー級数で定義すれば，(2)は

$$\psi(x+x_0) = U_x(x_0)\psi(x), \qquad U_x(x_0) \equiv e^{\frac{i}{\hbar}x_0p_x}$$

同様に，z 軸の回りの回転(回転角は球座標の ϕ)も，$L_z=-i\hbar\dfrac{\partial}{\partial\phi}$ より

▶一般の方向を向く単位ベクトル $\boldsymbol{n}$ の回りの回転は，$\boldsymbol{n}\cdot\boldsymbol{L}$ という演算子を考えればよい．またスピンをもつ粒子の波動関数の回転にはスピン角運動量も考えなければならない(章末問題参照)．

$$\Delta\psi \equiv \psi(\phi+\Delta\phi)-\psi(\phi) \simeq \frac{i}{\hbar}\Delta\phi L_z\psi(\phi)$$

あるいは

$$\psi(\phi+\phi_0) = U_\phi(\phi_0)\psi(\phi), \qquad U_\phi(\phi_0) \equiv e^{\frac{i}{\hbar}\phi_0L_z} \qquad (4)$$

となる．このような見方をすると，シュレディンガー方程式は，系の時間方向のずれを表わす式だと解釈できる．つまり

$$\Delta\psi = \psi(t+\Delta t)-\psi(t) = \Delta t\frac{\partial\psi}{\partial t}(t) = -\frac{i}{\hbar}\Delta tH\psi(t)$$

であり，また t_1 から t_2 までずれたとすれば，

$$\psi(t_2) = U_t(t_2-t_1)\psi(t_1), \qquad U_t(t_2-t_1) \equiv e^{-\frac{i}{\hbar}(t_2-t_1)H} \qquad (5)$$

演算子の指数関数に対しても，

$$e^{iaO}\cdot e^{ibO}=e^{i(a+b)O} \tag{6}$$

という関係式が成り立つ．したがって，e^{iaO} の逆演算子は

$$e^{iaO}\cdot e^{-iaO}=e^0=1 \quad\Rightarrow\quad (e^{iaO})^{-1}=e^{-iaO} \tag{6'}$$

▶(6)は左辺，右辺どちらも同じ a についての微分方程式を満たし，$a=0$ では一致することが示せるから．

また特に，O がエルミート演算子であり(上記の p_x, L_z, H すべてがエルミート演算子である)，a が実数のときは，$U\equiv\exp(iaO)$ とすると

$$\begin{aligned} UU^\dagger &= e^{iaO}\cdot e^{-iaO^\dagger}=e^{iaO}\cdot e^{-iaO}=1 \\ &\Rightarrow \quad U^{-1}=U^\dagger \end{aligned} \tag{7}$$

▶$(i)^\dagger=(i)^*=-i$

このように，エルミート共役が逆演算子になるものを，**ユニタリ演算子**と呼ぶ．前記の U_x, U_ϕ, U_t すべてがユニタリ演算子である．

▶線形代数におけるユニタリ行列を思い出せばよい．

■演算子の移動とハイゼンベルグ方程式

次に，演算子の移動ということを考えてみよう．x の関数 $O(x)$を x_0 だけずらした $O(x+x_0)$ は，

$$O(x+x_0)=U_x(x_0)O(x)U_x^\dagger(x_0) \tag{8}$$

と書ける．実際，この式の右辺を $\tilde{O}(x,x_0)$ とすると，

$$\frac{d\tilde{O}}{dx_0}=\frac{dU_x}{dx_0}O(x)U_x^\dagger+U_xO(x)\frac{dU_x^\dagger}{dx_0}=U_x\frac{i}{\hbar}[p_x,O]U_x^\dagger=U_x\frac{dO}{dx}U_x^\dagger=\frac{d\tilde{O}}{dx}$$

▶$\dfrac{dU_x(x_0)}{dx_0}=\dfrac{ip_x}{\hbar}U_x(x_0)$
$\dfrac{dU_x^\dagger(x_0)}{dx}=-\dfrac{ip_x}{\hbar}U_x^\dagger(x_0)$

であるから，$\tilde{O}$ は $x+x_0$ の関数であることがわかる．しかも $x_0=0$ のときは $\tilde{O}=O(x)$ なのだから，(8)が導かれる．

(8)との類推で，任意の演算子 O を時間 $-t$ だけずらしたものとして

$$O_H(t)\equiv U_t^\dagger(t)OU_t(t) \tag{9}$$

▶$U_t(-t)=U_t^\dagger(t)$

という演算子を定義しよう．これは

$$\frac{dO_H}{dt}=U_t^\dagger(t)\cdot\frac{i}{\hbar}[H,O]\cdot U_t(t)=\frac{i}{\hbar}[H,O_H] \tag{10}$$

という微分方程式を満たす．実は，$O_H(t)$ を知ることが，シュレディンガー方程式を解いて状態の時間変化を知ることと同等なのである．たとえば行列要素の時間変化を考えると，

$$\begin{aligned} \langle t|O|t\rangle &= \langle t=0|U_t^\dagger(t)OU_t(t)|t=0\rangle \\ &= \langle t=0|O_H(t)|t=0\rangle \end{aligned} \tag{11}$$

となり，状態の時間変化を知らなくても，O_H の時間変化を計算すればよいことがわかる．(10)を**ハイゼンベルグ方程式**と呼び，シュレディンガー方程式と同等の，量子力学の基本方程式である(章末問題 10.9 参照)．

▶演算子には時間変化を考えず，状態の時間変化を計算する今までの方法を，**シュレディンガー表示**と呼ぶ．またここで説明した，演算子の時間変化を考えるが状態は一定として計算する方法を，**ハイゼンベルグ表示**と呼ぶ．

■保存量

また，O の行列要素が時間とともに変わらない条件は，(10)より

$$[H,O_H]=0 \qquad (\text{つまり}\quad [H,O]=0)$$

であることがわかる．これは 8.3 節でも説明したように，H および O が

共通の固有関数をもつという条件，つまり，O は保存量であるということでもある．

どのような量が保存量になるかは，ハミルトニアンの性質で決まることである．たとえば運動量 p_x が保存するとすれば $[H, p_x]=0$ であるが，これは

▶ p_x と H が交換するなら
$$e^{\frac{i}{\hbar}x_0 p_x}H = He^{\frac{i}{\hbar}x_0 p_x}$$
で，(12)が求まる．逆に(12)を x_0 で微分すれば
$$[H, p_x] = 0$$
が求まる．

$$e^{\frac{i}{\hbar}x_0 p_x}He^{-\frac{i}{\hbar}x_0 p_x} = H \tag{12}$$

という条件とも同じである．そしてこれは，ハミルトニアンを(つまり系全体を) x 方向にずらしても変わらないということを意味する．同様に，もし系全体を回転させても変わらないとしたら

$$e^{\frac{i}{\hbar}\phi_0 L_z}He^{-\frac{i}{\hbar}\phi_0 L_z} = H$$

であるが，これから $[H, L_z]=0$ となり，角運動量が保存することがわかる．このように保存量と，系の移動に対する H の不変性とは密接に結びついている．

■ポワソン括弧

▶ハミルトン方程式
$$\frac{dx}{dt} = \frac{\partial H}{\partial p_x},\ \frac{dp_x}{dt} = -\frac{\partial H}{\partial x}$$
ポワソン括弧
$$\{A, B\} \equiv \frac{\partial A}{\partial x}\frac{\partial B}{\partial p_x} - \frac{\partial A}{\partial p_x}\frac{\partial B}{\partial x}$$

古典力学での，粒子の位置 x と運動量 p_x の任意の関数 $f(x, p_x)$ に対する運動方程式は，ポワソン括弧というものを使って

$$\frac{df}{dt} = \frac{\partial f}{\partial x}\frac{dx}{dt} + \frac{\partial f}{\partial p_x}\frac{dp_x}{dt} = \frac{\partial f}{\partial x}\frac{\partial H}{\partial p_x} - \frac{\partial f}{\partial p_x}\frac{\partial H}{\partial x} = \{f, H\}$$

と表わせる．これをハイゼンベルグ方程式と比較すれば

$$\text{古典力学}\ \{f, H\} \iff \text{量子力学}\ \frac{1}{i\hbar}[f, H]$$

という対応関係があることがわかる．この対応関係はこれにとどまらない．たとえば

$$\{x, p_x\} = 1$$

という式は，同様の対応を使えば量子力学の基本的関係式

$$[x, p_x] = i\hbar$$

となる．量子力学を構成するとき，一定の運動量をもつ粒子は波長が一定の波に対応するという実験的事実を使って，運動量を微分演算子に置き換えた．しかし純粋に理論的立場にたつとすれば，ポワソン括弧を交換関係に置き換えるということから，運動量は微分演算子に対応すると結論づけることもできる．より一般の系に対し，その古典力学から量子力学を構成するときも，このことを指導原理として使うことができる．

▶一般にポワソン括弧と交換関係の関係は，
$$\{A, B\} \iff \frac{1}{i\hbar}[A, B]$$

たとえば，角度座標 ϕ と，それに対する(一般化された)運動量 p_ϕ $(=L_z)$ とのポワソン括弧 $\{\phi, p_\phi\}=1$ より，$[\phi, L_z]=i\hbar$，そして $L_z=-i\hbar\dfrac{\partial}{\partial\phi}$ が導かれる．

章末問題

[10.1 節]

10.1　10.1 節のマクスウェル方程式のうち，最初の 3 式は(10.1.1)と(10.1.2)から導かれることを示せ．

[10.2 節]

10.2　ハミルトニアン(10.2.4)から導かれるハミルトン方程式が，$A_{\boldsymbol{k}\alpha}$ に対する運動方程式(10.1.7)に一致することを示せ．

10.3　$A_{\boldsymbol{k}\alpha}$ と $P_{\boldsymbol{k}\alpha}$ の交換関係より，生成・消滅演算子の交換関係を求めよ．

10.4　(10.2.9)を導け．

[10.3 節]

10.5　振動する外場による摂動 $H'=2O\cos\omega t$ が $t=0$ 以降にかかったときの，a_m の振舞いを，(10.3.7)の微分方程式を解くことによって求めよ．どのような状態に遷移が起きるかを考えよ．ただし，O は任意の演算子だとする．(これは，(10.3.1)のように H' に量子化された場 $\boldsymbol{A}$ が存在しなくても，H' に時間依存性があれば，エネルギーが変化する遷移が起きることを示している．)

[10.4 節]

10.6　許容遷移(10.4.5)に $l'=l$ がないのはなぜか．

10.7　(10.4.6)を導け．

[10.5 節]

10.8　スピンを x 軸の回りに 90 度回転させる演算子を，(10.5.4)から類推して求めよ．これを使って $\chi_\uparrow$(スピンが z 方向を向いている状態)を変換すると，どのような状態になるか．また，スピンを 360 度回転させる演算子を求めよ．

10.9　調和振動子のハミルトニアン

$$H=\frac{1}{2m}p^2+\frac{1}{2}m\omega^2x^2$$

に対して，x と p のハイゼンベルグ方程式を導き，古典力学の運動方程式と同じ形になることを示せ．またそれを使って，x の期待値の時間変化を，$t=0$ での x と p の期待値で表わせ．

10.10　移動(10.5.8)で x_0 が微小な場合，$\Delta O\equiv O(x+x_0)-O(x)$ はどのような式で書けるか．また微小な回転の場合はどうなるか．

10.11　ハミルトニアンの中にスピン－軌道相互作用 $\boldsymbol{L}\cdot\boldsymbol{S}$ があるとき，$\boldsymbol{L}$ や $\boldsymbol{S}$ は個別には保存しないが，全角運動量 $\boldsymbol{J}=\boldsymbol{L}+\boldsymbol{S}$ は保存することを示せ．その直観的意味を，演算子の回転という概念より説明せよ．保存する量には他にどのようなものがあるか．

さらに学習を進める人のために

この本では，量子力学の基本的事項について，一通りのことを学んだ．量子力学に関連した話題は，このシリーズの他の巻でも登場する．

(1) 4　熱・統計力学のききどころ：分子の回転や振動．熱と電磁波(光子)の放射．

(2) 5　振動・波動のききどころ：固体中の電子の振舞い(特にバンド理論)．量子場の理論の基礎．

(3) 6　相対論的物理学のききどころ：相対論的な波動方程式(特に，ディラック方程式)．相対論的量子場の理論の基礎．

量子力学の教科書としては，以下のものをあげておく．

[1]　シッフ，量子力学 上,下(吉岡書店)

[2]　ダビドフ，量子力学 I,II,III(新科学出版社)

[3]　ランダウ，リフシッツ，量子力学 1,2(東京図書)

[4]　小出昭一郎，量子力学 I,II(裳華房)

[5]　猪木慶治，川合光，量子力学 I,II(講談社)

[6]　サクライ，現代の量子力学 上,下(吉岡書店)

[7]　河原林研，岩波講座「現代の物理学」量子力学(岩波書店)

[8]　ファインマン，レイトン，サンズ，ファインマン物理学 V　量子力学(岩波書店)

[9]　ファインマン，ヒッブス，ファインマン経路積分と量子力学(マグロウヒル)

[10]　ムーア，物理化学 下(東京化学同人)

[11]　福田礼次郎，マクロ系の量子力学(丸善)

[12]　和田純夫，量子力学が語る世界像(ブルーバックス，講談社)

[13]　中西襄，場の理論(培風館)

[14]　高橋康，物性研究者のための場の理論(培風館)

[1]から[6]までは標準的な教科書だが，特に[1]や[2]はかなり詳しい．本書で学んだことを詳しく調べたいときなど，参考になるだろう．[5]と[6]は比較的新しい本．[7]は，最近の興味深い話題が含まれている．[9]以下は，書名からわかるように，量子力学の特別の話題に関係した本．[11]は，付録に述べた解釈問題とも関連した内容．[12]もそうだが，こちらは啓蒙書であり研究者向けの本ではない．筆者の観点から見る限り，解釈問題全般に関する良書は残念ながら見当らない．量子力学をさらに進めた量子場の理論は，本書第10章，あるいは本シリーズの他の巻でも簡単に扱うが，本格的に学びたい人にはたとえば[13]や[14]が参考になるだろう．

付録　量子力学の解釈問題

■量子論における２つの基本的問題

シュレディンガー方程式が提出されたのが1926年，その頃から量子力学は，原子分子の問題をはじめ，さまざまな物質の振舞いの研究に使われ，成功をおさめてきた．にもかかわらず，量子力学そのものに対する見方には，まだ統一見解がつくられていないというと，意外に思われる読者も多いだろう．それほどの難問とも思えないが，まだ専門家の中で多数派さえ形成されていない．現在，量子論は自然界の根本原理だと思われており，原子分子のミクロの世界に限ればその解釈に問題はない．しかし原子分子が無数に集まって構成されるマクロの世界は，量子論的にどのようにとらえればよいのか，まだ結論が出ていない．

もちろん多くの意見が提出され，議論はなされている．その中でも筆者は，多世界解釈というものを最も整合性のある理論としてここでも推奨したいが，何が問題なのか，そして今までどのような議論がなされてきたのか，その概要の説明から始めよう．

問題は大きく分けて２つある．いずれも量子力学の根本に関わる問題である．

［第１の問題］**マクロな対象に対する量子論（観測問題）**

量子力学における粒子像の基本は，重ね合わせの原理，よりわかりやすく表現すれば，「複数の状態の共存」というものである．電子がある位置に存在する状態，別の位置に存在する状態等々，無数の状態が共存しており，それらが時間の経過とともに互いに影響を及ぼし合う（干渉）という描像である．

▶ミクロな対象における複数の状態の共存に対しても，ごく少数だが異論を唱えてきた人もいる（たとえばボーム）．しかし，相対論のことまで考えると，このような考え方を矛盾なく定式化することは，まだ成功していない．

しかし，この描像はマクロな物体に対しても適用できるだろうか．たとえば，ある人がある位置にいる状態と，同じ人が別の位置にいる状態が共存するなどと言われると，日常的な感覚とは相容れないように思える．しかし，マクロな物体にしても原子から構成されているのだから，別の原理に支配されているとは考えにくい．

ミクロな世界とマクロな世界がからむ，「観測」というプロセスを考えると，問題はより深刻になる．電子の位置（たとえば，スクリーン上でどこに到達したか）をある手段で観測したとしよう．それは共存する複数の状態のうちのどれかに相当する位置に観測される．しかし電子が１つならば，観測される位置はあくまで１カ所である．では，観測直前までは共存していたはずの，観測されなかった状態はどうなってしまったのだろうか．

ごく単純に考えれば，ある位置に観測されたという状態，また別の位置に観測されたという状態等々が共存していると思えるが，このことは電子が１カ所にしか観測されないということと矛盾がないのか検討しなければならない．また観測されたということは，電子の位置が何かマクロな信号（たとえばメーターの振れ）に転換されたということだが，観測後にも複数の状態が共存するとすれば，マクロの世界でも共存がありうることになり，日常的な感覚との整合性の検討が必要となる．

［第2の問題］**波動関数の確率解釈**

観測をしたとき，共存している複数の状態のうちのどれが見つかるか，その「頻度分布」を表わすのが $|\phi|^2$ である．たとえば位置を観測する場合，このことを，「位置 x に発見する確率が $|\phi(x)|^2$ である」と表現し，(ボルンの)**確率解釈**と呼ぶ．ではこの確率解釈は，量子力学の公理であるのか，それとも他の基本的原理から導かれる定理なのだろうか．定理だとすれば，どのような原理を前提とすれば導けるのかということが問題になる．筆者はここで，確率解釈は波動関数についてのごく単純な仮定から導かれる定理であると主張するが，第1の問題とも関係しているので，以下，第1の問題を議論してから再び解説することにする．

■第1の問題：マクロな系の共存・観測問題

［1］コペンハーゲン解釈

「複数の状態が共存するミクロな対象を，マクロな装置によって観測した場合に何が起こるか」という問題に対して，量子力学の創設に関わった人々は，単純かつ実用的な解答を用意した．それが1.6節で述べた「波(あるいは波束)の収縮」で，観測した瞬間に，観測されなかった状態はなくなってしまうとするのである．これは，シュレディンガー方程式のような量子力学の法則から導かれるものではなく，天下り的な仮説であり，現在の量子力学の教科書はほとんど，この考え方に基づいて書かれている．

▶ボーアを中心とするコペンハーゲンに集まった人々が提唱した考え方なので，量子力学の**コペンハーゲン解釈**と呼ばれている．

その当時はまだ量子力学が建設されたばかりで，それをマクロな対象まで広げて考えることに自信がなかったのかもしれない．マクロな装置による観測は，量子力学では「制御不可能」な相互作用であるとされ，ともかく波の収縮という機構が天下り的に仮定された．実験室で行なわれる実験の解析に関する限り，この仮定をすれば辻褄が合い，量子力学を使って研究を進める上で何の困難も起こらなかった．

［2］密度行列

しかし，他の量子力学の原理とは何の縁もない仮定をもちこむことに違和感を感じた人は多かった．そして次に考えられたのが，マクロな対象(つまり観測装置まで含めた対象)に対しても，複数の状態の共存は認めるが，共存のあり方がミクロな対象の場合と異なっているのではないかという考え方である．

複数の状態の存在が直接現われるのが，干渉という効果である．たとえば

$$\phi(x) = \phi_1(x) + \phi_2(x) \tag{1}$$

というように，2つの状態が共存しているとすると，直接観測に関係する量は

$$|\phi|^2 = |\phi_1|^2 + |\phi_2|^2 + \phi_1^*\phi_2 + \phi_2^*\phi_1 \tag{2}$$

であり，右辺の最後の2項が干渉の効果である．この問題を別の角度から見るために，

▶(2)で ϕ_1 と ϕ_2 が，粒子が別の位置にある状態を表わす波動関数(δ 関数)だったら，その積はゼロである．しかし時間の経過とともに各波動関数は広がるので，一般にはゼロでなくなる．

$$\rho(x_1, x_2) \equiv \phi^*(x_1)\phi(x_2) \tag{3}$$

という量を考えよう．(1)の場合は

$$\rho(x_1, x_2) = \psi_1{}^*(x_1)\psi_1(x_2) + \psi_2{}^*(x_1)\psi_2(x_2) + \psi_1{}^*(x_1)\psi_2(x_2) + \psi_2{}^*(x_1)\psi_1(x_2) \tag{4}$$

である．ρを使えば，$|\psi|^2$は

$$\rho(x, x) = |\psi(x)|^2 \tag{5}$$

となる．そこでもし観測の結果として，(4)が

$$\rho(x_1, x_2) \quad \rightarrow \quad \rho'(x_1, x_2) \equiv \psi_1{}^*(x_1)\psi_1(x_2) + \psi_2{}^*(x_1)\psi_2(x_2) \tag{6}$$

となったとしよう．相変わらず状態は共存しているが，共存の仕方が変わる，つまり波動関数レベルでの共存ではなく，密度行列での共存になるとする．この形ならば明らかに，干渉の効果はなくなる．つまり観測問題を，ρがρ'に変わることを示す問題として定式化するのである．

▶干渉がなくなれば，互いに相手の存在に気づかないので，共存していてもかまわないという議論である．

▶(3)や(6)のρを，**密度行列**と呼ぶ．また，(3)のように1つの波動関数の積で表わされる場合を**純粋状態**，(6)のようにそうなっていない場合を**混合状態**と呼ぶ．

このように観測問題をとらえ直したのはノイマンという数学者であるが，彼自身は，シュレディンガー方程式(あるいはそれと等価のハイゼンベルグ方程式)をそのまま認める限り，そして系に含まれる粒子数が有限であるかぎり，ρがρ'に変わることはありえないということも証明した．

ノイマンに影響された学者たちがとった立場には，大きく分けて2つある．第1は，量子力学の形式に修正を加えることによって(6)を導こうとする立場，第2は，(6)を「部分系」というものに限って証明しようとする立場である．第2の立場が，後で述べる多世界解釈とも関係があるので，簡単に説明しておこう．

電子1つを対象にするにしても，それを観測する場合には，観測装置も含めて，電子と影響を及ぼし合う周囲のことも考慮に入れなければならない．そして，それらは膨大な数の原子から構成されるものだから，それを記述するにもそれだけの座標を導入しなければならない．それらをまとめてXと書き，全体の波動関数を(1)に代えて

$$\psi(x, X) = \psi_1(x, X) + \psi_2(x, X) \tag{7}$$

と表わそう．密度行列は

$$\rho(x_1, X_1 : x_2, X_2) = \psi^*(x_1, X_1)\psi(x_2, X_2) \tag{8}$$

となる．このままでは(3)と変わらないが，もし電子(の位置x_1, x_2)だけに着目して，

$$\tilde{\rho}(x_1, x_2) \equiv \int \rho(x_1, X : x_2, X)dX \tag{9}$$

という量を考えたとしよう．つまり電子という部分系のみに対する密度行列である．電子が観測される前は，周囲は電子に影響されていないので，波動関数のX依存性はψ_1でもψ_2でも変わらない．しかし観測後は電子の影響で，まったく別の状態になっている(数学的には波動関数が直交関係になる)と想像される．つまり，

$$\int \psi_1{}^*(x_1, X)\psi_2(x_2, X)dX = 0 \tag{10}$$

である．これを(7)と(9)に使えば

$$\tilde{\rho} = \tilde{\rho}_1 + \tilde{\rho}_2, \qquad \tilde{\rho}_i(x_1, x_2) \equiv \int \psi_i{}^*(x_1, X)\psi_i(x_2, X)dX \tag{11}$$

▶具体的に観測のプロセスを数式化し(10)や(11)を導く議論があるが，これだけで話が完結するのか疑問の余地がある．多世界解釈の項参照．

となり，干渉項はなくなる．

［3］多世界解釈

多世界解釈も，上の議論と共通する部分もあるが，発想の原点はかなり異なる．この考え方は，観測装置や観測者まで含めて考えたときに量子力学をどう解釈できるか，という発想の下に出てきたもので，その源流は1957年のエベレットの論文にある．

▶**多世界解釈**は，宇宙全体に量子力学を適用したらどうなるかという問題意識から出てきた発想である．

まず観測者まで含めた波動関数を，やはり(7)のように表わす．Xには無数の変数が含まれ，宇宙にある粒子すべての座標を含めても構わない．ただし添字の1と2は，対象としている特定の1つの電子の状態の違いを表わしているとする．

この電子が他の物体と交渉をもったとする．すると，電子の状態の違いが他の物体の状態にも反映して，Xに対する依存性がψ_1とψ_2では異なってくるだろう．マクロの物体に対する，複数の状態の共存である．問題は，観測者がこの共存の存在を感じることがあるかという点にある．

一般に，ある特定の変数x_0が，ある値をもつ頻度分布は

▶x_0は，xでもXの中の1つでも構わない．

$$\tilde{\rho}(x_0) \equiv \int \psi^*(x_0, \cdots)\psi(x_0, \cdots)dx_1 dx_2 \cdots \tag{12}$$

と表わされる．x_0以外のすべての変数に対しては，その寄与を合計するという意味で積分を行なう．この式に，(7)を代入し，(10)のタイプの直交性がここでも成り立つとすれば

$$\tilde{\rho}(x_0) = \tilde{\rho}_1(x_0) + \tilde{\rho}_2(x_0) \tag{13}$$

となり，干渉項が消える．もちろん形式的には，単に密度行列を使わなかったということだけで，(11)の議論と変わらない．

▶直交性が成り立たないプロセスがあれば，マクロでも干渉が起きるはずだというのが多世界解釈の立場でもある．実際，マクロな物体における干渉を調べる実験が，超伝導を使って行なわれている．

しかし多世界解釈というときに特に強調されるのは，(13)の関係の時間変化である．マクロのレベルでいったん状態が直交してしまうと，時間が経過してもその性質は変わらないということが，かなり一般的に言える．(ただし，どのような条件で成り立つかという議論は，さらに深める必要があるだろう．たとえば参考文献[11]参照.)

次に，密度行列での議論では，対象とする電子の座標変数を残した$\tilde{\rho}$を考えた．しかしここではむしろ，それ以外の変数を残すことも含めて考えている．たとえば，電子の位置が猫の生死に変換されるという観測装置を考えてみよう(マクロなシステムの例として猫を持ち出すのは，この分野の伝統である)．猫がある時刻に死んだという状態と，その1分後に死んだという状態は，猫だけに限ればどちらも死んでいるのだから同じ状態である．そこで猫の生死を表わす変数は，「死んでいる」という値に固定して，他の変数で積分してみよう．すると，その1分間に，他の変数は生きている猫の行動の影響を受けるので，猫の死んだ時刻が異なる2つの状態は直交し，干渉しない．つまり，いったんマクロなレベルで差ができると，その差が無数の変数に影響を及ぼすので，その一部を一致させても全体としては干渉できないという主張である．

結局，観測の結果，ミクロの違いがマクロの違いに転化してしまえば，(7)の2つの成分はその後干渉せずに発展することになる．つまり独立した2つの

世界に分離したといえる．これが多世界解釈という言葉の由来である．

多世界解釈では，常に波動関数全体を考え，干渉の有無を調べるときにのみ部分系を考える．その利点は上に述べたように，多世界であることを明確にできることであるが，もう1つ，観測を繰り返したときの辻褄合わせという問題がある．最初の観測で粒子がある位置に観測されたとすると，次の観測では，そのことを前提とした上での系の時間発展が観測されるはずである．しかし最初の観測後，粒子のみの密度行列を考えるとすれば，そこにはさまざまな状態が共存しているので，第2の観測ではどの状態が観測にかかるのかを確定できない．しかし最初の観測結果も波動関数の中に残しておけば，それとの相関という形で，第2の観測の結果も決まってくる．波動関数が表わしている各世界の中では，2回の観測結果は辻褄が合うのである．

▶別の例として，スピンが上向きと下向きの状態が共存していたとする．そして第1の測定でスピンが上向きと観測されたとき，第2の測定でもそれと同じ結果がでることを何が保証するだろうか．もし観測装置を表わす変数も残した波動関数を考えていれば，スピンが上向きの状態を表わす波動関数には，上向きという測定結果を表わす観測装置の波動関数が常に掛かることになり，辻褄が合う．

■第2の問題：波動関数の確率解釈

波動関数と現実の観測との関係が，ボルンの確率解釈で与えられることにより，量子力学が現実の世界に適用できるようになった．量子力学の成功から考えて，この確率解釈が与える結果が正しいことは間違いない．しかし，これを「確率」という概念でとらえていいのか，あるいは，これは量子力学の公理なのか定理なのかという問題は残っている．

確率というからには，その裏に母集団というものが存在していなければならない．密度行列で考える人は，(6)のように表わされた密度行列そのものが，母集団を表わしていると考える．その考え方を説明するために，ψ_1 と ψ_2 は規格化されているものとし，(1)を

$$\psi = a\psi_1 + b\psi_2 \qquad (a, b \text{ は定数}) \tag{14}$$

と書き換えよう．これを使えば，(6)は

$$\rho' = |a|^2 \psi_1^* \psi_1 + |b|^2 \psi_2^* \psi_2 \tag{15}$$

となる．そしてこの式を，ψ_1 という状態と，ψ_2 という状態が，(密度行列のレベルで) $|a|^2 : |b|^2$ の割合で混ざっている母集団を表わすとみなすのである．この考え方は，おそらく統計力学における母集団(アンサンブル)との類推から来たものだろうが，この本で説明してきた量子力学そのものの構成より導くことはできない．ψ はあくまで1粒子の波動関数であり，母集団という考え方にはなじまない．

▶たとえばψを位置の固有関数(つまりδ関数)とすれば，aやbは波動関数$\psi(x)$そのものになるから，確率解釈との対応は明らかである．

むしろ確率とか母集団という概念は一切用いない考え方が望ましいし，実際それは多世界解釈論者が主張するように，可能なのである．現実には存在しない母集団を考える代わりに，観測で実際に何が行なわれるかということを考えてみよう．たとえば発見位置の頻度分布を調べるとする．そのためには，同じ状態にある多数の粒子(N ($\gg 1$) 個としよう)を用意して，観測を繰り返さなければならない．その状況を表わすのに，実際に N 個の粒子に対する波動関数を考えるのである．

たとえば，スピンが上向きと下向きの状態が共存しているとしよう．

$$\chi = a\chi_\uparrow + b\chi_\downarrow \qquad (|a|^2 + |b|^2 = 1) \tag{16}$$

そして，同じ状態の粒子を N 個用意すれば，波動関数は

$$\chi_N = (a\chi_\uparrow + b\chi_\downarrow)(a\chi_\uparrow + b\chi_\downarrow)\cdots(a\chi_\uparrow + b\chi_\downarrow) \tag{17}$$

▶議論を単純化するため，ここでは考えている粒子を，波動関数が粒子の入れ替えに対して反対称のフェルミ粒子ではなく，対称のボーズ粒子だとしている．合計${}_N\mathrm{C}_n$個の入れ替えがあるので，波動関数を規格化するために${}_N\mathrm{C}_n{}^{1/2}$で割っている．

▶$a=b$のときは2項係数の性質より，$n=N/2$でK_nが圧倒的に大きくなることがすぐわかる(ただし$N\gg 1$の場合)．これは，上向き，下向きのスピンが同じ割合であるということに他ならない．

▶このことは，フィンケルシュタイン，グラハム，ハートルの3人により独立に導かれた．

となる．ここで，N個のうちn個の粒子が上向きの(規格化された)波動関数を

$$\chi_{n,N} \equiv {}_N\mathrm{C}_n{}^{-1/2}\{\underbrace{\chi_\uparrow\cdots\chi_\uparrow}_{n}\underbrace{\chi_\downarrow\cdots\chi_\downarrow}_{N-n}+(\uparrow\text{と}\downarrow\text{の順番を任意に交換した項})\}$$

と定義する．これを使えば(17)は

$$\chi_N = \sum_n K_n \chi_{n,N}, \qquad K_n \equiv a^n b^{N-n}{}_N\mathrm{C}_n{}^{1/2}$$

というように展開できる．

一般に，係数K_nがどのように振舞うのか考えてみよう．$r\equiv n/N$とすると，2項係数の性質より

$$\sum_n |K_n|^2 = 1, \qquad \sum_n (r-|a|^2)^2|K_n|^2 = \frac{1}{N}|a|^2|b|^2 \to 0 \ (N\to\infty)$$

という関係が証明できる．これは$N\to\infty$で，K_nが，

$$r \equiv \frac{n}{N} = |a|^2/(|a|^2+|b|^2) = |a|^2$$

という値で，δ関数的なピークをもつということである．そしてこのrの値は，確率解釈の予言に他ならない．

$K_{n=rN}$(r表示での波動関数である)は，$r=|a|^2$でのみ圧倒的に大きい．波動関数の2乗が確率に関係しているなどという仮定をしなくても，確率解釈と同じ，$r=|a|^2$という予言が得られる．つまり，「共存度が圧倒的に大きい状態があれば，それが現実に観測される状態である」という当然の仮定さえ設ければ，確率解釈と同じ結果が得られるのである．

多世界解釈的な考えを中心に述べてきたが，この考え方に基づけば，量子力学の基本原理からは確率的な概念は排除される．波の収縮などという偶然の要素も，干渉しない多世界という概念で置き換えられた．量子力学は，科学に偶然を持ち込んだとみなされることがある．しかし多世界解釈の考え方にしたがえば，古典力学とは意味は違うが，量子力学も決定論なのである(詳しくは参考文献[12]参照)．

章末問題解答

第2章

2.1 (1) $e^{i(\theta+\pi/2)}=e^{i\pi/2}e^{i\theta}=i(\cos\theta+i\sin\theta)$．また，左辺$=\cos\left(\theta+\dfrac{\pi}{2}\right)+i\sin\left(\theta+\dfrac{\pi}{2}\right)$．両者の実数部と虚数部が等しいとすればよい．

(2) $\dfrac{d}{d\theta}e^{i\theta}=ie^{i\theta}=i(\cos\theta+i\sin\theta)$．また，左辺$=\dfrac{d}{d\theta}\cos\theta+i\dfrac{d}{d\theta}\sin\theta$．

(3) $e^{i(\theta+\theta')}=e^{i\theta}e^{i\theta'}=(\cos\theta+i\sin\theta)(\cos\theta'+i\sin\theta')$．また，左辺$=\cos(\theta+\theta')-i\sin(\theta+\theta')$．

2.2 エネルギー$=qV=\dfrac{p^2}{2m}=\dfrac{1}{2m}\left(\dfrac{h}{\lambda}\right)^2$．

$\lambda=10^{-10}$ m とすれば $qV=2.41\times10^{-17}$ J$=150$ eV．つまり，$V=150$ ボルト．

2.3 一般解を $\psi=Ae^{ipx/\hbar}+Be^{-ipx/\hbar}(E=p^2/2m, p\geqq0)$ とすると，$\alpha\equiv pa/2\hbar$ として

$$Ae^{-i\alpha}+Be^{i\alpha}=0$$
$$Ae^{i\alpha}+Be^{-i\alpha}=0$$
$$\Rightarrow\ \frac{B}{A}=-e^{2i\alpha}=-e^{-2i\alpha}\ \Rightarrow\ e^{4i\alpha}=1$$
$$\Rightarrow\ 4\alpha=2pa/\hbar=2n\pi\qquad(n=0,1,2,3)$$

ただし，$n=0$ とすると，$\psi=A+B=0$ となるので，$n=0$ は除く．

$$\therefore\ p=\frac{n\hbar\pi}{a},\qquad E=\frac{n^2\pi^2\hbar^2}{2ma^2}$$

2.4 $\psi=Ae^{ipx/\hbar}+Be^{-ipx/\hbar}$ とすると

$$\begin{cases}A+B=Ae^{ipa/\hbar}+Be^{-ipa/\hbar}\\ \dfrac{ip}{\hbar}(A-B)=\dfrac{ip}{\hbar}(Ae^{ipa/\hbar}-Be^{ipa/\hbar})\end{cases}\Rightarrow\ 2A=2Ae^{ipa/\hbar}\ \Rightarrow\ e^{ipa/\hbar}=1$$

$$\therefore\ pa/\hbar=2n\pi\ (n=1,2,\cdots),\qquad E=2\frac{n^2\pi^2\hbar^2}{ma^2}$$

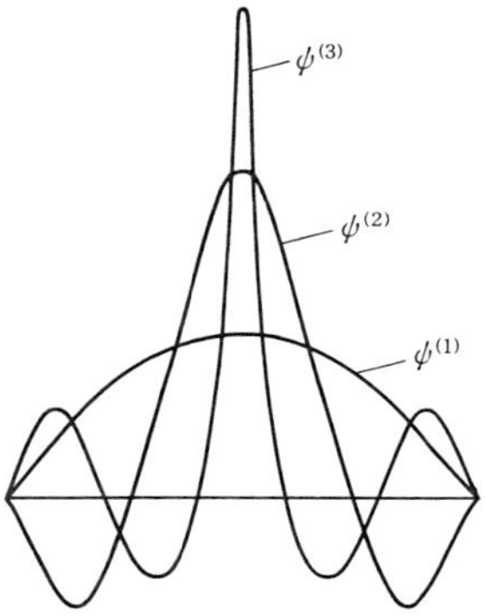

2.5 左に概略図を示す．

第3章

3.1 衝突後の光子の振動数を ν'，電子の運動量を p とすると，保存則は

$$\frac{h}{\lambda}=p-\frac{h}{\lambda'},\qquad\frac{hc}{\lambda}=\frac{p^2}{2m}+\frac{hc}{\lambda'}$$

p を消去すれば

$$hc\left(\frac{1}{\lambda}-\frac{1}{\lambda'}\right)=\frac{h^2}{2m}\left(\frac{1}{\lambda}+\frac{1}{\lambda'}\right)^2$$

問題で与えられた近似を使えば $\lambda'-\lambda\simeq h/2mc$．($h/mc=0.0243$ Å，これを電子の**コンプトン波長**と呼ぶ)．

3.2 エネルギーが決まっているときは，$\psi(x,t)=e^{-iEt/\hbar}\psi(x,t=0)$ だから，

$$|\psi(x,t)|^2=e^{iEt/\hbar}\psi^*(x,t=0)\cdot e^{-iEt/\hbar}\psi(x,t=0)$$
$$=|\psi(x,t=0)|\qquad(t\text{ に依らない})$$

また，$\psi(x,t)=Ae^{-iE_At/\hbar}f_A(x)+Be^{-iE_Bt/\hbar}f_B(x)\,(E_A\neq E_B)$ のときは，

$$|\psi|^2=|Af_A|^2+|Bf_B|^2+2K\cos\left(\frac{E_B-E_A}{\hbar}t+\theta\right)$$

ただし，$Af_A\cdot(Bf_B)^*\equiv Ke^{i\theta}$ とした．この $|\psi|^2$ は t に依存する．

3.3 $\overline{(x-x_0)^2}=\hbar^2/2(\varDelta p)^2$ を使う．

3.4　まず，運動量の幅は

$$\Delta p = \hbar/\Delta x = 1.055\times10^{-24}\ \mathrm{m\ kg\ s^{-1}}$$

(3.4.9)より

$$10^{-3}\ \mathrm{m} = 10^{-10}\ \mathrm{m}\times\left(1+\frac{t^2}{\hbar^2}\frac{(\Delta p)^4}{m^2}\right)^{1/2}$$

右辺の1は無視できるから

$$\therefore\quad t \simeq 10^7\ \mathrm{m}\times\frac{\hbar m}{(\Delta p)^2} = \begin{cases} 8.64\times10^{-10}\ \mathrm{sec} & （電子）\\ 9.48\times10^{17}\ \mathrm{sec} = 3.0\times10^{10}\ \mathrm{year} & （マクロ）\end{cases}$$

3.5　群速度は(3.4.8)より，p_0/m．位相速度は，$\sin 2\pi\left(\frac{x}{\lambda}-\nu t\right)=\sin\frac{2\pi}{\lambda}(x-\lambda\nu t)$ より $\lambda\nu=E/p=p/2m$．

（ただし，相対論的に質量エネルギーまで含めれば，$E=\sqrt{(mc^2)^2+(pc)^2}\simeq mc^2\times(+p^2/2m+\cdots)$ なので，$\lambda\nu=E/p\simeq mc^2/p$．ただし，$mc\gg p$ とした.）

光の場合は，$m=0$ であり $E=cp$．したがって，位相速度は $E/p=c$．また群速度は，(3.4.7)の $p^2/2m$ の部分に $E=cp$ を代入すると

$$A = \frac{1}{2(\Delta p)^2},\qquad B = \frac{i}{\hbar}(x-x_0-ct)$$

となるので，群速度も光速 c に等しい．（注意：一般に群速度は $\left.\frac{dE}{dp}\right|_{p=p_0}$ となる.）

3.6　(3.4.8)より

$$\bar{x} = \int x\psi^*\psi dx\Big/\int\psi^*\psi dx = \int xe^{-\alpha x^2}dx\Big/\int e^{-\alpha x^2}dx$$

ただし，

$$\alpha \equiv \frac{1}{4\hbar^2}\left(\frac{1}{A}+\frac{1}{A^*}\right),\qquad X \equiv x-x_0-\frac{p_0}{m}t$$

また

$$\int xe^{-\alpha x^2}dx = \int Xe^{-\alpha x^2}dx+\left(x_0+\frac{p_0}{m}t\right)\int e^{-\alpha x^2}dx$$

であり，また右辺第1項は0（$X<0$ と $X>0$ が相殺）だから，$\bar{x}=x_0+(p_0/m)t$．
また

$$-i\hbar\frac{\partial\psi}{\partial x} = -i\hbar\left(-\frac{X}{2A\hbar^2}+\frac{i}{\hbar}p_0\right)\psi$$

だが，やはり $\int Xe^{-\alpha X^2}dx=0$ であることを考えると

$$(3.5.7)の右辺（ただし\ \psi\ を規格化）= \frac{\frac{1}{m}\int p_0\psi^*\psi dx}{\int\psi^*\psi dx} = \frac{p_0}{m}$$

したがって，$\frac{d\bar{x}}{dt}=\frac{p_0}{m}$ となっていることがわかる．

3.7　x_1 積分に関係した部分だけ取り出すと，

$$\int dx_1\exp\left\{\frac{i}{2}\frac{m}{\varepsilon\hbar}[(x_2-x_1)^2+(x_1-x_0)^2]\right\}$$
$$= \int dx_1\exp\left\{\frac{im}{2\varepsilon\hbar}\left[2\left(x_1-\frac{x_0+x_2}{2}\right)^2+\frac{1}{2}(x_2-x_0)^2\right]\right\}$$
$$= \left(\frac{2i\varepsilon\hbar\pi}{m}\cdot\frac{1}{2}\right)^{1/2}\exp\left\{\frac{im}{2\varepsilon\hbar}\cdot\frac{1}{2}(x_2-x_0)^2\right\}$$

順番に $x_2, x_3, \cdots$ と積分していくと k 回目の積分は

$$\int dx_k \exp\left\{\frac{i}{2}\frac{m}{\varepsilon\hbar}\left[(x_{k+1}-x_k)^2+\frac{1}{k}(x_k-x_0)^2\right]\right\}$$
$$=\left(\frac{2i\varepsilon\hbar\pi}{m}\cdot\frac{k}{k+1}\right)^{1/2}\exp\left\{\frac{im}{2\varepsilon\hbar}\frac{1}{k+1}(x_{k+1}-x_0)^2\right\}$$

したがって

$$G=\left(\frac{2i\pi\hbar\varepsilon}{m}\right)^{-\frac{N}{2}}\left(\frac{2i\varepsilon\hbar\pi}{m}\right)^{\frac{N-1}{2}}\frac{1}{N^{1/2}}\exp\left\{\frac{im}{2\varepsilon\hbar}\frac{1}{N}(x_N-x_0)^2\right\}$$

ここで $t-t_0=N\varepsilon$ であることを使えば，

$$G=\left\{\frac{m}{2i\pi\hbar(t-t_0)}\right\}^{1/2}\exp\left\{\frac{i}{\hbar}\frac{m}{2}\frac{(x-x_0)^2}{t-t_0}\right\}$$

また，(3.6.1)の G に上を(ただし $x_0\to x'$)，また $\psi(x',t_0)$ に(3.4.5)(ただし $x\to x'$)を代入すれば，(3.4.8)が求まる．ただし，計算はかなり面倒である．

第4章

4.1　束縛状態の数は，(4.1.5)の両辺のグラフの交点の数である．図2を考えれば，交点が1つでもある条件は

$$k_0 \geqq \frac{\pi}{2}\frac{1}{a} \quad\Rightarrow\quad a^2U_0 \geqq \frac{\pi^2\hbar^2}{8m}$$

また

$$\left(n-\frac{1}{2}\right)\pi \leqq k_0a \leqq \left(n+\frac{1}{2}\right)\pi$$

のときに n 個の解がある．この式を書き換えれば

$$\frac{\pi^2\hbar^2}{2m}\left(n-\frac{1}{2}\right)^2 \leqq U_0a^2 \leqq \frac{\pi^2\hbar^2}{2m}\left(n+\frac{1}{2}\right)^2$$

4.2　(1)　$$H\psi_1=E\psi_1,\quad H\psi_2=E\psi_2\quad\left(H=-\frac{\hbar^2}{2m}\frac{d^2}{dx^2}+U\right)$$

に，それぞれ左から ψ_2 と ψ_1 を掛けて引き，$-\hbar^2/2m$ で割れば，

$$0=\psi_2\frac{d^2}{dx^2}\psi_1-\psi_1\frac{d^2}{dx^2}\psi_2=\frac{d}{dx}\left(\psi_2\frac{d\psi_1}{dx}-\psi_1\frac{d\psi_2}{dx}\right)$$

となる．しかも束縛状態は無限遠で ψ_i，$\dfrac{d\psi_i}{dx}\to 0$ なので

$$\psi_2\frac{d\psi_1}{dx}-\psi_1\frac{d\psi_2}{dx}=\text{定数}=0$$

これより

$$\frac{d}{dx}\log\psi_1=\frac{d}{dx}\log\psi_2\quad\Rightarrow\quad\log\psi_1/\psi_2=\text{一定}\quad\Rightarrow\quad\psi_1\propto\psi_2$$

(2)　$-\dfrac{\hbar^2}{2m}\dfrac{d^2}{dx^2}\psi(x)+U(x)\psi(x)=E\psi(x)$ で $x\to -x$ とすると，$U(x)=U(-x)$ も使って

$$-\frac{\hbar^2}{2m}\frac{d^2}{dx^2}\psi(-x)+U(x)\psi(-x)=E\psi(-x)$$

したがって，(1)より $\psi(x)=k\psi(-x)$ (k は比例係数)と表わせる．この式で(任意の数である) x を $-x$ と書けば $\psi(-x)=k\psi(x)$．

$$\therefore\quad \psi(x)=k^2\psi(x)\quad\Rightarrow\quad k=\pm 1$$

4.3　$-a<x<a$ では，一般に $\psi=A\sin kx+B\cos kx$ ($E=\hbar^2k^2/2m$) であるが，上問より，$A=0$(偶関数の場合)か $B=0$(奇関数の場合)である．

①　$A=0$ のとき

$x\leqq -a$ では，$\psi_1=Ce^{\kappa x}$ (以下束縛状態のみを考え，$E=-\dfrac{\hbar^2\kappa^2}{2m}+U_0$ とする.)

$-a \leqq x \leqq a$ では，$\psi_2 = B\cos kx$，$x \geqq a$ では，$\psi_3 = De^{-\kappa x}$
$x = \pm a$ で ψ とその微分が一致するという接続条件より $ka \cdot \tan ka = \kappa a$ という式が求まる．このグラフと，k, κ, E との関係より求まる

$$k^2 + \kappa^2 = \frac{2m}{\hbar^2} U_0$$

という円の交点が束縛状態のエネルギーを決める．($x \equiv ka$，$y = \kappa a$ として xy 座標でグラフを考えるとわかりやすい.)

② $B = 0$ のときは，$ka \cot ka = -\kappa a$ となる．

4.4

$$-\frac{\hbar^2}{2m}\frac{d^2\psi}{dx^2} + U\psi = E\psi$$

とその複素共役

$$-\frac{\hbar^2}{2m}\frac{d^2\psi^*}{dx^2} + U\psi^* = E\psi^*$$

に，それぞれ ψ^* と ψ を掛けてから引き，$-\hbar^2/2m$ で割れば

$$\psi^*\frac{d^2\psi}{dx^2} - \psi\frac{d^2\psi^*}{dx^2} = \frac{d}{dx}\left(\psi^*\frac{d\psi}{dx} - \psi\frac{d\psi^*}{dx}\right) = 0 \quad \Rightarrow \quad \psi^*\frac{d\psi}{dx} - \psi\frac{d\psi^*}{dx} = \text{一定}$$

となる．この式に $x \to \pm\infty$ での ψ の形を代入すれば，$1 - |B|^2 = |A^2|$ という式が求まる．

4.5 $e^{2t\xi - t^2}$ を t でテーラー展開したときの n 次の項の係数を $A_n/n!$ とすれば

$$A_n = \frac{d^n}{dt^n}e^{2t\xi - t^2}\Big|_{t=0}$$
$$= \frac{d^n}{dt^n}e^{-(t-\xi)^2 + \xi^2}\Big|_{t=0} = (-1)^n e^{\xi^2}\frac{d^n}{d\xi^n}e^{-\xi^2}$$

また $f(\xi, t) \equiv e^{2t\xi - t^2}$ とすれば

$$\frac{\partial^2 f}{\partial \xi^2} - 2\xi\frac{\partial f}{\partial \xi} + 2t\frac{\partial f}{\partial t} = 0$$

であることは，直接 f を代入すればわかる．そして f の展開式を上の微分方程式に代入して，t^n の係数を調べれば H_n に対する微分方程式が求まる．

4.6 $H = \sum_{m=0} a_m \xi^m$ を代入すると

$$\sum a_m m(m-1)\xi^{m-2} - 2\sum a_m m\xi^m + (\varepsilon - 1)\sum a_m \xi^m = 0$$

ξ について同じ次数の項の係数を 0 とすれば

$$a_{m+2} = \frac{2m - \varepsilon + 1}{(m+2)(m+1)}a_m$$

が得られる．(偶数次の項と奇数次の項は別個の解になっていることがわかる.) 解が n 次であるためには $a_{n+2} = 0$，つまり，$\varepsilon = 2n + 1$．(以下略)

4.7 エネルギーを最小にするために $\overline{(\Delta x)^2} \cdot \overline{(\Delta p)^2} = \hbar^2/4$ とすると

$$\frac{d\overline{H}}{d\overline{(\Delta x)^2}} = -\frac{1}{2m}\frac{\hbar^2}{4}\frac{1}{(\overline{(\Delta x)^2})^2} + \frac{m\omega^2}{2}$$

これが 0 のときは $(\overline{\Delta x^2})^2 = (\hbar/2m\omega)^2$.

$$\therefore \quad \overline{H} = \frac{\hbar\omega}{2}$$

4.8

$$\left(-\frac{d}{d\xi} + \xi\right)e^{-\xi^2/2} = 2\xi e^{-\xi^2/2}$$

$$\left(-\frac{d}{d\xi} + \xi\right)^2 e^{-\xi^2/2} = (4\xi^2 - 2)e^{-\xi^2/2}$$

4.9　$n>m$ ならば $a^n a^{\dagger m}\psi_0 \propto a^{n-m}\psi_0=0$ である．したがって，

$$\int (a^{\dagger n}\psi_0)(a^{\dagger m}\psi_0)dx = \int \psi_0 a^n a^{\dagger m}\psi_0 dx = 0$$

4.10　$x^2=\dfrac{\hbar}{2m\omega}(aa+aa^\dagger+a^\dagger a+a^\dagger a^\dagger)$ より

$$x^2\psi_n = \frac{\hbar}{2m\omega}\{(n+1)\psi_n+n\psi_n+(\psi_n \text{ 以外の項})\}$$

$$\therefore\quad \overline{x^2} = \int \psi_n x^2 \psi_n dx = \frac{\hbar}{2m\omega}(2n+1)$$

$$\therefore\quad \overline{U} = \frac{1}{2}m\omega^2\cdot\overline{x^2} = \frac{\hbar\omega}{2}\left(n+\frac{1}{2}\right)$$

運動エネルギーに対しても同様の計算ができる．

第5章

5.1　(1) 部分積分をし ψ_i が無限遠では0になることを使えば

$$\int_{-\infty}^{\infty}\psi_2{}^*\left(-i\hbar\frac{d}{dx}\right)\psi_1 dx = \int\left(i\hbar\frac{d}{dx}\psi_2{}^*\right)\psi_1 dx = \int\left(-i\hbar\frac{d}{dx}\psi_2\right)^*\psi_1 dx$$

運動エネルギーの場合は2回部分積分して

$$\int \psi_2{}^*\left(-\frac{1}{2m}\frac{d^2}{dx^2}\psi_1\right)dx = \int\left(-\frac{1}{2m}\frac{d^2\psi_2}{dx^2}\right)^*\psi_1 dx$$

(2) たとえば，(5.1.4)の第1項については

$$\int \psi_2{}^*\left(\frac{1}{r^2}\frac{\partial}{\partial r}r^2\frac{\partial\psi_1}{\partial r}\right)r^2\sin\theta\, drd\theta d\phi = \int\left(\frac{1}{r^2}\frac{\partial}{\partial r}r^2\frac{\partial\psi_2}{\partial r}\right)^*\psi_1 r^2\sin\theta\, drd\theta d\phi$$

を示せばよい．これは(…)の中の $\dfrac{1}{r^2}$ と積分の r^2 が相殺することを頭に入れた上で，2回部分積分すればすぐに示せる．(r^2 をはさまずに単に $\dfrac{\partial^2\psi}{\partial r^2}$ としたのでは，部分積分をするときに $r^2\psi_2{}^*$ 全体を微分しなければならなくなる．) 他の項も同様．

5.2　ハミルトニアン H の各成分を

$$H_x \equiv -\frac{\hbar^2}{2m}\frac{\partial^2}{\partial x^2}+\frac{1}{2}kx^2$$

等々とするとシュレディンガー方程式は，

$$(H_x+H_y+H_z)\psi(x,y,z) = E\psi(x,y,z)$$

これを，問題のヒントおよび5.2節の手法を使って変数分離すれば，

$$H_x\psi_x(x) = E_x\psi_x(x)$$
$$H_y\psi_y(y) = E_y\psi_y(y)$$
$$H_z\psi_z(z) = E_z\psi_z(z)$$

となる（ただし，$E=E_x+E_y+E_z$）．この式はそれぞれ1次元の調和振動子の式だから，解はわかっている．たとえば基底状態は，ψ_x, ψ_y, ψ_z すべてが基底状態．第一励起状態は，そのいずれか1つが第一励起状態．一般に ψ_x が第 n_x 励起状態等々とすれば，

$$E = \hbar\omega\left(n_x+n_y+n_z+\frac{3}{2}\right)$$

となる．また，第 n 励起状態 ($n=n_x+n_y+n_z$) の状態数，つまり縮退度は $\sum_{n_x=0}^{n}(n-n_x+1)=(1/2)(n+1)(n+2)$（$n_x$ を決めたときの状態数が，$n_y=0$ から $n-n_x$ までの $n-n_x+1$ 個だから．）

5.3　本文中の $\partial/\partial x$ と

$$\frac{\partial}{\partial y} = \frac{\partial r}{\partial y}\frac{\partial}{\partial r} + \frac{\partial \cos\theta}{\partial y}\frac{d\theta}{d\cos\theta}\frac{\partial}{\partial\theta} + \frac{\partial \tan\phi}{\partial y}\frac{d\phi}{d\tan\phi}\frac{\partial}{\partial\phi}$$
$$= \frac{y}{r}\frac{\partial}{\partial r} + \frac{\cos\theta\sin\phi}{r}\frac{\partial}{\partial\theta} + \frac{\cos\phi}{r\sin\theta}\frac{\partial}{\partial\phi}$$

を使えば

$$L_z = -i\hbar\frac{x\cos\phi + y\sin\phi}{r\sin\theta}\frac{\partial}{\partial\phi} = -i\hbar\frac{\partial}{\partial\phi}$$

5.4 $P_0=1$：球対称(極大も極小もない).

$P_1 = x$：最大 $\theta=0$ と π($x=1$ と -1), ゼロは $\theta=\pi/2$($x=0$).

$P_2 = \frac{1}{2}(3x^2-1)$：最大 $\theta=0$ と π, 極大 $\theta=\pi/2$. ゼロは $\theta\simeq55°$ と $135°$ ($x=1/\sqrt{3}$).

$P_3 = \frac{1}{2}(5x^3-3x)$：最大 $\theta=0$ と π, 極大 $\theta\simeq63°$ と $117°$. ゼロは $\theta=\pi/2$ と $39°$ と $141°$.

5.5 ($P_l{}^m=P_l{}^{-m}$ であるから, $m>0$ の場合のみしるす.)

$P_1{}^1 = (1-x^2)^{1/2}$：最大 $\theta=\pi/2$, ゼロは $\theta=0$ と π.

$P_2{}^1 = 3(1-x^2)^{1/2}x$：最大 $\theta=\pi/4$ と $3\pi/4$, ゼロは $\theta=0$ と $\pi/2$ と π.

$P_2{}^2 = 3(1-x^2)$：最大 $\theta=\pi/2$, ゼロは $\theta=0$ と π.

5.6
$$L_x Y_{1\pm1} = \mp i\hbar\left(\frac{3}{8\pi}\right)^{1/2}\cos\theta(\sin\phi\pm i\cos\phi)e^{\pm i\phi}$$
$$= \hbar\left(\frac{3}{8\pi}\right)^{1/2}\cos\theta = \frac{\hbar}{\sqrt{2}}Y_{10}$$

これと本文中の L_xY_{10} とを組み合わせると

$$L_x = \begin{cases} \hbar \to \frac{1}{\sqrt{2}}(Y_{11}+Y_{1-1})+Y_{10} \\ 0 \to Y_{11}-Y_{1-1} \\ -\hbar \to \frac{1}{\sqrt{2}}(Y_{11}+Y_{1-1})-Y_{10} \end{cases}$$

5.7 シュレディンガー方程式は(5.2.2)および(5.2.3)で $-q^2R/r$ を $(1/2)kr^2R$ に置き換えればよい. Y は球関数で表わされ, $\Lambda=\hbar^2l(l+1)$ であることはわかっているので(5.2.2)は

$$-\frac{\hbar^2}{2m}\frac{1}{r^2}\frac{d}{dr}\left(r^2\frac{dR}{dr}\right)+\frac{1}{2}kr^2R+\frac{\Lambda}{2mr^2}R = ER$$

4.3節と同じ記号を使えば

$$-\frac{1}{\xi^2}\frac{d}{d\xi}\left(\xi^2\frac{dR}{d\xi}\right)+\xi^2R+\frac{l(l+1)}{\xi^2}R = \varepsilon R$$

これより, $\xi\to\infty$ では

$$-\frac{d^2}{d\xi^2}R+\xi^2R \simeq 0 \quad\Rightarrow\quad R \sim e^{-\frac{1}{2}\xi^2}$$

また $\xi\to0$ では

$$-\frac{1}{\xi^2}\frac{d}{d\xi}\left(\xi^2\frac{dR}{d\xi}\right)+\frac{l(l+1)}{\xi^2}R \simeq 0 \quad\Rightarrow\quad R \sim \xi^l$$

そこで, $R\equiv\xi^le^{-\frac{1}{2}\xi^2}F(\xi)$ とすると

$$\frac{d^2F}{d\xi^2}+\left(\frac{2l+3}{\xi}-2\xi\right)\frac{dF}{d\xi}+(\varepsilon-2l-3)F = 0$$

F が n 次の多項式であるとすれば，5.3 節と同じ手法で

$$\varepsilon = 2(n+l)+3 \quad\Rightarrow\quad E = \hbar\omega(n+l+3/2)$$

5.8　$L=\rho+c$ (c は定数)として(5.5.4)に代入すると

$$2\{(l+1)-\sqrt{\varepsilon}\,\rho\}+2\{1-\sqrt{\varepsilon}\,(l+1)\}(\rho+c) = 0$$

ρ の 1 次の係数より，ε が決まり(本文参照)，0 次の項より

$$c = \frac{l+1}{\sqrt{\varepsilon}\,(l+1)-1} = -(l+2)(l+1)$$

$r=a_0\rho$ だから

$$R \propto r^l e^{-\frac{1}{l+2}\frac{r}{a_0}}\left\{\frac{r}{a_0}-(l+1)(l+2)\right\}$$

5.9

$$E \simeq \frac{1}{2m}\overline{(\Delta p)^2}-\frac{e^2}{\bar{r}}$$

を $\bar{r}^2\cdot\overline{(\Delta p)^2}=\hbar^2/4$ の条件のもとに $\bar{r}$ で微分すると

$$\frac{dE}{d\bar{r}} = -\frac{1}{2m}\frac{\hbar^2}{4}\cdot\frac{2}{\bar{r}^3}+\frac{e^2}{\bar{r}^2}$$

これを 0 とすると $\bar{r}=\hbar^2/4me^2 \Rightarrow E=-2me^4/\hbar^2$．($\bar{r}^2\cdot\overline{\Delta p}^2=\hbar^2$ とすると正確な値が求まる．)

5.10　$l=0,1,\cdots,n-1$，そして各 l の縮退度は，$2l+1$ だから

$$\text{全縮退度} = \sum_{l=0}^{n-1}(2l+1) = n^2$$

5.11

$$\bar{r} = \frac{\displaystyle\int_0^\infty r\cdot r^{2l}e^{-\frac{2}{l+1}\frac{r}{a_0}}r^2dr}{\displaystyle\int_0^\infty r^{2l}e^{-\frac{2}{l+1}\frac{r}{a_0}}r^2dr} = \frac{a_0(l+1)}{2}\cdot(2l+3) \quad\Rightarrow\quad \frac{\bar{r}}{a_0} = \frac{1}{2}(l+1)(2l+3)$$

第 6 章

6.1　$A[B,C]+[A,C]B=A(BC-CB)+(AC-CA)B=ABC-CAB=[AB,C]$

また L_z を例に取ると

$$[\boldsymbol{L}^2, L_z] = [L_x{}^2, L_z]+[L_y{}^2, L_z]+[L_z{}^2, L_z]$$

ここで $[L_x{}^2, L_z]=L_x[L_x, L_z]+[L_x, L_z]L_x=L_x(-i\hbar L_y)+(-i\hbar L_y)L_x$．同様に，$[L_y{}^2, L_z]=L_y(i\hbar L_x)+(i\hbar L_x)L_y$．$[L_z{}^2, L_z]=L_z{}^2L_z-L_zL_z{}^2=L_z{}^3-L_z{}^3=0$．したがって，合計すれば 0.

6.2　L_x がエルミートであるということは，無限遠で 0 になる関数 ψ_1, ψ_2 に対して，

$$\int\psi_2{}^*L_x\psi_1\,dxdydz = \int(L_x\psi_2)^*\psi_1\,dxdydz$$

が成り立つことである．これは $L_x=-i\hbar(y\partial/\partial z-z\partial/\partial y)$ を代入して部分積分をすれば容易に確かめられる．また(6.2.8)は，$\psi_1\to L_x\psi$，$\psi_2\to\psi$ とすれば上の等式に他ならない．

6.3　(6.3.1)については

$$-i\hbar\begin{pmatrix}0 & 1 & 0\\ -1 & 0 & 0\\ 0 & 0 & 0\end{pmatrix}\frac{1}{\sqrt{2}}\begin{pmatrix}1\\ \pm i\\ 0\end{pmatrix} = \frac{-i\hbar}{\sqrt{2}}\begin{pmatrix}\pm i\\ -1\\ 0\end{pmatrix} = \pm\hbar\frac{1}{\sqrt{2}}\begin{pmatrix}1\\ \pm i\\ 0\end{pmatrix}$$

$$-i\hbar\begin{pmatrix}0 & 1 & 0\\ -1 & 0 & 0\\ 0 & 0 & 0\end{pmatrix}\begin{pmatrix}0\\0\\1\end{pmatrix}=0$$

(6.3.3)については，まず

$$L_\pm = L_x \pm iL_y = -i\hbar\begin{pmatrix}0 & 0 & \mp i\\ 0 & 0 & 1\\ \pm i & -1 & 0\end{pmatrix}$$

より，$L_+Y_{11} \Rightarrow 0$(本文参照).

$$L_+Y_{00} \Rightarrow -i\hbar\begin{pmatrix}0 & 0 & -i\\ 0 & 0 & 1\\ i & -1 & 0\end{pmatrix}\begin{pmatrix}0\\0\\1\end{pmatrix} = -i\hbar\begin{pmatrix}-i\\1\\0\end{pmatrix} = \sqrt{2}\,\hbar\frac{1}{\sqrt{2}}\begin{pmatrix}-1\\-i\\0\end{pmatrix} \Rightarrow \sqrt{2}\,\hbar Y_{11}$$

$$L_+Y_{1-1} \Rightarrow -i\hbar\begin{pmatrix}0 & 0 & -i\\ 0 & 0 & 1\\ i & -1 & 0\end{pmatrix}\frac{1}{\sqrt{2}}\begin{pmatrix}1\\-i\\0\end{pmatrix} = \frac{-i\hbar}{\sqrt{2}}\begin{pmatrix}0\\0\\2i\end{pmatrix} = \sqrt{2}\,\hbar\begin{pmatrix}0\\0\\1\end{pmatrix} \Rightarrow \sqrt{2}\,\hbar Y_{10}$$

L_- については省略.

6.4　たとえば

$$[\sigma_x,\sigma_y] = \begin{pmatrix}0 & 1\\ 1 & 0\end{pmatrix}\begin{pmatrix}0 & -i\\ i & 0\end{pmatrix} - \begin{pmatrix}0 & -i\\ i & 0\end{pmatrix}\begin{pmatrix}0 & 1\\ 1 & 0\end{pmatrix}$$
$$= \begin{pmatrix}i & 0\\ 0 & -i\end{pmatrix} - \begin{pmatrix}-i & 0\\ 0 & i\end{pmatrix} = 2i\begin{pmatrix}1 & 0\\ 0 & -1\end{pmatrix} = 2i\sigma_z$$

他は省略．また(7)全体に$(\hbar/2)^2$を掛ければ，$[S_x, S_y]=i\hbar S_z$などの関係が求まる．

6.5

$$S_x\chi_\uparrow = \frac{\hbar}{2}\begin{pmatrix}0 & 1\\ 1 & 0\end{pmatrix}\begin{pmatrix}1\\0\end{pmatrix} = \frac{\hbar}{2}\chi_\downarrow \quad (\neq\chi_\uparrow)$$

$$S_x\chi_\downarrow = \frac{\hbar}{2}\begin{pmatrix}0 & 1\\ 1 & 0\end{pmatrix}\begin{pmatrix}0\\1\end{pmatrix} = \frac{\hbar}{2}\chi_\uparrow \quad (\neq\chi_\downarrow)$$

だから，$\chi_\uparrow, \chi_\downarrow$ は S_x の固有状態ではない．しかし，上式より

$$S_x(\chi_\uparrow \pm \chi_\downarrow) = \pm\frac{\hbar}{2}(\chi_\uparrow \pm \chi_\downarrow)$$

だから，$\chi_\uparrow+\chi_\downarrow, \chi_\uparrow-\chi_\downarrow$ はそれぞれ，$S_x=\pm\hbar/2$ の固有状態である．

6.6　$j=l+1/2$ と $j=l-1/2$ の状態ができるのだから，$l=1/2$ のときは $j=1$ と 0 になる．まず，$j=1$，$j_z=1$ の状態は $\chi_\uparrow^{(1)}\chi_\uparrow^{(2)}$(添字(1),(2)はそれぞれ，1番目の電子，2番目の電子を表わす.) $j=1$ の他の状態は，$S_-\chi_\uparrow=\chi_\downarrow, S_-\chi_\downarrow=0$ を使って，

$$J_-\chi_\uparrow^{(1)}\chi_\uparrow^{(2)} = (S_-^{(1)}+S_-^{(2)})\chi_\uparrow^{(1)}\chi_\uparrow^{(2)}$$
$$= \chi_\downarrow^{(1)}\chi_\uparrow^{(2)}+\chi_\uparrow^{(1)}\chi_\downarrow^{(2)} \quad (j_z=0)$$
$$J_-(\chi_\downarrow^{(1)}\chi_\uparrow^{(2)}+\chi_\uparrow^{(1)}\chi_\downarrow^{(2)}) = 2\chi_\downarrow^{(1)}\chi_\downarrow^{(2)} \quad (j_z=-1)$$

(この計算では，$S_-^{(1)}$ は $\chi^{(1)}$ に，$S_-^{(2)}$ は $\chi^{(2)}$ に作用する．また結果を規格化したければ $j_z=0$ は $\sqrt{2}$，$j_z=-1$ は 2 で割る.)

また，$j=0$ の状態は $j_z=j_z^{(1)}+j_z^{(2)}=0$ であることから

$$a\chi_\downarrow^{(1)}\chi_\uparrow^{(2)}+b\chi_\uparrow^{(1)}\chi_\downarrow^{(2)} \qquad (a, b \text{ は定数})$$

という形でなければならないが，$S_+\chi_\uparrow=0$，$S_+\chi_\downarrow=\chi_\uparrow$ より

$$(S_+^{(1)}+S_+^{(2)})(a\chi_\downarrow^{(1)}\chi_\uparrow^{(2)}+b\chi_\uparrow^{(1)}\chi_\downarrow^{(2)}) = a\chi_\uparrow^{(1)}\chi_\uparrow^{(2)}+b\chi_\uparrow^{(1)}\chi_\uparrow^{(2)} = 0$$

という条件より $a=-b$ となる．(上の $j=1$，$j_z=0$ との違いに注意.)

6.7　各 n に対して，$l=n-1, n-2, \cdots, 0$．スピンを合成すると j は

$$l=n-1 \begin{cases} j=n-\dfrac{1}{2} \\ j=n-\dfrac{3}{2} \end{cases}, \quad l=n-2 \begin{cases} j=n-\dfrac{3}{2} \\ j=n-\dfrac{5}{2} \end{cases}, \quad \cdots$$

（ただし $l=0$ のときは $j=1/2$ だけ）．したがって

$$j=n-\frac{1}{2},\ \underbrace{n-\frac{3}{2},\ \cdots,\ \frac{3}{2},\ \frac{1}{2}}_{2\text{つずつ}}$$

つまり n 個の準位に分離する．また各準位の縮退度は $2j+1$（1 つ当たり）である．

6.8　$B_z=\partial A_y/\partial x-\partial A_x/\partial y$ だから，(6.7.2)でも $(0,xB,0)$ でも $B_z=B$ となる．他の成分が 0 になるのも共通．

6.9　(1) ヒントの関数形を代入すれば

$$\frac{d^2R}{dr^2}+\frac{1}{r}\frac{dR}{dr}+\left(\varepsilon-\frac{m^2\omega^2}{\hbar^2}r^2-\frac{n^2}{r^2}\right)R=0$$

となる．ただし，$\omega=eB/2mc$，$\varepsilon=\dfrac{2m}{\hbar^2}\left(E-\dfrac{\hbar^2k^2}{2m}-n\hbar\omega\right)$．

$$r\to\infty\ \text{では}\qquad \frac{d^2R}{dr^2}-\frac{m^2\omega^2}{\hbar^2}r^2R\simeq 0\quad\Rightarrow\quad R\sim e^{-\frac{m\omega}{2\hbar}r^2}$$

$$r\to 0\ \text{では}\qquad \frac{d^2R}{dr^2}+\frac{1}{r}\frac{dR}{dr}-\frac{n^2}{r^2}R\simeq 0\quad\Rightarrow\quad R\sim r^{|n|}$$

したがって，5.5 節と同様に $R=r^{|n|}e^{-\frac{m\omega}{2\hbar}r^2}F(r)$ とし，$F(r)$ は j 次の多項式であるとする．すると ε が定まり，

$$\begin{aligned} E &= \frac{\hbar^2k^2}{2m}+\hbar\omega(n+|n|+2j+1) \\ &= \frac{\hbar^2k^2}{2m}+\hbar\omega(2l+1) \qquad \left(l\equiv j+\frac{n+|n|}{2}=0,1,2,\cdots\right) \end{aligned}$$

最初のハミルトニアンの形を見れば，調和振動子型のスペクトラムになるのは納得できる．

(2) 問題の指示通りにすると，シュレディンガー方程式は

$$\left[-\frac{\hbar^2}{2m}\left(\frac{\partial^2}{\partial x^2}+\frac{\partial^2}{\partial y^2}+\frac{\partial^2}{\partial z^2}\right)-2i\hbar\omega x\frac{\partial}{\partial y}+2m\omega^2x^2\right]\psi=E\psi$$

y と z は微分でしか現われないので，$\psi=X(x)e^{ik_yy}e^{ik_zz}$（$k_y, k_z$ は定数）として上に代入すれば，

$$-\frac{\hbar^2}{2m}\frac{d^2\psi}{dx^2}+2m\omega^2\left(x+\frac{\hbar k_y}{2m\omega}\right)^2\psi=\left(E-\frac{\hbar^2k_z{}^2}{2m}\right)\psi$$

これは $x+\hbar k_y/2m\omega\equiv\xi$ とすれば ξ についての角振動数が 2ω の調和振動子に他ならないので，

$$E=\frac{\hbar^2k_z{}^2}{2m}+2\hbar\omega\left(l+\frac{1}{2}\right)\qquad (l=0,1,2,\cdots)$$

と求まる．

第7章

7.1　(5.1.4)より

$$\triangle=\frac{1}{r^2}\frac{\partial}{\partial r}\left(r^2\frac{\partial}{\partial r}\right)+\cdots$$

だから，$N\equiv(z^3/\pi a_0{}^3)^{1/2}$ として

$$\Delta\psi_0 = N\left\{\left(\frac{z}{a_0}\right)^2 - \frac{2z}{a_0 r}\right\} e^{-\frac{z}{a_0}r}$$

また部分積分をして

$$\int \psi_0{}^2 d^3\boldsymbol{r} = N^2 4\pi \int_0^\infty e^{-\frac{2z}{a_0}r} r^2 dr = N^2 8\pi\left(\frac{a_0}{2z}\right)^3$$

$$\int \frac{1}{r}\psi_0{}^2 d^3\boldsymbol{r} = N^2 4\pi \int_0^\infty e^{-\frac{2z}{a_0}} r dr = N^2 4\pi\left(\frac{a_0}{2z}\right)^2$$

より(7.2.3)が求まる．また(7.2.4)は，(7.2.5)より

$$\frac{1}{|\boldsymbol{r}_1 - \boldsymbol{r}_2|} \rightarrow \begin{cases} \dfrac{1}{r_1} & r_1 > r_2 \text{ のとき} \\ \dfrac{1}{r_2} & r_2 > r_1 \text{ のとき} \end{cases}$$

と置き換えられるから

$$(7.2.4) = (4\pi)^2 e^2 N^4 \int_0^\infty e^{-\frac{2z}{a_0}r_1} \times \left[\frac{1}{r_1}\int_0^{r_1} e^{-\frac{2z}{a_0}r_2} r_2{}^2 dr_2 + \int_{r_1}^\infty e^{-\frac{2z}{a_0}r_2} r_2 dr_2\right] r_1{}^2 dr_1$$

を計算すればよい．

7.2　電子それぞれについて積をとれば

$$\chi_\uparrow{}^{(1)}\chi_\uparrow{}^{(2)}\cdot\chi_\uparrow{}^{(1)}\chi_\uparrow{}^{(2)} = (\chi_\uparrow{}^{(1)}\cdot\chi_\uparrow{}^{(1)})(\chi_\uparrow{}^{(2)}\cdot\chi_\uparrow{}^{(2)}) = 1$$

また

$$\frac{1}{\sqrt{2}}(\chi_\uparrow{}^{(1)}\chi_\downarrow{}^{(2)} \pm \chi_\downarrow{}^{(1)}\chi_\uparrow{}^{(2)})\cdot\frac{1}{\sqrt{2}}(\chi_\uparrow{}^{(1)}\chi_\downarrow{}^{(2)} \pm \chi_\downarrow{}^{(1)}\chi_\uparrow{}^{(2)})$$

$$= \frac{1}{2}\{(\chi_\uparrow{}^{(1)}\chi_\downarrow{}^{(2)})^2 + (\chi_\downarrow{}^{(1)}\chi_\uparrow{}^{(2)})^2 \pm (\chi_\uparrow{}^{(1)}\chi_\downarrow{}^{(2)})\cdot(\chi_\downarrow{}^{(1)}\chi_\uparrow{}^{(2)}) \pm (\chi_\downarrow{}^{(1)}\chi_\uparrow{}^{(2)})\cdot(\chi_\uparrow{}^{(1)}\chi_\downarrow{}^{(2)})\}$$

たとえば，第3項 $=(\chi_\uparrow{}^{(1)}\cdot\chi_\downarrow{}^{(1)})(\chi_\downarrow{}^{(2)}\cdot\chi_\uparrow{}^{(2)})=0$ などを使えば

$$\text{上式} = \frac{1}{2}(1+1\pm0\pm0) = 1$$

7.3　$S_x = \dfrac{\hbar}{2}\begin{pmatrix} 0 & 1 \\ 1 & 0 \end{pmatrix}$ であるから，その固有ベクトルを $\tilde{\chi}_\uparrow, \tilde{\chi}_\downarrow$ とすれば

$$\tilde{\chi}_\uparrow = \frac{1}{\sqrt{2}}\begin{pmatrix} 1 \\ 1 \end{pmatrix}, \quad \tilde{\chi}_\downarrow = \frac{1}{\sqrt{2}}\begin{pmatrix} 1 \\ -1 \end{pmatrix}$$

である($S_x\tilde{\chi}_\uparrow = \dfrac{\hbar}{2}\tilde{\chi}_\uparrow$，$S_x\tilde{\chi}_\downarrow = -\dfrac{\hbar}{2}\tilde{\chi}_\downarrow$ だから)．これらは(古典力学的イメージでは)スピンが $+x$ 方向，$-x$ 方向を向いた状態である．また

$$\chi_\uparrow = \frac{1}{\sqrt{2}}(\tilde{\chi}_\uparrow + \tilde{\chi}_\downarrow), \quad \chi_\downarrow = \frac{1}{\sqrt{2}}(\tilde{\chi}_\uparrow - \tilde{\chi}_\downarrow)$$

となるから，これを問題の状態に代入すれば

$$\chi_\uparrow{}^{(1)}\chi_\downarrow{}^{(2)} + \chi_\downarrow{}^{(1)}\chi_\uparrow{}^{(2)} = \tilde{\chi}_\uparrow{}^{(1)}\tilde{\chi}_\uparrow{}^{(2)} + \tilde{\chi}_\downarrow{}^{(1)}\tilde{\chi}_\downarrow{}^{(2)}$$

と，スピンが平行な状態の組合せになっている．しかし，1重項に対しては

$$\chi_\uparrow{}^{(1)}\chi_\downarrow{}^{(2)} - \chi_\downarrow{}^{(1)}\chi_\uparrow{}^{(2)} = \tilde{\chi}_\downarrow{}^{(1)}\tilde{\chi}_\uparrow{}^{(2)} - \tilde{\chi}_\uparrow{}^{(1)}\tilde{\chi}_\downarrow{}^{(2)}$$

で，反平行であることに変わりはない．

7.4　以下，$\psi_{1s}(\boldsymbol{r}_1) \rightarrow \psi_{1s}{}^{(1)}$ というように書く．また

$$\int |\psi_{1s}{}^{(1)}\psi_{2s}{}^{(2)} \pm \psi_{2s}{}^{(1)}\psi_{1s}{}^{(2)}|^2 d^3\boldsymbol{r}_1 d^3\boldsymbol{r}_2$$

$$= \int (|\psi_{1s}{}^{(1)}|\,|\psi_{2s}{}^{(2)}|^2 + |\psi_{2s}{}^{(1)}|^2|\psi_{1s}{}^{(2)}|^2) d^3\boldsymbol{r}_1 d^3\boldsymbol{r}_2 = 2$$

(ただし，ψ_{1s}, ψ_{2s} 自体は規格化されているとし，$\int\psi_{1s}{}^*(\boldsymbol{r})\psi_{2s}(\boldsymbol{r})d^3\boldsymbol{r}=0$ を使った．一般に，エネルギーの異なる状態に対しては $\int\psi_i{}^*\psi_j d^3\boldsymbol{r}=0$ $(i \neq j)$ である．8.3節

参照.）したがって，問題のように$1/\sqrt{2}$を掛けておけば波動関数は規格化されていることになる.

次に問題の式を(7.2.1)に代入すれば

$$(H_1+H_2+V_{12})(\psi_{1s}{}^{(1)}\psi_{2s}{}^{(2)}\pm\psi_{2s}{}^{(1)}\psi_{1s}{}^{(2)})/\sqrt{2}$$
$$=(E_{1s}+E_{2s}+V_{12})(\psi_{1s}{}^{(1)}\psi_{2s}{}^{(2)}\pm\psi_{2s}{}^{(1)}\psi_{1s}{}^{(2)})/\sqrt{2}$$

だから

$$E=E_{1s}+E_{2s}+\frac{1}{2}\int(\psi_{1s}{}^{(1)}\psi_{2s}{}^{(2)}\pm\psi_{2s}{}^{(1)}\psi_{1s}{}^{(2)})^*V_{12}(\psi_{1s}{}^{(1)}\psi_{2s}{}^{(2)}\pm\psi_{2s}{}^{(1)}\psi_{1s}{}^{(2)})d^3\boldsymbol{r}_1d^3\boldsymbol{r}_2$$
$$=E_{1s}+E_{2s}+Q\pm J$$

ただし　$Q\equiv\int|\psi_{1s}{}^{(1)}|^2V_{12}|\psi_{2s}{}^{(2)}|^2d^3\boldsymbol{r}_1d^3\boldsymbol{r}_2$

$$J\equiv\int\psi_{1s}{}^{(1)*}\psi_{2s}{}^{(1)}V_{12}\psi_{2s}{}^{(2)*}\psi_{1s}{}^{(2)}d^3\boldsymbol{r}_1d^3\boldsymbol{r}_2$$

Qは(7.1.5)のクーロン積分であり，またJは交換積分と呼ばれる．交換積分は典型的な量子力学的効果で7.6節でも現われる．QもJもプラス.

3重項では，2つの電子が同じ位置にくることはない($\boldsymbol{r}_1=\boldsymbol{r}_2$ならば波動関数はゼロ)ので電子間の反発のエネルギーの寄与が小さい．パウリの原理により，スピンが同じ向きなら位置も同じになれないと考えてもよい.

7.5　(7.4.1)に$\psi^{(j)*}(\boldsymbol{r}_j)$すべて(ただし$i$は除く)を左から掛けて$\boldsymbol{r}_j\ (j\neq i)$すべてで積分すると，$\psi^{(j)}$は規格化されているとして

$$\left(H_i+\tilde{U}_i+\sum_{j\neq i}\bar{H}_j+\sum_{j,k\neq i}\bar{V}_{jk}\right)\psi^{(i)}=E\psi^{(i)}$$

となる．ただし

$$\bar{H}_j\equiv\int\psi^{(j)*}H_j\psi^{(j)}d^3\boldsymbol{r}_j$$

$$\bar{V}_{jk}\equiv\int|\psi^{(j)}|^2V_{jk}|\psi^{(k)}|^2d^3\boldsymbol{r}_jd^3\boldsymbol{r}_k$$

は数である．したがって，

$$\varepsilon_i=E-\sum_{j\neq i}\bar{H}_j-\sum_{j,k(\neq i)}\bar{V}_{jk}$$

とすれば(7.4.3)になる．また，(7.4.3)の上に左から$\psi^{(i)*}$を掛けて積分すれば

$$\bar{H}_i+\sum_{j(\neq i)}\bar{V}_{ij}=\varepsilon_i$$

したがって，

$$E=\sum_i\bar{H}_i+\sum_{i,j}\bar{V}_{ij}=\sum_i\varepsilon_i-\sum_{i,j}\bar{V}_{ij}$$

($\sum\varepsilon_i$では$\bar{V}_{ij}$を2重に加えることになるので，その分を差し引く.)

7.6　$(H_1+H_2+U_{12})\Psi=E\Psi$という式に，左から$\psi_b(\boldsymbol{r}_2)$を掛け，$\boldsymbol{r}_2$で積分し整理すると

$$(H_1+U_{12bb})\psi_a(\boldsymbol{r}_1)\pm U_{12ba}\psi_b(\boldsymbol{r}_1)=\varepsilon_a\psi_a(\boldsymbol{r}_1)\mp H_{2ab}\psi_b(\boldsymbol{r}_1)$$

ただし

$$U_{12ij}(\boldsymbol{r}_1)\equiv\int\psi_i{}^*(\boldsymbol{r}_2)\psi_j(\boldsymbol{r}_2)U_{12}(\boldsymbol{r}_1-\boldsymbol{r}_2)d^3\boldsymbol{r}_2\qquad(i,j=a\text{ または }b)$$

$$H_{2ij}\equiv\int\psi_i{}^*(\boldsymbol{r}_2)H_2\psi_j(\boldsymbol{r}_2)d^3\boldsymbol{r}_2\ (=\text{定数}),\qquad\varepsilon_a=E-H_{2bb}$$

また，$\psi_a(\boldsymbol{r}_2)$ を掛けて同じことをすれば，

$$(H_1+U_{12aa})\psi_b(\boldsymbol{r}_1)\pm U_{12ab}\psi_a(\boldsymbol{r}_1) = \varepsilon_b\psi_b(\boldsymbol{r}_1)\mp H_{2ab}\psi_a(\boldsymbol{r}_1)$$

$\pm(\mp)$の項の分だけ，ハートレー方程式とは異なる．

7.7 $\mathrm{p}_x\propto x$ 等を考えれば，1番目は，xyz 座標がすべて正の象限の対角方向．2番目は，x 座標が正，yz 座標が負の象限の対角方向．以下同様．

3方性混成の場合，ψ_1 は x 方向，ψ_2,ψ_3 は xy 平面上で，そこから $\pm120°$ 回転した方向．($x^2+y^2=$一定 のもとに $-x\pm\sqrt{3}\,y$ を最大にする方向を考えればよい．)

7.8 $1\mathrm{s}\sigma, 2\mathrm{s}\sigma$ まではどちらも O_2 と共通．

N_2　$(2\mathrm{p}_x\sigma_g)^2$，$(2\mathrm{p}_y\pi_u)^2$，$(2\mathrm{p}_z\pi_u)^2$

　⇒　σ 結合1つ，π 結合2つの3重結合

F_2　$(2\mathrm{p}_x\sigma_g)^2$，$(2\mathrm{p}_y\pi_u)^2$，$(2\mathrm{p}_z\pi_u)^2$，$(2\mathrm{p}_y\pi_g)^2$，$(2\mathrm{p}_z\pi_g)^2$

　⇒　σ 結合1つだけ

7.9 まずCのL殻の4つの電子のうち3つが3方性混成をつくり，それぞれが2つのH，および他のCと σ 結合をつくる．もう1つの電子は，他方のCと π 結合をつくる．つまり

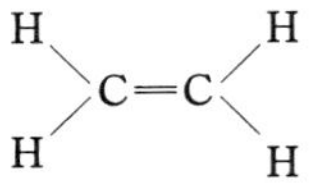

となる．(参考：アセチレン C_2H_2 の場合は，$\mathrm{s}\pm\mathrm{p}_x$ の2方性混成の2電子が σ 結合を作り，他の2電子は他方のCと2つの π 結合を作る．)

第8章

8.1

$$\begin{pmatrix}0&1\\1&0\end{pmatrix}\begin{pmatrix}1&1\\1&1\end{pmatrix}-\begin{pmatrix}1&1\\1&1\end{pmatrix}\begin{pmatrix}0&1\\1&0\end{pmatrix}=\begin{pmatrix}1&1\\1&1\end{pmatrix}-\begin{pmatrix}1&1\\1&1\end{pmatrix}=0$$

また $\begin{pmatrix}0&1\\1&0\end{pmatrix}$ の固有ベクトルは本文中にもあるように $\begin{pmatrix}1\\1\end{pmatrix}$ と $\begin{pmatrix}1\\-1\end{pmatrix}$ だが，

$$\begin{pmatrix}1&1\\1&1\end{pmatrix}\begin{pmatrix}1\\1\end{pmatrix}=2\begin{pmatrix}1\\1\end{pmatrix},\qquad \begin{pmatrix}1&1\\1&1\end{pmatrix}\begin{pmatrix}1\\-1\end{pmatrix}=0\cdot\begin{pmatrix}1\\-1\end{pmatrix}$$

というように $\begin{pmatrix}1&1\\1&1\end{pmatrix}$ の固有ベクトルでもある．

8.2 y は $(-L,L)$ の範囲にあるから，ヒントの条件で $\sin\left\{\dfrac{\pi}{2L}(x-y)\right\}$ が0になるのは，

$$x = y+(n+1)L$$

のときである．したがって(7)の積分を $[x-(n+1)L-\varepsilon, x-(n+1)L+\varepsilon]$ の微小な領域で行なうことにより

$$(8.2.7)\text{の右辺} = f(x-(n+1)L)$$

となる．($x-(n+1)L$ は $[-L,L]$ の領域に入ることに注意)．もし $f(x)$ が周期 $2L$ の関数として最初から定義されているとすれば，$f(x-(n+1)L)=f(x)$ だから(8.2.7)はそのまま成り立つ．

また f が $[-L,L]$ の領域だけで定義されている場合でも(8.2.7)は任意の x に対して上のように計算でき，その結果はその f を周期的に全領域に拡張したものになっている．(ただし，$x=\pm L$ では $\{f(L)+f(-L)\}/2$ と平均化される．)

8.3 (1)

$$\int f^*(Og)dx = \int(O^\dagger f)^*gdx$$

という式の両辺の複素共役をとれば

$$\int (Og)^* f dx = \int g^* (O^\dagger f) dx$$

また，エルミート共役の定義より

$$右辺 = \int ((O^\dagger)^\dagger g)^* f dx$$

これを，左辺と比べれば，$O = (O^\dagger)^\dagger$.

(2)　$$\int f^* \{O_1(O_2 g)\} dx = \int (O_1{}^\dagger f)^* (O_2 g) dx = \int \{O_2{}^\dagger (O_1{}^\dagger f)\}^* g dx$$

また，左辺で $O_1(O_2 g) = (O_1 O_2) g$ と見れば

$$左辺 = \int \{(O_1 O_2)^\dagger f\}^* g dx$$

上の 2 式を比べて，$(O_1 O_2)^\dagger = O_2{}^\dagger O_1{}^\dagger$．最後に，

$$\{i[O_1, O_2]\}^\dagger = (-i)\{(O_1 O_2)^\dagger - (O_2 O_1)^\dagger\} = -i\{O_2{}^\dagger O_1{}^\dagger - O_1{}^\dagger O_2{}^\dagger\}$$
$$= -i(O_2 O_1 - O_1 O_2) = i[O_1, O_2]$$

(エルミート共役をとるときに，$i \to -i$ とするのは定義から明らかだろう.)

8.4　与式は $\alpha \to \infty$ の極限で，$x \neq y$ では 0．(指数関数がゼロになる程度が $\sqrt{\alpha} \to \infty$ になる程度よりも強い.) また任意の関数 $f(x)$ に対して，$x = y$ を含む積分が，

$$\int f(y)(与式) dy = f(x) \int (与式) dy = f(x)$$

である．このように，一般に，$x \neq y$ では 0，$x = y$ を含む積分が 1 になれば，δ 関数であるといえる.

8.5　ハミルトニアンの固有状態は

$$\psi_n = C_n \sin k_n x \qquad \left(k_n = \frac{n\pi}{a},\ n = 1, 2, \cdots\right)$$

ただし，C_n は規格化するための係数．まず直交性は $n \neq m$ のとき

$$\int_0^a \sin k_n x \sin k_m x dx = \frac{1}{2} \int_0^a \{\cos(k_n - k_m)x - \cos(k_n + k_m)x\} dx = 0$$

また規格化するには

$$C_n{}^2 \int_0^a (\sin k_n x)^2 dx = 1 \quad \Rightarrow \quad C_n = \frac{1}{\sqrt{a}}$$

次に $\delta(x - a/2)$ をこの正規直交基底で展開し，

$$\delta\left(x - \frac{a}{2}\right) = \sum_{n=1}^{\infty} a_n \frac{1}{\sqrt{a}} \sin k_n x$$

とする．係数 a_n を求めるために，両辺に $\dfrac{1}{\sqrt{a}} \sin k_m x$ を掛けて積分すれば

$$\frac{1}{\sqrt{a}} \sin k_m \frac{a}{2} = a_m$$

$$\Rightarrow \quad a_m = \frac{1}{\sqrt{a}} \sin \frac{m\pi}{2} = \begin{cases} \dfrac{1}{\sqrt{a}} (-1)^{(m-1)/2} & m：奇数 \\ 0 & m：偶数 \end{cases}$$

(これの最初の数項を考えたものが章末問題 2.5 である.)

8.6　$$\overline{(\varDelta S_z)^2} = \langle \chi | (\hat{S}_z - \bar{S}_z)^2 | \chi \rangle = \overline{S_z{}^2} - (\bar{S}_z)^2$$

(ただし，χ は規格化されているので $\bar{A} = \langle \chi | A | \chi \rangle$)

$S_z = \dfrac{\hbar}{2}\begin{pmatrix} 1 & 0 \\ 0 & -1 \end{pmatrix}$，$S_z{}^2 = \dfrac{\hbar^2}{4}\begin{pmatrix} 1 & 0 \\ 0 & 1 \end{pmatrix}$，$\chi = \begin{pmatrix} \alpha \\ \beta \end{pmatrix}$ を使って具体的に計算すれば，

$$\overline{S_z{}^2} = \frac{\hbar^2}{4}(\alpha^*, \beta^*)\begin{pmatrix}1 & 0\\0 & 1\end{pmatrix}\begin{pmatrix}\alpha\\\beta\end{pmatrix} = \frac{\hbar^2}{4}(|\alpha|^2+|\beta|^2)\ \left(=\frac{\hbar^2}{4}\right)$$

$$\bar{S}_z = \frac{\hbar}{2}(\alpha^*, \beta^*)\begin{pmatrix}1 & 0\\0 & -1\end{pmatrix}\begin{pmatrix}\alpha\\\beta\end{pmatrix} = \frac{\hbar}{2}(|\alpha|^2-|\beta|^2)$$

$$\Rightarrow\quad \overline{(\varDelta S_z)^2} = \hbar^2|\alpha|^2|\beta|^2$$

同様にして

$$\overline{S_x{}^2} = \frac{\hbar^2}{4}$$

$$\bar{S}_x = \frac{\hbar}{2}(\alpha^*\beta+\beta^*\alpha),\qquad \overline{S_y} = -i\frac{\hbar}{2}(\alpha^*\beta-\beta^*\alpha)$$

$$\Rightarrow\quad \begin{cases}\overline{(\varDelta S_x)^2} = \dfrac{\hbar^2}{4}(1-2|\alpha|^2|\beta|^2-\alpha^{*2}\beta^2-\alpha^2(\beta^{*2})\\[2ex] \bar{S}_y{}^2 = \dfrac{\hbar^2}{4}(2|\alpha|^2|\beta|^2-\alpha^{*2}\beta^2-\alpha^2\beta^{*2})\end{cases}$$

したがって，不確定性関係 $\overline{(\varDelta S_z)^2}\cdot\overline{(\varDelta S_x)^2} \geqq \frac{1}{4}\bar{S}_y{}^2$ は

$$4|\alpha|^2|\beta|^2(1-2|\alpha|^2|\beta|^2-\alpha^{*2}\beta^2-\alpha^2\beta^{*2}) \geqq 2|\alpha|^2|\beta|^2-\alpha^{*2}\beta^2-\alpha^2\beta^{*2}$$

となる．この不等式は $0<|\alpha|^2|\beta|^2<\frac{1}{4}$ であることを考えれば，成り立っていることはすぐわかる．

8.7 エルミート行列であることを示すには，対角成分 $\langle n|O|n\rangle$ が実数であることと

$$\langle n'|O|n\rangle = \langle n|O|n'\rangle^*$$

を示せばよい．前者は座標表示で考えると

$$\langle n|O|n\rangle = \int\psi_n{}^*(O\psi_n)dx = \int(O\psi_n)^*\psi_n dx = \left(\int\psi_n{}^*(O\psi_n)dx\right)^* = \langle n|O|n\rangle^*$$

また後者は

$$\langle n'|O|n\rangle = \int\psi_{n'}{}^*(O\psi_n)dx = \int(O\psi_{n'})^*\psi_n dx = \left(\int\psi_n{}^*(O\psi_{n'})dx\right)^* = \langle n|O|n'\rangle^*$$

8.8 (1)
$$L_z\begin{pmatrix}Y_{11}\\Y_{10}\\Y_{1-1}\end{pmatrix} = \begin{pmatrix}\hbar Y_{11}\\0\\-\hbar Y_{1-1}\end{pmatrix}\quad\Rightarrow\quad L_z = \hbar\begin{pmatrix}1 & 0 & 0\\0 & 0 & 0\\0 & 0 & -1\end{pmatrix}$$

たとえば1行1列目は，$\langle Y_{11}|L_z|Y_{11}\rangle$ である．また，(6.3.3)を参考にすると

$$L_x\begin{pmatrix}Y_{11}\\Y_{10}\\Y_{1-1}\end{pmatrix} = \frac{\hbar}{\sqrt{2}}\begin{pmatrix}Y_{10}\\Y_{11}+Y_{1-1}\\Y_{10}\end{pmatrix}\quad\Rightarrow\quad L_x = \frac{\hbar}{\sqrt{2}}\begin{pmatrix}0 & 1 & 0\\1 & 0 & 1\\0 & 1 & 0\end{pmatrix}$$

L_x によって，たとえば，$Y_{11}=\begin{pmatrix}1\\0\\0\end{pmatrix}$ が $Y_{10}=\begin{pmatrix}0\\1\\0\end{pmatrix}$ になるように作る．同様に，

$$L_y = \frac{\hbar}{\sqrt{2}}\begin{pmatrix}0 & -i & 0\\i & 0 & -i\\0 & i & 0\end{pmatrix}$$

(2) (6.3.2)のように計算する．$1/r$ の部分は $\boldsymbol{L}$ を掛けても変化しないので省略すると

$$L_x\begin{pmatrix}x\\y\\z\end{pmatrix} = -i\hbar\left(y\frac{\partial}{\partial z}-z\frac{\partial}{\partial y}\right)\begin{pmatrix}x\\y\\z\end{pmatrix} = -i\hbar\begin{pmatrix}0\\-z\\y\end{pmatrix}\quad\Rightarrow\quad L_x = -i\hbar\begin{pmatrix}0 & 0 & 0\\0 & 0 & 1\\0 & -1 & 0\end{pmatrix}$$

たとえば，2行3列目は$\langle y|L_x|z\rangle$である．以下，(6.3.4)が求まる．((1)と(2)の結果は，基底の変換をすれば一致する.)

8.9　与えられた式は(8.2.7)の$D_{N\to\infty}(x-y)$である．(8.2.7)が成り立つのだから，$D(x-y)=\delta(x-y)$である．

(注：(8.2.7)は，(8.8.5)の一例である．

$$\sum_n |n\rangle\langle n| \quad\Rightarrow\quad \sum_n e_n(x)e_n^*(y)$$

であり，これに右から$|\psi\rangle$を掛けて内積をとるということは，座標表示では$\psi(y)$を掛けてyで積分することに対応するから，ψの代わりにfと書けば(8.8.5)は(8.2.7)になる.)

8.10

$$\boldsymbol{J}^2 = \boldsymbol{J}_1^2+\boldsymbol{J}_2^2+2\boldsymbol{J}_1\boldsymbol{J}_2$$

まず$\boldsymbol{J}$が通常の角運動量の交換関係を満たすのだから$[\boldsymbol{J}^2,\boldsymbol{J}]=0$は明らか．また$\boldsymbol{J}_1$と$\boldsymbol{J}_2$は別の変数に対する演算子なので互いに無関係であり，$[\boldsymbol{J}_1,\boldsymbol{J}_2]=0$．よって$[\boldsymbol{J}_1^2,\boldsymbol{J}_1\cdot\boldsymbol{J}_2]=0$．後は明らか．

8.11　[1]の方法：(8.9.7)に直交するのは$(j=j_1+j_2)$

$$\sqrt{\frac{j_2}{j}}|j_1,j_1-1\rangle|j_2,j_2\rangle-\sqrt{\frac{j_1}{j}}|j_1,j_1\rangle|j_2,j_2-1\rangle$$

[2]の方法：

$$a|j_1,j_1-1\rangle|j_2,j_2\rangle+b|j_1,j_1\rangle|j_2,j_2-1\rangle$$

とし，$J_+(=J_{1+}+J_{2+})$を掛けると，$J_{2+}|j_2,j_2\rangle=0$なども使って

$$a\sqrt{2j_1}|j_1,j_1\rangle|j_2,j_2\rangle+b\sqrt{2j_2}|j_1,j_1\rangle|j_2,j_2\rangle$$

これが0になるには

$$\sqrt{j_1}\,a+\sqrt{j_2}\,b = 0$$

規格化し，$a>0$とすれば[1]の答に一致する．

第9章

9.1

$$\psi_n \simeq (1+ga_{nn}{}^{(1)})\psi_n{}^{(0)}+g\sum_{m\neq n}a_{nm}{}^{(1)}\psi_m{}^{(0)}+\cdots$$

を$\int\psi_n{}^*\psi_n dx=1$という式に代入すると，$\int\psi_n{}^{(0)}\psi_m{}^{(0)}dx=\delta_{nm}$より

$$1 = (1+ga_{nn}{}^{(1)})(1+ga_{nn}{}^{(1)*})+O(g^2) \quad\Rightarrow\quad a_{nn}{}^{(1)}+a_{nn}{}^{(1)*} = 0$$

したがって，$a_{nn}{}^{(1)}$は虚数になる．しかし

$$\psi_n{}^{(0)} \quad\to\quad \tilde{\psi}_n{}^{(0)} \equiv e^{ig|a_{nn}{}^{(1)}|}\psi_n{}^{(0)}$$

と$\psi_n{}^{(0)}$の定義を変えれば，gの1次の精度で

$$(1+ga_{nn}{}^{(1)})\psi_n{}^{(0)} \simeq \tilde{\psi}_n{}^{(0)}$$

であるから，$a_{nn}{}^{(1)}=0$としてよい．

9.2

$$a_{kn}{}^{(2)} = \sum_{k\neq n}\frac{\langle k|H'|m\rangle\langle m|H|n\rangle}{(E_n{}^{(0)}-E_m{}^{(0)})(E_n{}^{(0)}-E_k{}^{(0)})}-\frac{\langle k|H'|n\rangle\langle n|H'|n\rangle}{(E_n{}^{(0)}-E_k{}^{(0)})^2}$$

ただし，$k=n$のときは，

$$a_{nn}{}^{(2)} = -\frac{1}{2}\sum_m |a_{mn}{}^{(1)}|^2$$

((9.1.10)に$\psi_k{}^{(0)*}$を掛けて積分する．また$k=n$の場合は規格化条件より$a_{nn}{}^{(2)}+a_{nn}{}^{(2)*}+\sum_{m\neq n}|a_{mn}{}^{(1)}|^2=0$．あとは上問と同様に考えればよい.)

9.3　6.6節の式を使えば，

$$\boldsymbol{L}\cdot\boldsymbol{S}|j=l+\frac{1}{2}\rangle = \frac{1}{2}(\boldsymbol{J}^2-\boldsymbol{L}^2-\boldsymbol{S}^2)|j=l+\frac{1}{2}\rangle$$
$$= \frac{l}{2}\hbar^2|j=l+\frac{1}{2}\rangle$$

であり，また異なった固有状態の直交性より $\langle j=l-1/2|j=l+1/2\rangle=0$．したがって，$\langle j=l-1/2|H'|j=l+1/2\rangle=0$．だから，1 重項と 3 重項を $|1\rangle, |2\rangle$ とすれば(9.2.1)が成り立つ．

1 重項と 3 重項へ分離することが予測できていない場合は，$|l_z, S_z=1/2\rangle$ と $|l_z+1, S_z=-1/2\rangle$ が混じることを考え，それぞれ $|1\rangle, |2\rangle$ とし，行列 $\{\langle m|\boldsymbol{L}\cdot\boldsymbol{S}|n\rangle\}$ $(m, n=1, 2)$ を対角化することを考えればよい．これは

$$\boldsymbol{L}\cdot\boldsymbol{S} = \frac{1}{2}(L_+S_-+L_-S_+)+L_zS_z$$

と(8.9.2)を使えば計算できる．

9.4 摂動のハミルトニアンは，(6.7.9)で $q=-e$ として

$$H' = \frac{eB}{2mc}L_z+\frac{e^2B^2}{8mc^2}(x^2+y^2) \quad (\equiv H_1+H_2 \text{ と書く})$$

1s 状態に対しては $L_z|1\mathrm{s}\rangle=0$ なので，H_1 は摂動エネルギーには B^2 のオーダーまでは寄与しない．したがって，B の 2 次のエネルギーのずれは

$$\Delta E = \langle 1\mathrm{s}|H_2|1\mathrm{s}\rangle = \frac{e^2B^2}{8mc^2}\frac{2}{3}\langle 1\mathrm{s}|r^2|1\mathrm{s}\rangle = \frac{e^2a_0^2}{4mc^2}B^2$$

したがって，磁化率は $-\dfrac{e^2a_0^2}{4mc^2}$．磁場と逆向きの磁気モーメントが生成されていることになり，反磁性である．

9.5

$$H = -\frac{\hbar^2}{2m}\frac{1}{r^2}\left(\frac{d}{dr}r^2\frac{d}{dr}\right)-\frac{e^2}{r}+(\text{角度微分})$$

$$He^{-\alpha r} = -\frac{\hbar^2}{2m}\left(\alpha^2-\frac{2\alpha}{r}\right)e^{-\alpha r}-\frac{e^2}{r}e^{-\alpha r}$$

したがって

$$I(\alpha) \equiv \int \psi H\psi r^2dr = A^2\left(\frac{\hbar^2}{8m\alpha}-\frac{e^2}{4\alpha^2}\right)$$

また，$\int|\psi|^2r^2dr=1$ より，$A^2=4\alpha^3$．したがって

$$I(\alpha) = \frac{\hbar^2}{2m}\left(\alpha-\frac{me^2}{\hbar^2}\right)^2-\frac{me^4}{2\hbar^2}$$

これを最小にすれば，$\alpha=me^2/\hbar^2\ (=1/a_0)$．よって，基底状態 E_0 は

$$E_0 = I\left(\frac{1}{a_0}\right) = -\frac{me^4}{2\hbar^2}$$

9.6 H_0 を E(電場)$=0$ のときのハミルトニアン，$H'=eEz$ とすると

$$\int(1+Bz)\psi_0(H_0+H')(1+Bz)\psi_0d^3\boldsymbol{r}$$
$$= E_0+\int(Bz\psi_0)H_0(Bz\psi_0)d^3\boldsymbol{r}+2\int Bz\cdot eEz\psi_0^2d^3\boldsymbol{r}$$

E_0 は ψ_0 のエネルギーである．また左辺から出てくる他の項は z について 1 次なのでゼロになり，また右辺第 2 項も計算をするとゼロになる．したがって

$$\text{右辺第 3 項} = 2BeE\int r^2\frac{4}{a_0^3}e^{-2r/a_0}r^2dr\cdot\int\frac{\cos^2\theta}{4\pi}\sin\theta d\theta d\phi$$
$$= 2BeEa_0^2$$

となる．一方，規格化条件は

$$1 = A^2\int(1+Bz)^2\psi_0{}^2 d^3\boldsymbol{r} = A^2(1+B^2a_0{}^2)$$

したがって，

$$\frac{E_0+2BeEa_0{}^2}{1+B^2a_0{}^2}$$

を最小にすればよい．エネルギーを E の2次まで求めるには，B を E の1次まで求めればよいので，$B \fallingdotseq eE/E_0$ である．したがってエネルギーは

$$\text{エネルギー} \fallingdotseq E_0+2BeEa_0{}^2-E_0B^2a_0{}^2 = E_0+\frac{(eE)^2a_0{}^2}{E_0}$$

$$\text{分極率} = -\frac{1}{E}\frac{d(\text{エネルギー})}{dE} = \frac{2e^2}{|E_0|}a_0{}^2 = 4a_0{}^3$$

（正確な値は，$4.5a_0{}^3$ であり，これは $A(1+Bz+Czr)\psi_0$ という試行関数を使うと求まる.）

9.7

$$0 = \delta\left\{\frac{\int\psi^*H\psi d^3\boldsymbol{r}}{\int\psi^*\psi d^3\boldsymbol{r}}\right\} = \frac{\left(\delta\int\psi^*H\psi d^3\boldsymbol{r}\right)\left(\int\psi^*\psi d^3\boldsymbol{r}\right)-\left(\int\psi^*H\psi d^3\boldsymbol{r}\right)\left(\delta\int\psi^*\psi d^3\boldsymbol{r}\right)}{\left(\int\psi^*\psi d^3\boldsymbol{r}\right)^2}$$

また，

$$\delta\int\psi^*\psi d^3\boldsymbol{r} = \int(\delta\psi^*\cdot\psi+\psi^*\cdot\delta\psi)d^3\boldsymbol{r}$$

$$\delta\int\psi^*H\psi d^3\boldsymbol{r} = \int(\delta\psi^*\cdot H\psi+\psi^*H\delta\psi)d^3\boldsymbol{r}$$

これを上式に代入し，$\delta\psi^*$ の係数をゼロとすれば

$$H\psi = \frac{\int\psi^*H\psi d^3\boldsymbol{r}}{\int\psi^*\psi d^3\boldsymbol{r}}\psi \quad (=\text{定数}\times\psi)$$

が求まる．($\delta\psi$ の実数部分，虚数部分は独立なので，$\delta\psi$ と $\delta\psi^*$ が独立だと考えてよい．したがって，$\delta\psi$ の係数，$\delta\psi^*$ の係数それぞれがゼロになる.）

9.8　4.2節の例では

$$B = \frac{1}{\hbar}\int_0^a|p|dx = \kappa a \qquad (\kappa\equiv|k_z|=|p|/\hbar)$$

したがって，透過率$\simeq e^{-2\kappa a}$ となる．一方，4.2節の結果を使うと，$e^{-\kappa a}\ll 1$ のときは，

$$\sin^2 k_2a = -\left(\frac{e^{\kappa a}-e^{-\kappa a}}{2}\right)^2 \simeq -\frac{1}{4}e^{2\kappa a}\ (e^{\kappa a}\gg 1)$$

したがって，

$$\text{透過率} \simeq \frac{-4\kappa^2k_1{}^2}{(k_1{}^2+\kappa^2)\sin^2 k_2a} \sim e^{-2\kappa a}$$

ただし，1のオーダーの係数は無視している．

9.9　$E=p^2/2m+m\omega^2x^2/2$ より，$p=\sqrt{2mE-m^2\omega^2x^2}$.
したがって，$x_0=\sqrt{2E/m\omega^2}$ として，(9.7.4)は，

$$2\int_{-x_0}^{x_0}\sqrt{2mE-m^2\omega^2x^2}dx = 2\pi\hbar\left(n+\frac{1}{2}\right)$$

$$左辺 = \frac{2\pi E}{\omega} \quad \Rightarrow \quad E = \hbar\omega\left(n+\frac{1}{2}\right)$$

9.10 $\int_0^{2\pi} p_\phi d\phi = 2\pi p_\phi = 2\pi\hbar n_3$ より，$p_\phi = \hbar n_3$.

次に $p_\theta = \left(\lambda^2 - \frac{p_\phi{}^2}{\sin^2\theta}\right)^{1/2}$ となるから，積分の限界を $p_\theta = 0$ となる角度として，

$$2\int p_\theta d\theta \equiv 2\int_{v_0}^{\infty} \frac{\{\lambda^2 v - p_\phi{}^2(1+v)\}^{1/2}}{v(1+v)} dv = 2\pi(\lambda - p_\phi)$$

$$(v = \tan^2\theta,\ \ v_0 = p_\phi{}^2/(\lambda^2 - p_\phi{}^2))$$

$$\Rightarrow \quad \lambda = \hbar n_2 + p_\phi = \hbar(n_2 + n_3)$$

最後に

$$p_r{}^2 = 2mE + \frac{2me^2}{r} - \frac{\lambda^2}{r^2}$$

より，積分の限界を $p_r = 0$ となる r だとして，

$$2\int p_r dr = 2\pi\left(\sqrt{\frac{m}{-2E}}e^2 - \lambda\right) = 2\pi\hbar n_1 \quad \Rightarrow \quad E = -\frac{me^4}{2\hbar^2}\frac{1}{(n_1+n_2+n_3)^2}$$

9.11 $U=0$ ならば (x_0, t_0), (x, t) を結ぶ古典典力学の軌道 $x_c{}'(t)$ は,

$$x_c{}'(t') = \frac{x - x_0}{t - t_0}(t' - t_0) + x_0$$

したがって，作用は

$$S[x_c] = \int_{t_0}^{t} \frac{m}{2}\left(\frac{dx'}{dt'}\right)^2 dt' = \frac{m}{2}\left(\frac{x - x_0}{t - t_0}\right)^2 (t - t_0)$$

$\psi(x_0, t_0) = e^{ipx_0/\hbar}$ のときは

$$\psi(x, t) \propto \int dx_0 e^{i\frac{m}{2\hbar}\frac{1}{t-t_0}(x-x_0)^2 + ipx_0/\hbar}$$

$$= \int dx_0 e^{i\frac{m}{2\hbar}\frac{1}{t-t_0}\left\{x - x_0 - \frac{p(t-t_0)}{m}\right\}^2} e^{ipx/\hbar} e^{-iE(t-t_0)/\hbar}$$

$$\propto e^{ipx/\hbar} \cdot e^{-iE(t-t_0)/\hbar} \qquad \left(ただし，E = \frac{p^2}{2m}\right)$$

$e^{ipx/\hbar}$ というのは，固有値 $E = p^2/2m$ のハミルトニアンの固有関数だから，結果は予想通りである．また上の x_0 積分では，$\{\cdots\}$ の中がゼロの部分，つまり

$$\frac{x - x_0}{t - t_0} = \frac{p}{m}$$

の領域が主に寄与する（理由は本文参照）．つまり速度が p/m という古典力学の軌道がきいていることがわかる．

第 10 章

10.1 $\nabla \cdot \boldsymbol{E} = 0$: (10.1.2) より明らか.

$\nabla \cdot \boldsymbol{B} = 0$: 任意のベクトル関数 $\boldsymbol{a}$ に対して，$\nabla \cdot (\nabla \times \boldsymbol{a}) = 0$ という公式が成り立つので，(10.1.1) の第 2 式より導かれる.

$\nabla \times \boldsymbol{E} = -\frac{\partial \boldsymbol{B}}{\partial t}$: 微分 ∇ と $\partial/\partial t$ は交換するので (10.1.1) の 2 つの式より導かれる.

10.2 ハミルトン方程式は

$$\frac{dP_{\boldsymbol{k}\alpha}}{dt} = -\frac{\partial H}{\partial A_{\boldsymbol{k}\alpha}}, \qquad \frac{dA_{\boldsymbol{k}\alpha}}{dt} = \frac{\partial H}{\partial P_{\boldsymbol{k}\alpha}}$$

上式の後者より (10.2.3) が求まり，それを前者

$$\frac{dP_{-\boldsymbol{k}\alpha}}{dt} = -\frac{\partial H}{\partial A_{-\boldsymbol{k}\alpha}} = -\frac{k^2}{4\pi} A_{\boldsymbol{k}\alpha}$$

に代入すれば(10.1.7)に一致する.

10.3

$$[A_{\boldsymbol{k}\alpha}, P_{\boldsymbol{k}\alpha}] = [A_{-\boldsymbol{k}\alpha}, P_{-\boldsymbol{k}\alpha}] = i\hbar$$
$$[A_{\boldsymbol{k}\alpha}, P_{-\boldsymbol{k}\alpha}] = [A_{-\boldsymbol{k}\alpha}, P_{\boldsymbol{k}\alpha}] = 0$$
$$a_{\boldsymbol{k}\alpha} = \frac{1}{2}\left(\sqrt{\frac{k}{2\pi c\hbar}}A_{\boldsymbol{k}\alpha} + i\sqrt{\frac{8\pi c}{\hbar k}}P_{\boldsymbol{k}\alpha}\right)$$
$$a_{\boldsymbol{k}\alpha}^{\dagger} = \frac{1}{2}\left(\sqrt{\frac{k}{2\pi c\hbar}}A_{-\boldsymbol{k}\alpha} - i\sqrt{\frac{8\pi c}{\hbar k}}P_{\boldsymbol{k}\alpha}\right)$$

より

$$[a_{\boldsymbol{k}\alpha}, a_{\boldsymbol{k}\alpha}^{\dagger}] = 1, \qquad [a_{\boldsymbol{k}\alpha}, a_{-\boldsymbol{k}\alpha}] = [a_{\boldsymbol{k}\alpha}, a_{-\boldsymbol{k}\alpha}^{\dagger}] = \cdots = 0$$

10.4

$$\begin{aligned}\boldsymbol{P} &= \sum_{\boldsymbol{k}}\sum_{\alpha}\frac{\hbar}{4}\boldsymbol{k}\{(a_{\boldsymbol{k}\alpha}-a_{-\boldsymbol{k}\alpha}^{\dagger})(a_{-\boldsymbol{k}\alpha}+a_{\boldsymbol{k}\alpha}^{\dagger})-(a_{\boldsymbol{k}\alpha}+a_{-\boldsymbol{k}\alpha}^{\dagger})(a_{-\boldsymbol{k}\alpha}-a_{\boldsymbol{k}\alpha}^{\dagger})\} \\ &= \sum_{\boldsymbol{k}}\sum_{\alpha}\hbar\boldsymbol{k}a_{\boldsymbol{k}\alpha}^{\dagger}a_{\boldsymbol{k}\alpha}\end{aligned}$$

((10.1.9)で単に $\frac{dA_{\boldsymbol{k}\alpha}}{dt}A_{-\boldsymbol{k}\alpha}$ とせず，$\frac{1}{2}\left(\frac{dA_{\boldsymbol{k}\alpha}}{dt}A_{-\boldsymbol{k}\alpha}-A_{\boldsymbol{k}\alpha}\frac{dA_{-\boldsymbol{k}\alpha}}{dt}\right)$ としてあったことに注意. $A_{\boldsymbol{k}\alpha}$ を演算子にしたとき，$\boldsymbol{P}$ をエルミートにするためである.)

10.5　$2\cos\omega t = e^{i\omega t}-e^{-i\omega t}$ であるから

$$i\hbar\frac{da_m}{dt} = \langle m|O|i\rangle(e^{i(\omega_{mi}+\omega)t}+e^{i(\omega_{mi}-\omega)t}) \qquad (\omega_{mi}\equiv(E_m-E_i)/\hbar)$$

これを $t=0$ で $a_m=0$ として積分すれば,

$$a_m(t) = \frac{1}{\hbar}\langle m|O|i\rangle\left\{\frac{e^{i(\omega_{mi}+\omega)t}-1}{\omega_{mi}+\omega}+\frac{e^{i(\omega_{mi}-\omega)t}-1}{\omega_{mi}-\omega}\right\}$$

$$\begin{aligned}\therefore\quad |a_m(t)|^2 = \frac{1}{\hbar^2}|\langle m|O|i\rangle|^2\Big\{&\frac{4\sin^2(\omega_{mi}+\omega)t/2}{(\omega_{mi}+\omega)^2}+\frac{4\sin^2(\omega_{mi}-\omega)t/2}{(\omega_{mi}-\omega)^2} \\ &+\frac{8}{(\omega_{mi}+\omega)(\omega_{mi}-\omega)}\sin\frac{1}{2}(\omega_{mi}+\omega)t\cdot\sin(\omega_{mi}-\omega)t\cdot\cos\omega t\Big\}\end{aligned}$$

(10.3.8)を導いたときと同じ議論により，時間に比例した遷移が起きるのは

$$E_f = E_i \pm \hbar\omega$$

の場合であることがわかる.

10.6　$\boldsymbol{\varepsilon}/\!/\boldsymbol{z}$ の場合を考えると，$m=m'$ だから，$l=l'$ ならば

$$(4) \propto \int z|Y_{lm}|^2\sin\theta d\theta d\phi$$

この被積分関数は $z=0(\theta=\pi/2)$ の左右で反対称(奇関数)だから，積分すればゼロになる. $\boldsymbol{\varepsilon}/\!/\boldsymbol{z}$ でない場合も，z 軸を $\boldsymbol{\varepsilon}$ の方向に取り直して計算すれば同じことになる.

10.7　$H_0=\frac{1}{2m}(p_x{}^2+p_y{}^2+p_z{}^2)+U(\boldsymbol{r})$ ならば,

$$[xy, H_0] = \frac{1}{2m}\{[xy, p_x{}^2]+[xy, p_y{}^2]\} = \frac{i\hbar}{m}(p_xy+p_yx)$$

より導かれる.

10.8　$S_x=\frac{\hbar}{2}\begin{pmatrix}0 & 1\\ 1 & 0\end{pmatrix}$ だから，回転角を ϕ とすれば,

$$\begin{aligned}U(\phi) \equiv \exp\left(\frac{i}{\hbar}\phi S_x\right) &= \sum_{n=0}^{\infty}\frac{i^n}{n!}\left(\frac{\phi}{2}\right)^n\begin{pmatrix}0 & 1\\ 1 & 0\end{pmatrix}^n \\ &= \left\{\sum_{n=0}^{\infty}\frac{(-1)^n}{(2n)!}\left(\frac{\phi}{2}\right)^{2n}\right\}\begin{pmatrix}1 & 0\\ 0 & 1\end{pmatrix}+i\left\{\sum_{n=0}^{\infty}\frac{(-1)^n}{(2n+1)!}\left(\frac{\phi}{2}\right)^{2n+1}\right\}\begin{pmatrix}0 & 1\\ 1 & 0\end{pmatrix}\end{aligned}$$

$$= \begin{pmatrix} \cos\dfrac{\phi}{2} & i\sin\dfrac{\phi}{2} \\ i\sin\dfrac{\phi}{2} & \cos\dfrac{\phi}{2} \end{pmatrix}$$

$\phi=\dfrac{\pi}{2}$ のときは,

$$U\left(\frac{\pi}{2}\right) = \begin{pmatrix} 1/\sqrt{2}, & i/\sqrt{2} \\ i/\sqrt{2}, & 1/\sqrt{2} \end{pmatrix} \quad \therefore \quad U\left(\frac{\pi}{2}\right)\begin{pmatrix} 1 \\ 0 \end{pmatrix} = \frac{1}{\sqrt{2}}\begin{pmatrix} 1 \\ i \end{pmatrix}$$

これは $S_y=\dfrac{\hbar}{2}\begin{pmatrix} 0 & -i \\ i & 0 \end{pmatrix}$ の固有値 $\dfrac{\hbar}{2}$ の固有ベクトルである．つまりスピンが z 方向を向いた状態が，y 方向へ回転したことになる．

また，$\phi=2\pi$ のときは

$$U(2\pi) = \begin{pmatrix} -1 & 0 \\ 0 & -1 \end{pmatrix}$$

つまり，360 度回転すると，状態としては変わらないが符号が反転する．(これは x 軸の回りの回転に限らない，一般的性質である.)

10.9

$$\frac{dx}{dt} = \frac{i}{\hbar}[H,x] = \frac{i}{\hbar}(-i\hbar)\frac{p}{m} = \frac{p}{m}$$

$$\frac{dp}{dt} = \frac{i}{\hbar}[H,p] = \frac{i}{\hbar}(i\hbar)m\omega^2 x = -m\omega^2 x$$

$$\Rightarrow \quad m\frac{d^2x}{dt^2} = -m\omega^2 x$$

またこれを解くと

$$x(t) = A\cos\omega t + B\sin\omega t$$
$$p(t) = -m\omega A\sin\omega t + m\omega B\cos\omega t$$

ただしここで A, B は積分定数で，t には依存しないが演算子である．具体的には

$$A = x(t=0), \qquad B = \frac{1}{m\omega}p(t=0)$$

したがって，

$$\overline{x(t)} = \overline{x(t=0)}\cos\omega t + \frac{1}{m\omega}\overline{p(t=0)}\sin\omega t$$

10.10 x_0 が微小ならば

$$U_x^\dagger \simeq 1 \underset{(-)}{+} \frac{i}{\hbar}x_0 p_x \quad \Rightarrow \quad \frac{\Delta O}{\Delta x_0} = \frac{i}{\hbar}[p_x, O]$$

z 軸を中心とした回転の場合は

$$\frac{\Delta O}{\Delta\phi} = \frac{i}{\hbar}[L_z, O]$$

O にスピン行列も含まれている場合は

$$\frac{\Delta O}{\Delta\phi} = \frac{i}{\hbar}[L_z+S_z, O]$$

10.11 たとえば，z 成分を考えると，

$$[\boldsymbol{L}\cdot\boldsymbol{S}, L_z+S_z] = \sum_i \{S_i[L_i, L_z] + L_i[S_i, S_z]\}$$
$$= (-i\hbar S_x L_y + i\hbar S_y L_x) + (-i\hbar L_x S_y + i\hbar L_y S_x) = 0$$

$[\boldsymbol{L}\cdot\boldsymbol{S}, L_z]$ により，$\boldsymbol{L}\cdot\boldsymbol{S}$ 中の $\boldsymbol{L}$ が微小に回転し，$[\boldsymbol{L}\cdot\boldsymbol{S}, S_z]$ により $\boldsymbol{L}\cdot\boldsymbol{S}$ 中の $\boldsymbol{S}$ が微小に回転する．したがって，ベクトルの内積である $\boldsymbol{L}\cdot\boldsymbol{S}$ は $\boldsymbol{L}+\boldsymbol{S}$ の回転に対して不変．つまり $\boldsymbol{L}+\boldsymbol{S}$ が保存する．他に保存する量は，$\boldsymbol{L}^2, \boldsymbol{S}^2$.

索　引

ア　行

カ　行

サ　行

タ　行

ナ　行

ハ　行

マ　行

ヤ　行

ラ　行

■岩波オンデマンドブックス■

物理講義のききどころ 3
量子力学のききどころ

1995 年 3 月28日　第 1 刷発行
2009 年 2 月25日　第11刷発行
2019 年11月 8 日　オンデマンド版発行

著　者　和田純夫（わだすみお）

発行者　岡本　厚

発行所　株式会社　岩波書店
〒101-8002　東京都千代田区一ツ橋 2-5-5
電話案内　03-5210-4000
https://www.iwanami.co.jp/

印刷／製本・法令印刷

© Sumio Wada 2019
ISBN 978-4-00-730951-9　Printed in Japan